文
化
华

PUHUA BOOKS

我
们
一
起
解
决
问
题

情绪与认知

[法]帕特里克·勒梅尔（Patrick Lemaire）◎著

吕少博 王晓燕 郭素然◎译

情绪如何影响人们的注意力、记忆力和决策能力

EMOTION AND COGNITION

AN INTRODUCTION

人民邮电出版社

北　京

图书在版编目（CIP）数据

情绪与认知 : 情绪如何影响人们的注意力、记忆力和决策能力 / （法）帕特里克·勒梅尔 (Patrick Lemaire) 著 ; 吕少博，王晓燕，郭素然译 . -- 北京 : 人民邮电出版社，2024.6
ISBN 978-7-115-64359-9

Ⅰ. ①情… Ⅱ. ①帕… ②吕… ③王… ④郭… Ⅲ. ①情绪－影响－认知能力－研究 Ⅳ. ①B842

中国国家版本馆CIP数据核字(2024)第091229号

内 容 提 要

情绪在日常生活中占据着非常重要的地位，它指导着人们的行为、思想和人际关系，帮助人们确定什么事情是重要的，以及做什么样的决策。

本书在前沿研究成果的基础上，对情绪在认知功能中的作用进行了综合性阐述。作者立足于实证与理论研究，运用通俗易懂的语言，综述了情绪对不同方面的认知产生的影响，以便帮助读者理解情绪对注意力、记忆、激励、决策、推理等认知功能的影响机制。

书中每章都关注了一种特定的认知功能，并阐述了情绪在该认知功能上的个体差异，以及衰老、精神障碍对该作用的影响。这些内容可以帮助读者理解情绪如何影响认知，从而以更加平和的心态面对生活中的各种情绪。

本书适合心理咨询师、心理治疗师、心理学专业的师生和心理学爱好者阅读。

◆ 著 ［法］帕特里克·勒梅尔（Patrick Lemaire）
　　译 吕少博　王晓燕　郭素然
　　责任编辑 刘 盈
　　责任印制 彭志环
◆ 人民邮电出版社出版发行　　北京市丰台区成寿寺路 11 号
　　邮编 100164　电子邮件 315@ptpress.com.cn
　　网址 https://www.ptpress.com.cn
　　北京天宇星印刷厂印刷
◆ 开本：720×960　1/16
　　印张：17.75　　　　　　　　2024 年 6 月第 1 版
　　字数：200 千字　　　　　　 2025 年 8 月北京第 2 次印刷
　　著作权合同登记号　图字：01-2023-4199 号

定　价：79.00 元
读者服务热线：（010）81055656　印装质量热线：（010）81055316
反盗版热线：（010）81055315

目录

第1章
情绪与认知概述

情绪在我们的一生中扮演着至关重要的角色，它塑造了我们的行为、思维，影响着人与人之间的关系。情绪有助于我们探索、鉴别及理解对我们来说重要的事物，以便形成记忆，做出决策。我们所有的日常生活都离不开情绪的参与。正因为情绪如此重要，所以它一直是包含认知与情感科学（心理学、语言学、哲学、社会学、人类学、计算机科学、精神病学、神经心理学）在内的多门学科的重要研究内容。

情绪心理学的研究领域非常广阔，并且在过去30年中取得了丰硕的研究成果（Barrett，2018；Barrett et al.，2016；Luminet et al.，2013；Niedenthal & Ric，2017；Sander & Scherer，2019，for general overviews）。无论是在理论层面，还是在实证研究层面，该领域的研究日益丰富，技术也日臻成熟。心理学家们对与情绪有关的多个问题进行了探索（见表1-1）。随着研究的深入，研究人员已经在包含什么是情绪（其组成部分）、何时和在什么条件下会体验情绪（其原因和决定因素）、为什么会有情绪（其功能）、情绪的普遍性（文化、个体间和个体内及发展差异）及情绪对认知等心理功能的影响等在内的多个问题上取得了突破性的研究进展。

本书主要聚焦于这些问题中的最后一个问题，即情绪与认知的关系。在本书的开篇，我们将介绍情绪与认知关系的相关问题，这些也是迄今为止这个领域的研究人员一直试图解答的问题。我们也将介绍研究人员在解决这些问题的过程中采用的研究方法。我们将从情绪通用的定义入手，介绍情绪与认知的关系，以及为什么两者的关系激发了研究者们的兴趣并让他们视之为重要的研究问题。此外，我们将介绍一些重要的认知功能。在这些认知功能上，心理学家已经积累了充足的数据资料，这些资料可以帮助我们理解情绪究竟是如何影响认知功能的。

表 1-1　情绪研究领域心理学家关注问题示例

情绪的一般性问题
• 什么是情绪？
• 如何判断他人正处于某种情绪状态及处于何种情绪状态？
• 人类的基本情绪有哪些？分别是什么？
• 如何对情绪进行区分？
• 情绪强度变化的原因是什么？
• 情绪是否是与生俱来的？是具有跨文化的普遍性，还是存在着文化差异性？
• 情绪的触发因素和表达方式是否因文化和环境而异？
• 女性比男性更情绪化吗？与老年人相比，年轻人的情绪是否更强烈、更多样？情绪是否会随着年龄的增长而发生变化？
• 是否存在更易情绪化的某类人群？如何鉴别？
• 动物有情绪吗？
• 他人是否在场会影响我们对情绪的体验吗？
• 情感判断（歧视、决心、认同）是如何形成的？
• 情绪的作用是什么？我们是否可以脱离情绪而存在？
• 情绪会不会影响我们的认知能力？如果会，那么是如何影响的？

1.1　何为情绪

　　关于情绪的定义，众说纷纭，但有一点是研究者们的共识，那就是情绪是可以（但不一定总是）通过表达（如面部表情、语言等）和行为进行观察的一种内部状态。通常，情绪会伴随着生理反应，如心率、皮肤电反应、皮肤传导性、肌肉活动变化等。例如，达契尔·凯尔特钠（Dacher Keltner）和詹姆斯·J.格罗斯（James J. Gross）（Keltner & Gross，1999）将情绪定义为"对特定的、来自生理和社会的挑战与机遇做出反应的，偶发的、相对短期的、具有生物学基础的感知、体验、生理、行为和交流模式"。因此，情绪是一系列（心理和/或生理）反应的集合。不同情绪的强度、持续时间和复杂性各不相同。这些反应具有一定的同步性，既可以表露在外，易于为人所见；也可以深藏于内，不为人知。最后，值得一提的是，当我们对所处环境进行评估（危险或安全、愉快或不愉快）时，情绪便会随之而生。

情绪包含多种类型，这是毋庸置疑的。但是，如何进行更科学的分类是研究者们仍在争论的问题（Keltner，2019；Keltner et al.，2019）。许多研究者认为，对基本情绪（快乐、愤怒、悲伤、厌恶、恐惧）和自我意识情绪（嫉妒、羡慕、羞耻、内疚、尴尬、骄傲）进行区分很重要。并且，所有的情绪都包含两个维度，即效价（积极或消极情绪）和觉醒（弱或强情绪）。每个维度都是一个连续体。任何一种情境或刺激都会在这两个连续体上找到自己的位置，即具有一定程度的积极/消极的情绪效价，以及一定程度的情绪觉醒（Plutchik，1991；Russell，1980；Watson & Tellegen，1985）。

虽然同一种情绪在个体间或个体内不同情境下存在差异，但是每一种情绪都有其独有的特征，这种特征体现在心理、行为及生理表现三个层面。例如，快乐往往源于重要目标得以实现或需求被满足。它表现为微笑，声音的基频、动态范围和强度的增加，以及心率加快和体温升高。愤怒通常是由他人故意造成的负面事件引发的，对我们而言，这些负面事件阻碍了重要目标的实现和（或）需求的满足。它表现为坚硬、紧绷的面孔，声音的基频、强度和高频能量的增加，以及心率加快、肌肉张力增高和呼吸变化。悲伤往往源于我们的某种需求长时间得不到满足。造成我们悲伤的事件往往难以控制，甚至无法控制。悲伤通常会伴随无助感、眼皮下垂、声调降低、语速加快、肌肉紧张，以及哭泣的冲动。此外，恐惧是由对我们的生存或身心完整具有危险性的事件引起的。在该情绪下，除了会表现出恐惧的面部表情，声音的基频、音调及语速也会增加，心率会加快，呼吸和体温会发生变化，喉眦也会收紧。对试图理解情绪和认知关系的心理学家来说，与每种情绪相关的心理、行为及生理反应的多样性正是其研究兴趣所在。例如，为了检查个体在执行认知任务时是否确实处于某种情绪状态，研究人员往往会收集上述三个层面的测量值，并将这些测量值进行组合，作为判断该情绪状态的可靠有效指标。

情绪既不同于心境（不一定有特定的对象，可以更分散、更持久），也不同于情感或感觉。情绪与情感在许多特征上也有所不同，如强度、持续时间、对象、表达和表现（外显或内隐）。虽然并非所有研究人员都同意上述观点，但他们普遍认为情绪和情感虽然相关，却也存在差异（例如，某些情感或感觉可能是基于某些情绪而产生的）（Damasio，2010）。

为了解释情绪，研究人员不仅需要确定情绪的概念，情绪的产生时间、触发条件及其对其他心理维度的影响，而且需要明确其功能（Scherer & Ekman，1984）。例如，情绪可以提高生活品位、丰富生活、增添乐趣，可以帮助我们避免或逃离危险，促进（或阻碍）个体间和群体间的交流，为我们寻找目标的活动提供支持，为我们的行动做好准备，服务或有助于我们对世界万物（人、动物、物品、情境等）进行评价，以调整我们的行为（如在危险情况下逃跑），并确保我们的生存和安全。毫无疑问，情绪可以影响我们的认知功能。

1.2　情绪—认知关系：研究问题和意义

1.2.1　研究问题

研究情绪—认知关系的心理学家提出了一个基本问题：如果情绪真的会影响我们的认知能力，那么情绪是如何及在什么条件下发挥其作用的？这个问题可以分解成多个子问题。这些子问题既有一般性问题，也有特异性问题；既有具体的直觉性问题，也有更正式的抽象性问题，见表 1-2。

表 1-2　研究情绪—认知关系的心理学家提出的问题示例

一些直观的问题
悲伤的人是否比快乐的人更理性或更善于思考？
人们冷静的时候是否会比愤怒的时候具有更好的推理能力并能做出更优的决策？
一般情况下，焦虑水平更高的人是否更容易感受到负面事件的风险？
考试焦虑与考试成绩是否相关？
悲伤时，我们是否对世界有更多的负面认知？焦虑时，我们是否会觉知到更多的危险？快乐时，我们是否会有不切实际的积极态度或乐观精神？害怕时，我们是否会为了应对未知做出更多冒险行为？
更了解自身情绪的个体的情绪对认知能力的影响是否更小？
对专家来说，情绪是否会以同样的方式影响其在专业领域的表现？
情绪的强烈程度是否会增加其对认知能力的影响？
一些低直观性问题
情绪在何时及如何影响认知能力？
情绪是否会影响认知，或者相反，认知会影响情绪？
研究情绪在认知中的作用有何价值与重要性？
偶然情绪和固有情绪是否会以同样的方式影响我们的认知表现？偶然（外生）情绪和固有（内生）情绪如何相互结合，从而对认知产生影响？
情绪在不同的认知领域（或任务）中是否会以相同的方式影响个体，或者这些影响具有领域（或任务）的特异性？
个体在认知领域的专业水平是否会调节情绪对其在该领域表现的影响？
个体对情绪体验的意识程度是否会调节情绪对认知的影响？
在情景记忆领域，情绪对记忆的影响机制是否会因再认任务或自由回忆任务而不同？
情绪会影响注意瞬脱机制吗？
认知任务中的情绪控制水平是否会调节情绪对该任务表现的影响？
认知机制的哪些一般特征对情绪的影响最大？

正如我们将在本书中看到的，对于每一种认知功能，心理学家都会问一些相同的一般性问题和特异性问题。情绪会影响我们的认知能力吗？如果会，在什么条件下通过什么机制产生影响，影响程度如何？心理学家试图揭示情绪如何影响我们的注意力、记忆力、推理能力、判断力和决策力。他们还探讨了在所有这些领域中，我们如何调节情绪，以降低或增加情绪对认知功能的影响。

1.2.2　研究意义

理解情绪是否会影响及如何影响我们的认知能力很重要。

首先，从经验上讲，它有助于我们理解认知能力的决定因素。认知心理学家长期以来一直关注不同因素对认知能力的影响。这些因素可能与刺激物（如具体词汇与抽象词汇）、任务（如自由回忆与线索回忆）、情境（如限时压力情况与无时间限制的情况）和被试（如专家与非专家）的特征有关。人们对情绪的作用相对关注较少，主要是因为缺少研究方法，或者研究方法不够成熟和有效，而不是因为人们认为（无论是隐性的还是显性的）认知和情绪之间没有相互作用。

其次，在理论层面上，研究情绪—认知的关系可以让我们检验认知活动的模型。例如，一些情景记忆研究人员提出再认记忆基于两种不同的机制：一种机制是熟悉度，另一种机制则是回忆（Mandler，1980）。如果是这样，那么这两种机制可能受到某种特定情绪的不同影响，也可能受到两种不同情绪的影响。研究情绪对认知的影响也可以让我们发现并验证认知功能的某些特征。这些特征可能是某种理论提出的假设，但无法通过其他的实验操作得到验证。例如，在某种情绪状态下，我们确实会低估某些事件发生的概率，却高估另一些事件发生的概率，这表明我们判断概率的机制并不总是完全依赖于当下的信息。

再次，研究情绪对认知的影响的另一个好处是它可以为理论假设提供收敛性的实证验证。正如我们将在第 6 章中看到的，有证据表明情绪与陈述内容的一致性可以提高一个人的推理能力（例如，童年遭受强奸的人在强奸故事的条件推理任务中表现更好，但在情绪中立或与强奸无关的正式类比推理任务中表现较差），这与其他实证研究的结果一致，表明我们在熟悉的内容上的推理能力要明显优于对新内容的推理。这些结果强化了心理模型理论（Johnson Laird，1983；Johnson Laird et al.，2015）。根据这一理论，在推理过程中，我们需要针对相关情境建立心理模型，并对该模型进行证伪。正如我们在下文所看到的，如果推理主题的情感与我们之前的情感体验一致，那么推理过程就会易化，否则就会受到阻碍。

最后，情绪—认知的关系研究可以拓展关于认知的假设。例如，尼登塔尔和合作者们（Niedenthal et al.，1999；Niedenthal & Dalle，2001）的研究已经表明，我们对周围事物或事件的分类或感知都是基于我们的情绪状态。以前的分类与感知模型并没有考虑到这一点。

除了理论和实证方面的贡献，情绪—认知关系的研究也具有相当重要的现实意义。例如，在教育中，我们已经知道学生会表现出所谓的记忆增强效应，即个体对情感信息的记忆比对中性信息的记忆更持久（Massol et al.，2020），或者在儿童上学早期，无论能力如何，他们都会对数学产生焦虑（Mammarella et al.，2019），这些都有助于教育者制定相应教育策略，以提高学生的学习能力。此外，与消极情绪信息相比，老年人在处理积极情绪信息时有更少的认知缺陷（Charles et al.，2003；Joubert et al.，2018）。这对理解衰老对认知的真正影响，更准确地诊断老年人的认知能力，以及开发针对老年人的认知优化项目都非常重要。此外，在临床环境中，了解情绪如何改变认知功能具有重要意义。例如，过度关注负面信息的认知偏见会在抑郁障碍中被放大（Campbell-Sills et al.，2014；Cisler & Koster，2010），这一发现有助于抑郁障碍的诊断、支持、指导或治疗工作。再举一个例子，基于认知重评的情绪调节策略方案已经在日常临床实践中证明了其效果（Aldao et al.，2010）。

1.2.3　方法学原则

情绪—认知关系研究的一般方法学原理很简单，并适用于所有认知功能。被试根据已知机制执行认知任务（如目标检测、条件推理、自由回忆或概率判断）。一些被试在情绪唤醒状态（如悲伤或喜悦）下接受测试，另一些被试在中性状态下接受测试，或者如果可能，同一个人可以在不同的情绪条件下接受测试。之后研究人员将被试在情绪唤醒状态下的认知表现与中性状态下的认知表现进行比较。这些情绪唤醒状态有的由各种实验程序诱发，有的则通过调查问卷进行测量。

心理学家们通过这样的研究可以确定，在给定领域或任务中，众所周知的认知机制（例如，用于研究情景记忆的再认任务中的熟悉度判断机制）在情绪唤醒状态下与在中性状态下作用的异同。正如我们将在下文中看到的，心理学家发现情绪可以影响特定任务中的某些特定机制，但不会影响其他机制。他们还发现，我们可以在情绪状态下而非中性状态下利用不同的机制去完成相同的任务。换句话说，这些研究可以揭示情绪是否会影响个体在认知任务中采取的策略（例如，在某些情绪条件下进行更浅层的加工，而在另一些情绪条件下进行更深层的加工）。

1.3　研究情绪对认知影响的方法

研究情绪对认知影响的方法有很多种（见表 1-3）。每一种方法都各有其优缺点。任何一种既定方法的优点（如有效性、信度、敏感性）都取决于所提出的问题及允许我们获得的数据类型。根据不同的方法，情绪要么是被诱导的，要么是自然产生的。在自然观察中，研究人员要么使用日记法，要么使用调查问卷法。在日记法中，研究人员会要求被试每天（或每周）记录他们在这段时间间隔内经历的所有情绪，以及触发情绪的所有事件或想法（Talarico & Rubin，2003）。他们还可能要求被试记录这些情绪事件的特征（例如，持续时间、强度、情绪类型，情绪是独处的时候产生的还是在有人在场的情况下产生的，等等）。接下来，研究人员可以利用该日记，探测被试的记忆，去检验有些信息之所以能被更好地记忆是否与其情绪价值和情绪强度有关。

表 1-3　情绪的直接诱导程序和间接诱导程序

直接诱导程序	间接诱导程序
• 催眠术 • 电影剪辑、图像 • 故事 • 音乐 • 恢复的情感记忆	• 问卷、日记 • 正面或负面反馈 • 压力［特里尔社会压力测试（Trier Social Stress Test，TSST）］

用于评估被试情绪状态的问卷多种多样。完成这些问卷的一般程序很简单，通常会让被试阅读一系列陈述或问题，并要求他们针对一些情绪状态，从备选答案中做出选择。例如，请被试阅读问题"过去几周你感觉如何？"之后要求被试针对一系列可能的状态（如"感兴趣""沮丧"），回答"从不/偶尔/有时/经常/总是"。目前，研究者们已经编制了众多（情绪）调查问卷，如差异性情绪量表（Differential Emotions Scale，DES）（Izard et al.，1974）、简短心境自省量表（the Brief Mood Introspection Scale，BMIS）（Mayer & Gaschke，1988）、当前心境问卷调查（the Current Mood Questionnaire，CMQ）（Feldman et al.，2008）、正面负面情绪量表（the Positive And Negative Affect Schedule，PANAS）（Watson et al.，1988）、情绪调节问卷（the Emotion Regulation Questionnaire，ERQ）（Gross &John，2003）、MSCEIT 情绪智能测试（the

Mayer-Salovey-Caruso Emotional Intelligence Test，MSCEIT）（Mayer et al.，2002）、情绪表达量表（the Emotional Expressivity Scale，EES'）（Kring et al.，1994）、情绪调节困难量表（the Difficulties in Emotion Regulation Scale，DERS）（Gratz & Roemer，2004），以及情绪反应量表（the Emotional Reactivity Scale，ERS）（Nock et al.，2008）。这些调查问卷被用于评估被试在实验室和／或情绪诱导后的情绪状态，及其情绪反应或调节状态。因此，在其有效性范围内，这些量表可以帮助研究人员检查情绪诱导程序是否有效地改变了被试的情绪状态。

直接或间接地诱导情绪的方法有许多种。一种是对被试进行催眠，并简单地指导他们感受特定的情绪（Bower et al.，1978，1981）。在这个基础上，研究人员要求被试完成一项认知任务（如记忆任务），并比较他们在感受不同情绪（例如，快乐与中性；悲伤与中性；快乐与悲伤）时的任务表现。

在被试完成认知任务之前，给他们看一部电影也可以诱导情绪（Gross & Levenson，1995）。目前，某些电影已经被证实会引发愤怒、恐惧、悲伤或其他情绪。研究人员往往会比较被试在观看不同类型电影片段之后的认知表现。此外，还有一种类似诱导情绪的方法，那就是在认知任务之前，向被试讲述一个悲伤、快乐或中性的故事（Williams，1980）。

音乐，在这里指音乐情绪诱导程序（Musical Mood Induction Procedure，MMIP）（Västfjäll，2002），或者气味也可以用来诱导情绪，其诱导程序与之前介绍的几种方法一样。就像各种气味会与不同的情绪联系在一起一样，不同的音乐作品也会引发不同的情绪（Billot et al.，2017）。例如，莫扎特（Mozart）的《费加罗的婚礼》（*Marriage of Figaro*）或甲壳虫乐队的《黄色潜水艇》（*Yellow Submarine*）会让我们处于一种快乐的状态，而贝多芬（Beethoven）的《第14钢琴奏鸣曲》（*Piano Sonata no.14*），德沃夏克（Dvořák）的《第九交响曲》（*Ninth Symphony*），或普林斯（prince）的《四月有时下雪》（*Sometimes It Snows In April*）会让我们感到悲伤，其他音乐作品，如德彪西（Debussy）的《牧神午后前奏曲》（*Prelucle to the Afternoon of a Faun*），则相对中性。

另一种情绪诱导程序涉及在认知任务之前重新激活个人的（自传体）情绪记忆。要求被试思考一个特定的事件，例如，他们上学的第一天，或者记住发生在他们身上的"快乐事件"或"悲伤事件"。之后，研究人员会比较被试在回忆这些情绪事件后的认知表现。

还有一种在情绪—认知关系研究中被广泛使用的方法，即呈现认知任务之前，向被试短暂地呈现图片。这些图片具有不同强度的积极、消极或中性情绪。国际情感图片系统（Lang et al.，2008）是应用最广泛的图片库之一。这类研究比较了在三种不同的实验条件下（测试图片为积极、消极和中性）被试在认知任务中的表现。同样的程序也适用于词汇：研究人员向被试展示具有不同情绪效价和强度的词汇（Kenealy，1986）。这种采用词汇的方法称为 Velten 情绪诱导法（Velten Procedure）。

情绪也可以被间接诱导。例如，研究人员给予被试表示任务成功或失败的反馈（与在任务中的表现无关），使他们体验积极或消极情绪，从而观察情绪对他们在认知任务表现方面的影响（Geraci & Miller，2013；Lemaire，2021；Lemaire et al.，2019；Lemaire & Brun，2018）。例如，特里尔社会压力测试就可以诱导被试的心理压力。这个测试开始时，被试需要为工作面试准备一个简短的（如五分钟）演讲，在演讲中，他们要解释为什么自己是这份工作的最佳候选人。之后，他们要向一些评估员（扮演潜在雇主的人）发表演讲，并被拍摄下来。最后，在三到五分钟内，他们从某个数字开始倒数（例如，从 2 043 开始向前数，每次减 17）。这个过程会引发相对较高的心理压力。它为评估压力或焦虑对认知能力的影响提供了一种非常有效的方法。

研究个体差异（即一般焦虑水平高或低的人）和病理学（如患有恐惧症或慢性焦虑症的人）可以在情绪如何影响我们的认知表现上提供重要信息。

例如，研究负面信息是否会更容易、更系统地吸引高于平均焦虑水平人群的注意力，可以提供焦虑在注意力中所起作用的重要信息。同样，研究患有严重社交恐惧症的人如何解释模糊的情境或刺激，可以提供关于恐惧在解释和理解（情境、文本甚至人的）机制中所起作用的宝贵信息。

认知任务本身的情绪效价与情绪诱导程序产生的情绪对认知的影响存在差异性。在任何情况下，我们可以通过运用这些技术对认知任务所附加的情绪与任务本身固有的情绪进行区分。附加情绪是指个体感受到的或由实验程序诱导的情绪状态，这种情绪状态独立于要完成的认知任务（例如，具有焦虑性格的人的焦虑情绪或观看恐怖电影时所经历的恐惧情绪）。这类情绪的产生与被试手头的任务无关，而可以由各种诱导方法触发（例如，在接受认知任务之前看电影，在每次实验之前看图片，对快乐/不快乐自传体事件进行回忆，在认知测试之前阅读故事，等等）。与之不同，固有情绪是由任务和/或执行任务必须处理的刺激/信息触发的（如数学引发的焦虑）。这些情绪的来源是任务本身，由任务刺激的情绪内容所触发（例如，推理任务中的情绪陈述；决策任务中具有不同情绪效价的备选方案之间的选择；情景记忆任务中要记忆的情绪性词汇与非情绪性词汇）。

1.4　对认知功能的情绪效应易感性的研究

现有研究已经揭示了情绪对几乎所有认知功能的影响机制。这些认知功能包含一般性的认知功能（如注意力、记忆、推理），也涉及特异性的认知功能（如算术、语言、面部感知）。对于每一种功能，心理学家试图确定情绪产生影响的条件，以及产生影响的机制。他们试图找出情绪对一般和特定领域（或特定功能）运行机制的影响。他们还研究了情绪是否会激活非情绪状态下的特定机制。要做到这一点，心理学家不仅要了解情绪（例如，在实验室中如何触发情绪，不同情绪的特征），而且要对认知有所了解（例如，范式或任务，已知的认知机制）。本书的每一章都探讨了一种普遍的认知功能（注意力、记忆、推理、判断和决策，以及情绪调节）。我们将各用两章来介绍每种功能。第 1 章描述了关于情绪和功能之间关系的实验研究成果。第 2 章介绍了有关个体差异及衰老和病理学影响的研究结果，这些研究结果可以揭示情绪与认知之间的关系。

通过衰老、个体差异和病理学进行研究的方法是对实验方法的补充，并且由于多种原因，这些研究方法非常珍贵。研究人员在年轻人中进行的实验研究主要从两方面着手：一方面是通过改变刺激物的情绪效价，以及刺激物的情绪唤醒程度；另一方面则是通过诱导被试的情绪状态，来研究情绪在认知功能中的作用。对个体差异和病理学的研究有助于揭示由病理学、人格特征或其他个体特征驱动的情绪状态对个体认知表现和认知机制的影响。例如，让高焦虑个体与非焦虑个体在不同的情绪状态下完成 Stroop（斯特鲁普）任务或情景记忆任务。简言之，病理学和个体差异产生的情绪为我们提供了研究情绪在认知中作用的方法，这些方法是对实验室诱导情绪状态、改变刺激情绪效价和强度的实验方法的有益补充。

除此之外，还有一项重要的研究则考察了情绪对认知的影响随年龄产生的变化。这一类研究非常值得关注，因为大多数认知功能的改变都与年龄有 关（Craik & Salthouse，2008；Lemaire，2016；Lemaire & Bherer，2005；Salthouse，2012）。随着年龄的增长，所有认知功能都会发生变化（例如，注意力，工作记忆能力，情景记忆中编码、存储和回忆的效率的降低；推理能力改变）。年龄还带来了动机和优先事项的重大变化，这本身就对认知机制产生了重要影响（Carstensen，2006）。综上所述，正如我们将要看到的，随着年龄的增长，这些与年龄相关的认知和动机的改变会导致情绪和认知之间的关系发生重大变化。

我们将从注意力的研究开始。在这里，我们可以看到心理学家关于情绪对选择性注意影响（选择相关信息，忽略不相关信息，以执行认知任务的能力）的已有研究。我们将看到情绪如何影响个体在完成 Stroop 任务和视觉搜索任务中的表现。Stroop 任务和视觉搜索任务是广泛应用于选择性注意研究的任务范式。我们还将看到情绪是否会影响其他两种重要的注意功能，即注意定向和注意转移。这两者主要通过线索提示后的检测任务及注意瞬脱来展开研究。在第 3 章，我们将研究情绪对注意力影响中的个体差异及衰老和病理学在其中的作用。我们将看到，在整个成年期，情绪—注意力关系会随着年龄的增长而变化，并且个体之间也会有所不同。我们还将看到这些联系如何受到各种病理学症状的调节。

在第 4 章，我们将探讨情绪在记忆中的作用。我们将看到，情绪在某些情况下可以增强记忆力，而在另一些情况下则会削弱记忆力。我们还将看到，心理学家已经开始建立清晰且精确的观点，来解释为什么记忆在不同情绪的影响下表现得更好或更差。特别是，我们会发现，这其中的一个关键因素是记忆材料的效价与记忆者情绪状态之间的关系。并且，这种关系的重要性取决于测试记忆的环境（背景）。在第 5 章，我们将讨论个体差异、衰老和病理学在情绪对记忆影响中的作用。

在第 6 章，我们将介绍情绪在所谓高级认知功能（即判断、决策和推理）中的作用。在这里，我们将再次看到情绪可以对任务表现产生积极或消极的影响，这取决于任务材料与被试当前情绪状态或过去情绪体验及其他因素之间的一致性。个体差异、衰老和病理学内容会在第 7 章进行介绍。

在第 8 章和第 9 章，我们会发现个体并不仅仅是情绪的被动容器。人们会试图增强或削弱、触发或避免、延长或切断情绪。简言之，人们会对情绪进行监管。这种监管也会调节情绪对认知的影响。并且，情绪对认知的影响建立在情绪调节策略（即人们如何管理自己的情绪）及如何实施调节策略的基础之上。换句话说，情绪调节策略不仅影响情绪体验，而且会对情绪如何影响认知表现产生影响。在第 9 章，我们将阐述情绪调节的个体差异，情绪调节的方式如何随着年龄的增长而变化，以及情绪调节在某些病理学中的变化。

在第 10 章，我们将重新回到关于情绪—认知关系的首要问题上（例如，当通过改变情绪状态和刺激的情绪效价来研究情绪时，所得结果是否相同），并分析对于这些首要问题，在各认知领域和功能中，情绪与认知关系的研究结果都有哪些。

第 2 章

情绪和注意

2.1　本章概要

在生活中，我们不断地被信息轰炸，其中有些有用，有些则无关紧要。为了完成认知任务，或者更通俗地说，为了实现我们的目标，我们需要对这些信息进行选择。在选择后，我们会继续选择对信息做些什么（即如何处理它）。在选择了一种处理方式之后，我们将会付诸行动。最后，我们会对信息做出反应。信息加工的所有阶段——从在密集信息流中选择，到将信息进行各种转换，再到把信息传递给其他人——都有注意的参与。研究注意的心理学家发现，注意涉及多种机制，具有不同的触发因素和功能特征。他们发现了内源性注意和外源性注意之间的区别。内源性注意是由认知系统中的某些东西触发的，如目标和欲望、意图和内部状态等。外源性注意则是由认知系统之外的事物——刺激或情境——触发的。

不同形式的注意也可以根据它们所起的作用被加以区分。持续性注意（持续注意力集中）、选择性注意（专注于与执行认知任务相关的刺激或环境的一个方面的能力）、分配性注意（在多个任务、因素或刺激维度之间共享注意资源的能力）、注意灵活性（在两项任务、心理表征或策略之间转换的能力）及准备注意（这使认知系统能够准备好有效地处理刺激）等包含多种注意机制。每一项注意功能都在不同的环境中发挥作用，通过特定的任务进行研究，受到各种因素的影响（有些是共同的，有些是不同的），并以不同的方式受到年龄和精神障碍的影响（Fawcett et al.，2015；Lachaux，2011；Maquestiaux，2017；Nobre & Kastner，2018）。

　　研究情绪在注意中作用的心理学家主要关注选择性注意和注意定向（Compton，2003；Yiend，2010）。然而，也有很多关于注意控制机制的研究，如灵活性和分散注意。与其他主要认知功能一样，在这些研究中，心理学家让被试在不同的情绪环境中执行具有注意成分的任务。这些任务涉及注意的影响因素、机制及功能，这在注意的认知心理研究中已被广泛了解。情境的影响可以通过改变刺激物的性质（如情绪性刺激与中性刺激），或者被试的一般情绪状态（很少）来进行研究。后者可以通过精神障碍研究来开展（例如，在被诊断为焦虑障碍的个体中研究焦虑在注意中的作用）。从实证角度来看，这些研究的目标是揭示情境如何通过影响注意系统的功能来促进或破坏认知表现。在理论层面上，我们的目标是确定情绪影响注意的机制。

　　我们首先来看文献中关于情绪影响选择性注意的主要研究结果，然后看一下情绪在注意转移和注意定向中的作用。

2.2　选择性注意

　　不管完成哪种任务，我们的认知系统都必须选择环境中的目标元素，并关注环境中的重要方面（刺激、信息、情境）。情绪会影响选择性注意的能力吗？如果是这样，这些影响是有利的（即允许更快、更有效的选择）还是不利的（即扰乱选择）？情绪在什么情况下可以促进或扰乱注意？情绪如何（通过什么机制）影响选择性注意？为了弄清情绪是否会影响选择性注意，心理学家比较了人们在情绪中立、积极和消极的情况下，在选择性注意任务（如冲突、去/不去和停止信号任务）上的表现。

　　在所谓的冲突任务（Stroop、Simon、侧抑制）中，使用最广泛的是

Stroop 任务。在情绪 Stroop 任务中，被试会看到显示为各种颜色的词汇，其任务就是识别词汇的颜色。研究人员对比他们用中性词汇（如"沙""云"）和情绪性词汇（如"悲伤""恐惧"）来完成 Stroop 任务所需的时间。在实验中，研究人员要求被试在不考虑词义的情况下指出词汇的颜色（因此，从理论上讲，被试要抑制阅读）。然而，许多研究发现，情绪性词汇的反应时比中性词汇的反应用时更长。（Bar-Haim et al.，2007；Compton et al.，2003；Mackay et al.，2004；Pratto & John，1991；Siegrist，1995；Song et al.，2017；Sutton et al.，2007；Wentura et al.，2000；Phillips et al.，2002，Vanhooff et al.，2008，Zinchenko et al.，2020）。图 2-1a 显示了德雷斯勒等人（Dresler et al.，2009）关于情绪 Stroop 效应的研究数据。他们发现，与中性词汇相比，被试选择情绪词汇（无论是消极的还是积极的）的颜色时用时更长。

一些研究人员发现，情绪 Stroop 效应在"混合"条件下（情绪性词汇和中性词汇在同一组实验中随机出现）比在"纯"条件下（情绪性词汇和中性词汇分别在两组实验中出现）更强，甚至在某些情况下，只在"混合"条件下出现。这可以从麦肯纳和夏尔马的研究结果中看到（见图 2-1b）。在"纯"条件下情绪 Stroop 效应会减弱或消失，这可能是因为连续呈现具有一致情绪效价的词汇会使被试产生习惯化效应，从而不再注意词汇的情绪效价，使其不再对颜色识别产生干扰。在"混合"条件下，因为存在与中性效价词汇的对比，情绪性词汇的情绪效价可能会显著增加。这反过来意味着情绪效价吸引了被试的注意，使他们在识别无关刺激维度（即词汇颜色）时有所延迟。

后来哈特等人对 Stroop 范式进行了调整。他们不再改变刺激物的情绪效价，而是通过使用情绪诱导程序改变被试的情绪状态。在数字 Stroop 任务中，被试在电脑屏幕上看到一组一到四位的数字。他们的任务是指出在每次实验中显示了多少个数字。在一致性实验中，数字的数量与给出的数字相同（例如，三个 3）；在不一致的实验中，数字的数量与给出的数字不同（例如，四个 3）。对照组条件则呈现中性形状（星星）。在数字出现前的 150 毫秒内，呈现给被试两种不同类型的图片，即负面图片（如有人用枪指着被试），以

(a)

(b)

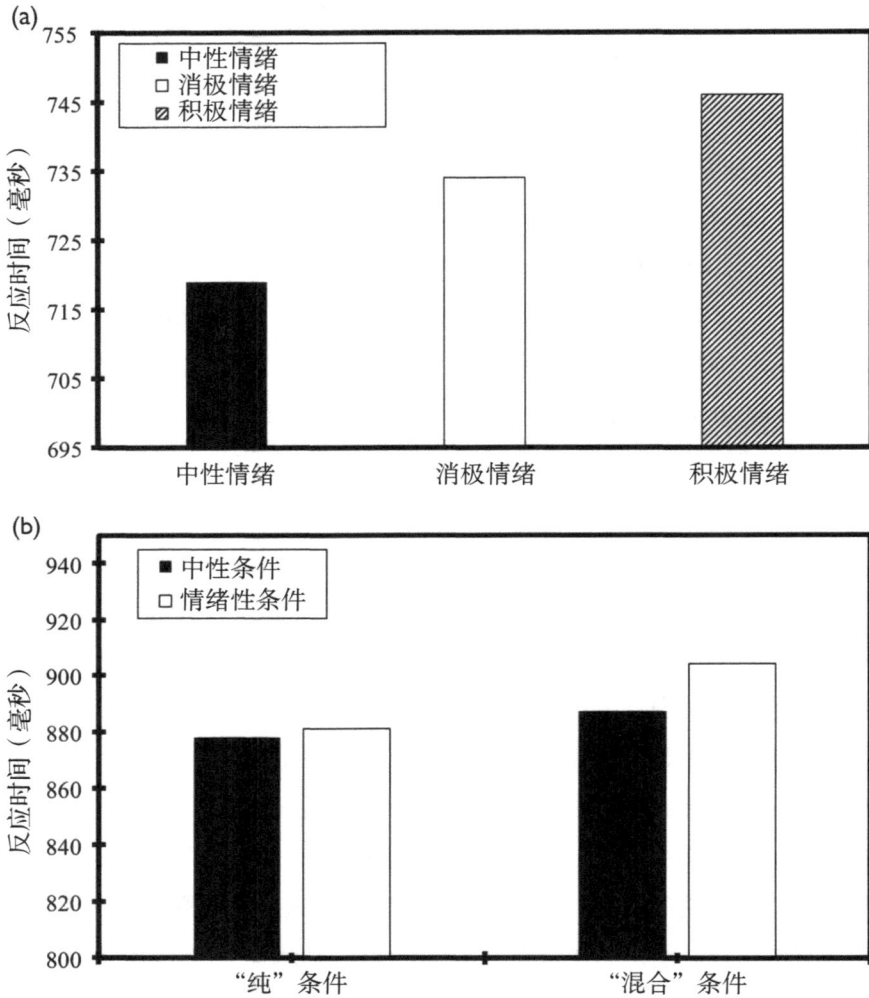

图 2-1　情绪 Stroop 效应

及中性图片（例如，一个面部表情中性的孩子拿着一个冰激凌筒）。负面图片后的 Stroop 效应（即一致和不一致实验之间的反应时间差异）大于中性图片后的 Stroop 效应（见图 2-2）。其原因具体来说是在先呈现负面图片的情况下，被试在不一致实验中的反应时间比在一致性实验中要长。负面图片引发的情绪似乎扰乱了抑制机制，否则被试就可以无视数字本身的特征，而专注于数字的数量。

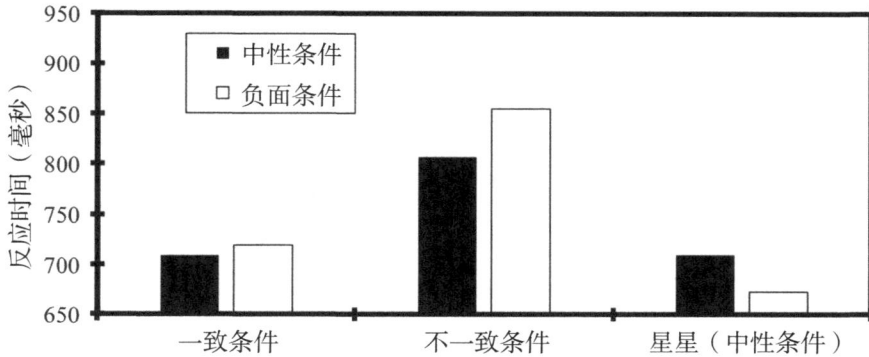

图 2-2　情绪启动对反应时间影响的数字 Stroop 效应

情绪 Stroop 效应的刺激物也可以不用词汇或数字，例如，通过采用面孔也可以进行情绪 Stroop 实验。一般来讲，在该实验范式中，被试的任务是识别面部表情。在这个面部表情上，通常会叠加一个表达情绪的词汇，这个情绪词汇可能与面孔情绪一致（例如，"悲伤"一词出现在悲伤的面孔上），也可能与之不一致（例如，"快乐"一词出现在悲伤的面孔上）。在这种情况下，研究人员也发现，被试在不一致情况下的反应比在一致情况下更慢（Egner et al.，2008；Etkin et al.，2006，2010，2011）。

情绪干扰效应也会出现在其他冲突任务中，如侧抑制任务（Kanske & Kotz，2011a，2011b；Rowe et al.，2007；Zinchenko et al.，2015）和西蒙任务（Padmala et al.，2011；Sommer et al.，2008）。在情绪西蒙任务中，艾哈迈德和塞巴斯蒂安（Ahmed，S. P.，& Sebastian，C. L.，2019；Sebastian et al.，2017）给被试呈现了两张面孔（一男一女）。每张面孔要么平静、愤怒，要么恐惧，要么向右倾斜，要么向左倾斜（见图 2-3a）。每名被试都需要识别两张面孔的性别（研究人员会随机分配目标性别），以及是向右倾斜还是向左倾斜（例如，选出向左 / 右倾斜的男 / 女性面孔）。研究人员将所谓的相容性实验（例如，目标面孔呈现在左侧并向左倾斜；因此，被试必须回答

"左")与不相容性实验(例如,目标面孔呈现在右侧并向左倾斜,被试也必须回答"左")进行了比较。

数据(见图 2-3b)显示,目标面部表情更情绪化时比目标面部平静时不相容性效应(不相容实验和相容实验之间的差异)更大(恐惧和愤怒之间未发现显著差异)。这是因为在相容性实验中,被试对情绪化面孔的反应时间更长。在这里,情绪引起了被试的注意。为了专注于处理面部倾斜,被试必须抑制这种对情绪的加工。在相容性实验中,在平静的面孔条件下,被试能够更快地对面部倾斜进行加工(情绪对不相容性实验没有影响)。

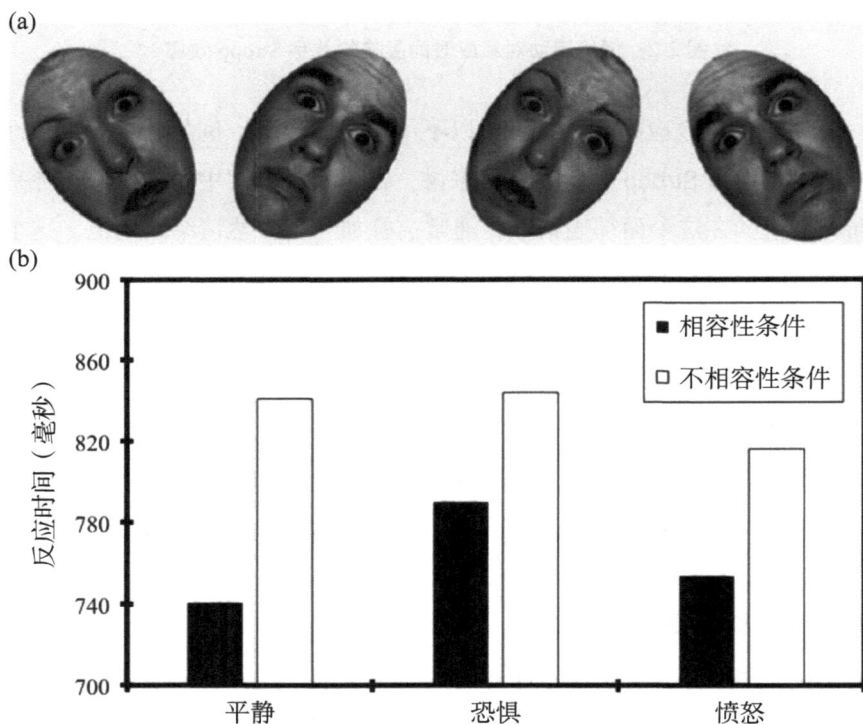

(a)

(b)

图 2-3　情绪不相容性的影响

注:(a)情绪面孔的相容性实验(左对:此处,被试必须指出向右倾斜的男性面孔)和情绪面孔的不相容性实验(右对:此处,被试必须指出向右倾斜的女性面孔)的说明。(b)在相容性和不相容性实验中,目标面部表情的反应时间。情绪化面孔的相容性效应(不相容实验反应时间—相容性实验中反应时间)较小。

总之，冲突任务的研究表明，选择性注意会受到刺激物的情绪效价和个体情绪状态的影响。一方面，具有情绪效价的刺激会吸引个体的注意，即使它与手头的任务无关，这迫使个体分配额外的（特别是抑制性的）注意资源，以便能够专注于选择刺激的相关维度并进行加工。另一方面，在消极情绪状态下，个体更难抑制对刺激无关维度或与当前任务不相容活动的处理。

情绪对抑制能力的影响——这对选择性注意至关重要——也会出现在其他选择性注意任务中，如停止信号任务和特征选择任务。在特征选择任务中，刺激的不同特征会在刺激评估任务中产生冲突，被试必须抑制无关特征（如图片的情感效价）以便专注于与任务相关的特征（如字母的识别）（Carretié，2014）。例如，在这类实验中，研究人员可能会要求被试检测形状的颜色，而忽略其方向；也可能要求被试在情绪图片呈现之后，忽略该情绪性图片，判断在该图片呈现之前出现的线段的颜色，或者报告在该图片呈现之前出现的字母是元音还是辅音。实证结果表明，情绪会影响个体选择相关特征的效率。这种影响可以通过不同的参数来调节，如情绪/中性条目的比例（Schmidts et al.，2020），以及被试在多个连续实验中是执行相同的任务，还是在每次实验中必须进行任务切换（Foerster et al.，2020）。

例如，辛格及其合作者（Sänger and collaborators，2014）的研究发现，如果任务中对刺激相关特征的选择至关重要，那么这种选择性注意就会受到压力的影响。在他们的实验中，被试开始时盯着一个"+"符号，该符号在整个实验过程中一直保持不变。两秒后，屏幕两侧各出现一个条形图（每个条形图比背景或亮或暗），持续呈现 100 毫秒，接着这些条形图消失 50 毫秒，之后屏幕上再次出现两个条形图。在第一种实验条件下，其中一个条形图的亮度会发生变化。在第二种实验条件下，其中一个条形图的亮度和方向都会发生变化。在第三种实验条件中，其中一个条形图的亮度和另一个条形图的方向都会发生变化。最后，在第四种实验条件中，只有一个条形图的方向会发生变化：这些非按键实验，被试必须避免做出反应。当唯一的变化是其中一个条形图的亮度（单侧亮度条件）时，被试能更容易检测两次演示之间的亮度变化。在第二类实验（亮度方向单侧实验）中，检测稍微困难一些，因为被试只对两次演示之间光柱的亮度变化（并忽略其方向的变化）做出反应。第三种类型实验（亮度—方向双侧）的任务是最难的，因为在这种情况下，两个条形图都发生了变化，被试必须关注并选择亮度发生变化的条形图。

在执行这项任务之前，被试被随机分配到压力条件组或对照条件组。压力条件组的被试要将前臂浸泡在0℃~3℃的冷水中3分钟。与此同时，他们还要看着给他们摄像的摄像机，并被告知研究人员随后会分析录像，以评估他们的面部表情。这个过程称为"社会评估冷压实验"（Socially Evaluated Cold Pressure Test，SECPT）（Schwabe et al.，2008），并已经被证明能引发被试强烈的应激反应。对照组的被试则将一只前臂浸入温水（35℃~37℃）中，并且实验中不对他们进行拍摄。

结果显示：（1）被试确实在最难的实验（亮度—方向双侧条件）中犯错更多，在最简单的实验（单侧亮度条件）中犯错最少；（2）被试在压力条件下比在对照条件下犯错更多；（3）与对照组相比，在压力条件下被试的错误率随着测试难度的增加而急剧增加（换句话说，在最困难的测试中，对照组和压力条件下结果之间的差异最大），见图2-4。压力占据了被试处理资源的一部分，使其分配给主要任务的资源更少。这引发了被试的更多错误，尤其是在需要更多资源的、更难的实验中。

研究还发现，情绪会降低停止信号任务（Stop-signal Tasks）的表现。在这些任务中，被试必须防止自己做出已经开始的回应。举个例子，在这类任务中，被试可能需要通过按键对刺激进行判断，如判断呈现的刺激是"@"还是"#"，然而，当刺激出现几毫秒后，也就是被试开始处理刺激后，研究人员会呈现一种声音，听到声音后，被试必须马上阻止自己的按键反应。以维尔布鲁根（Verbruggen）和德·豪威尔（De Houwer）的研究发现为例，在他们的研究中，与中性图片相比，被试更难取消对包含情绪图片（正面或负面）的项目做出反应。他们认为，这是因为情绪会通过捕获加工资源来中断认知机制，将其移出停止反应所需的加工。

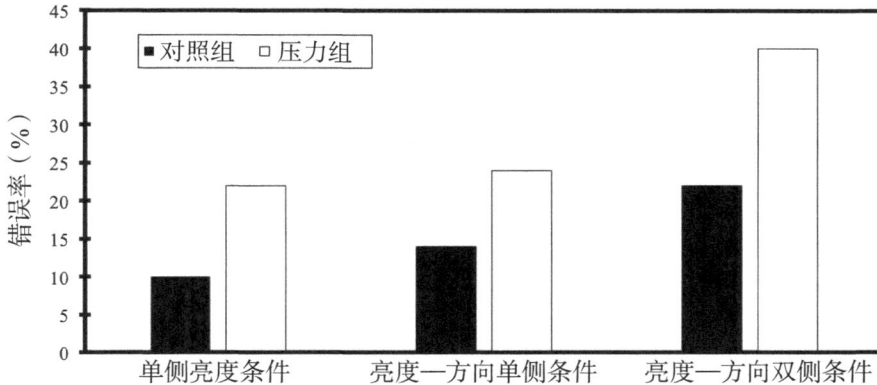

图 2-4　压力的影响

　　总之，在冲突任务和其他选择性注意任务中，情绪会破坏个体对无关信息或已经触发的反应的抑制机制，导致认知资源被激活的情绪或情绪信息加工所捕获，不能全部分配给选择性注意任务。这就是在情绪的干扰下，个体在认知任务中的反应速度会变慢的原因。

2.3　情绪和注意定向

　　情绪在注意定向（将注意力引向特定位置或对象）中的作用已通过视觉搜索任务得到广泛研究。在视觉搜索任务中，被试会看到一些图片集。在同质集合中，所有图片相同或属于相关类型。例如，同质集合可能由九朵花或九个中性面孔组成，而在不同质的集合中，会有一张图片与其他图片都不相同。例如，该集合可能包含八朵花和一条蛇，或者八张中性面孔和一张悲伤面孔。被试的任务是指出图片集是否只包含相同的图片，或者其中一张图片是否与其他图片不同。这被称为视觉搜索任务，因为被试必须在一组非目标项目（分心物）中搜索并检测目标。例如，在图 2-5 中，上面两个（同质）集合中的图片都是相同的，而在底部两个（异质）集合中，其中一张图片与其他图片都不同。被试被告知要尽快做出反应：如果所有图片相同，则按一个键，如果存在一张与其他都不同的图片，则按另一个键。在这类研究中，有些比较有趣的研究使用了具有不同情绪效价的图片：中性图片（如花朵、中性面孔）、消极图片（如蛇）或积极图片（如快乐面孔）。许多研究表明，情绪目标具有识别优势：当与众不同的图片是情绪性图片时，被试能够更快地做出反应，判断出该图片与其他图片存在差异。

在该任务的一种变式（集合比较任务）中，研究人员向被试呈现两组图片（例如，两组面孔或花）：一组同质，一组异质。在异质集合中，一张图片与其他所有图片不同（例如，一张面孔是悲伤的表情，而其他面孔都是中性的表情；一张图片显示一条蛇，而其他图片都显示花）。在同质集合中，所有图片要么完全相同（例如，所有图片都显示相同的花，从相同的角度看，等等），要么属于相同类别的项目（例如，都是不同的花）。被试的任务是通过按下异质集合同一侧的键来选择异质集合（即"指出哪个集合包含不同的图片"）。在这里，一些有趣的研究再次比较了被试在目标图片是情绪性或中性两种情况下的表现。大量研究表明，当目标图片富有情绪时，被试的反应速度明显快于目标是中性图片时。在情绪性图片条件下，当被试必须在一组图片中检测到不同图片时，以及当被试必须对两组图片进行比较时，其反应都比在中性图片条件下更快。

例如，福克斯等人（Fox et al., 2000；2005，2007）在一系列实验中向被试呈现一组脸谱（如图 2-5 所示）。在同质集合中，所有的面孔都是相同的（即只有中性、快乐或愤怒的面孔），而异质集合则包括一张不同的面孔（例如，一张快乐的面孔和两张中性的面孔；一张悲伤的面孔和三张中性的面孔）。被试必须指出每一组中所有的面孔是否相同。每组面孔在电脑屏幕上显示 300 毫秒或 800 毫秒。在面孔从屏幕上消失后，被试最多有 2 000 毫秒的时间做出反应。

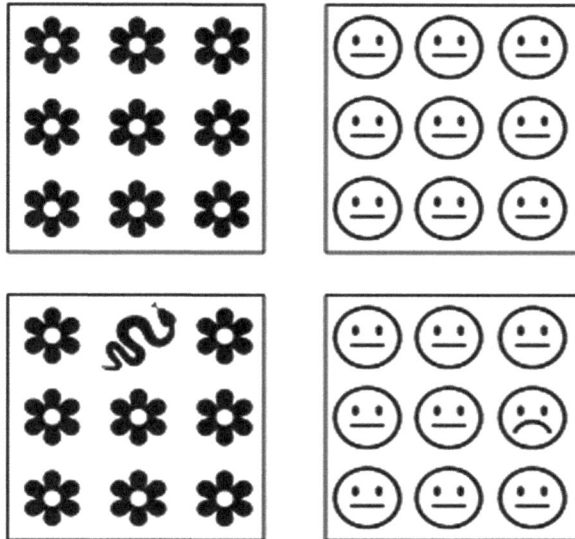

图 2-5　视觉搜索任务中使用的示例刺激（图片集）

在 300 毫秒显示时间的同质集合中，被试对愤怒面孔的反应比对中性或快乐面孔的反应更慢（见图 2-6）。在显示时间为 800 毫秒时，被试对愤怒和高兴面孔的反应比对中性面孔的反应更慢。有趣的是，在显示时间为 300 毫秒时，愤怒面孔比其他面孔更能引起被试的注意，即被试花了更长时间来加工这些面孔。在显示时间为 800 毫秒时，与中性面孔相比，呈现愤怒和快乐面孔时都观察到了被试对情绪性面孔的额外关注。在异质集合中，无论刺激是显示 300 毫秒还是 800 毫秒，被试在差异面孔是生气（其他人是中性的）时比高兴（其他人是中性的）时反应更快。因此，如果情绪是愤怒而不是快乐，那么被试似乎能更快地在中性面孔中发现这张情绪化面孔。出现这种现象的原因可能在于愤怒面孔的危险性，即愤怒面孔表示可能存在的危险，个体（为了保证自身安全）必须尽快识别。换句话说，在中性环境中，如果刺激是情绪化的，尤其是这种情绪代表某种可能的危险时，个体就可以更快地检测到该刺激。负面情绪刺激在中性情绪刺激中的这种注意力捕获现象已经在许多研究中被多次验证（Brosch et al.，2008；Damjanovic et al.，2020；

Eastwood et al., 2001；Folk et al., 1992；Horstmann, 2009；Juth et al., 2005；Lundqvist et al., 1999, 2004；Öhman, Flyktet al., 2001；Öhman, Lundqvist et al., 2001；Pool et al., 2014, 2016；Tippleset al., 2002；Tipples & Sharma, 2000；Williot & Blanchette, 2018, 2020）。

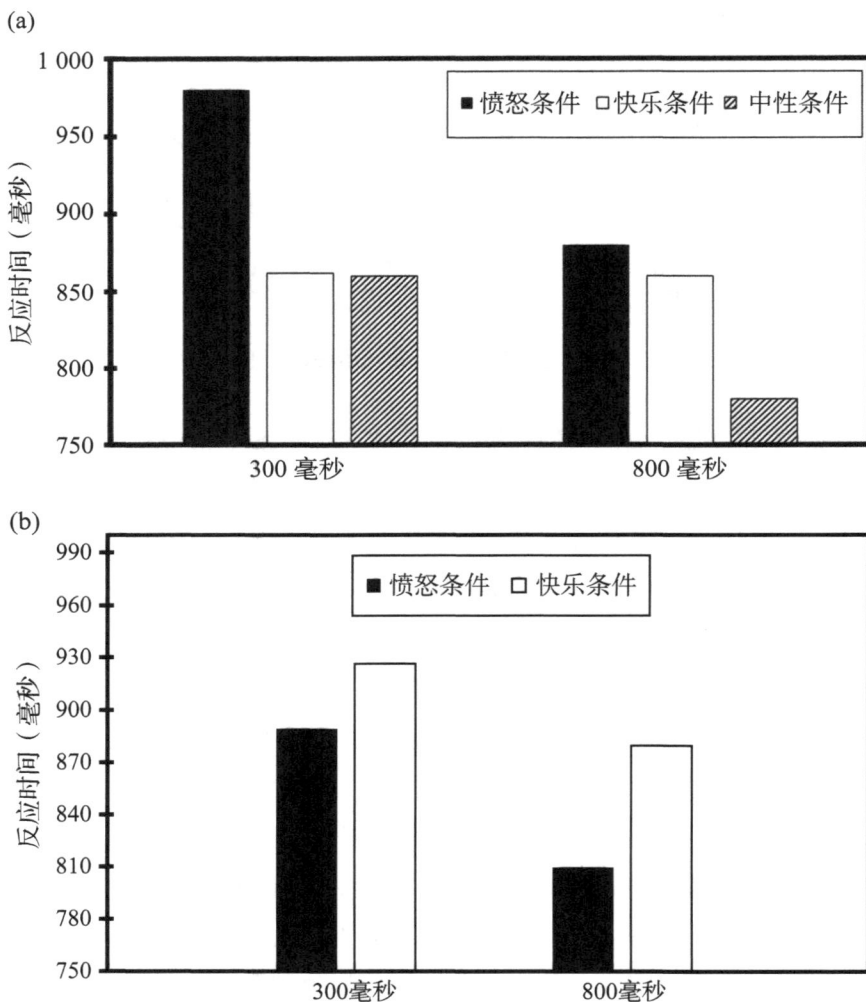

(a)

(b)

图 2-6　检测任务的成绩

各种结果表明，这种注意的捕获是自动进行的，事实表明，它不受情绪性项目周围非情绪刺激数量的影响。例如，欧曼（Öhman）等人向被试呈现了四到九张图片。这些图片中一半是同质的（所有图片类型相同，如花朵），另一半是异质的（其中一张图片属于不同的类别，如一只蜘蛛和三朵或八朵花）。研究人员要求被试回答所有图片是否属于同一类别，并在之后将被试在异质集合中的表现进行比较。在他们的研究中，这些异质集合中呈现的差异性图片有两类：一类"与恐惧相关"（如蛇或蜘蛛），另一类"与恐惧无关"（如花或蘑菇）。

在异质性实验中，被试对较小（只有四张图片）组的反应比对较大（含有九张图片）组的反应更快（见图 2-7）。然而，在这两种情况下，被试对恐怖目标的反应都要比对中性目标的反应速度更快、更准确。当目标图片是蛇或蜘蛛而不是花或蘑菇时，不管该组中有多少图片，被试都会更快地将这一目标图片从其他类别的图片中识别出来。由于蛇具有危险性，因此被试的注意会被更迅速地吸引到这类图片上。在这种情况下，无论测验中包含多少其他类型的图片，个体对异质集合的检测速度都会变得更快。有趣的是，不管是在九个项目数组中，还是在四个项目数组中，被试检测出恐怖项

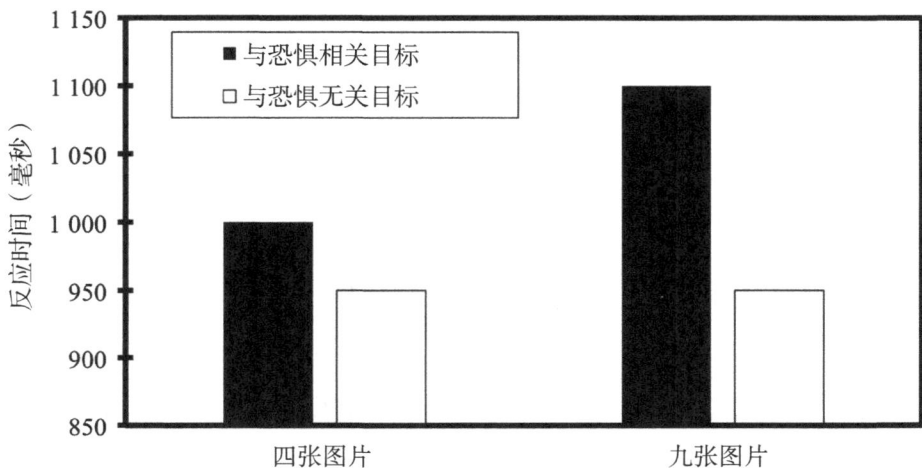

图 2-7　图片集合大小和检测

目的速度都一样快。这表明，个体对恐怖目标的检测是自动形成的，不会受到分心物数量的影响（Batty et al.，2005；Calvo & Eysenck，2008；Calvo & Nummenmaa，2007；Duchowski et al.，2004；Eastwood et al.，2001；Fox et al.，2000，2001；Frischen et al.，2008；Juth et al.，2000，2005；Loschky & McConkie，2002；Reingold et al.，2003；Waters et al.，2007；Williams et al.，2005）。

　　所有危险性刺激是否会以同样的方式引起人们的注意？为了确定这一点，福克斯等人在2007年对两种危险性刺激的影响进行了比较，一些是活体（如蛇），另一些是无生命物体（如枪）。研究设想是，人造物体的危险性刺激物（如枪）比活体危险物（如蛇）引起人们注意的速度更慢。福克斯等人向被试分别展示了由五张图片构成的图片集合，这些图片集合有的是同质的（所有图片都属于同一类别），有的是异质的（五张图片中的一张与其他四张类别不同）。在异质集合中，异质的图片要么是无危险的物品（如花朵、蘑菇或烤面包机），要么是危险的物品（如枪或蛇）。与消极情绪目标（如枪支、蛇）相比，被试对中性目标（如花朵、蘑菇）的反应速度更慢。但与研究者的假设相反，被试对活体危险（如蛇）的反应速度并不比对人造危险（如枪）的反应速度更快（见图2-8）。然而，值得一提的是，利普（Lipp）

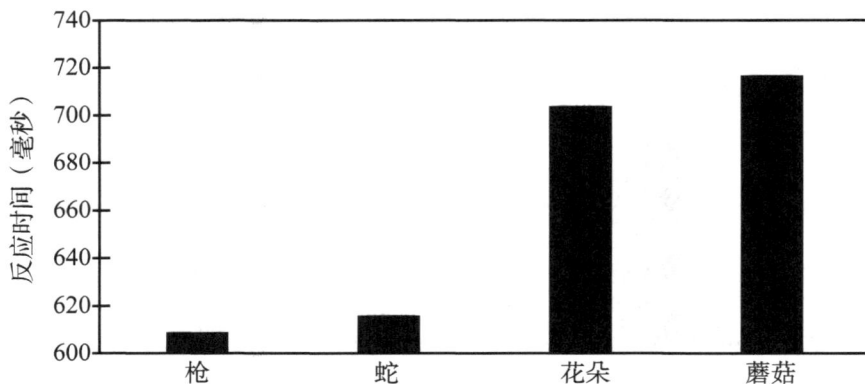

图 2-8　注意定向和情绪

和沃特斯（Waters）发现，与蜥蜴和蟑螂等与恐惧关系较弱的动物相比，蜘蛛和蛇等与恐惧关系更密切的动物会更快被发现。

并不是只有会引发负面情绪的刺激才会被快速检测。许多研究表明，具有积极情绪效价的刺激同样会快速吸引个体的注意。例如，伦德奎斯特（Lundqvist）和欧曼（Öhman）在 2005 年向被试呈现了九张脸谱。在同质集合中，所有的面孔都有相同的情绪表达（即九张面孔都是中性的、友好的或具有威胁性的）。在异质集合中，其中一张面孔的情绪表达（威胁或友好）与其他八张面孔（同样可以是中性的、友好的或具有威胁性的表情）不同。被试会被问及所有的面孔全部相同还是有一张不同。数据显示：（1）相对于情绪面孔背景，被试能在中性面孔的背景下更快地发现目标情绪面孔；（2）当背景是中性的时，被试对友好的面孔和具有威胁性的面孔具有同样的觉察程度；（3）当背景是情绪性的时，与友好的面孔相比，被试更容易察觉到具有威胁性的面孔（见图 2-9）。在中性背景下，情绪面孔明显更突出，因此被试能更快地检测到它们。这种显著性效应在具有威胁性面孔中表现得更明显，考虑到与愤怒面孔相关的潜在危险，这也就不足为奇了。

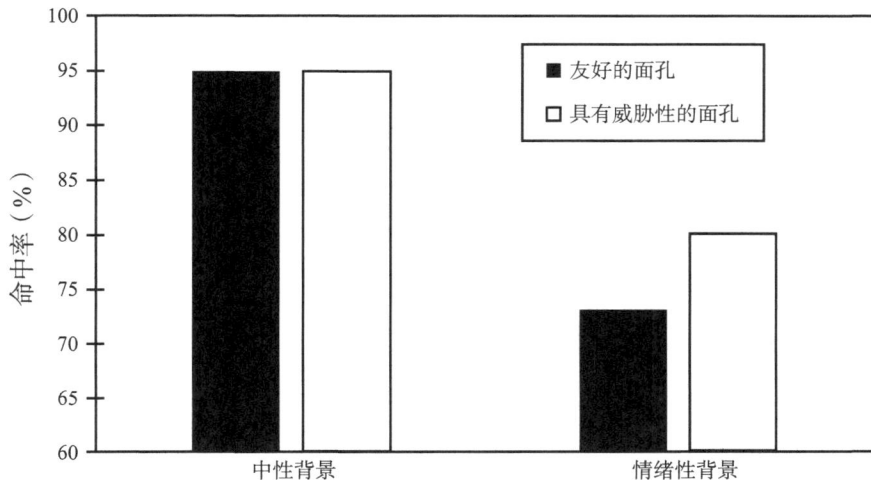

图 2-9　注意定向和情绪

总之，各种研究表明，情绪会影响注意如何定向。使用视觉搜索任务的实验结果表明，与中性目标信息相比，个体可以更快地将注意力转移到情绪性目标信息上。此外，与具有积极情绪价值的信息相比，具有消极情绪价值的信息似乎能让被试更快地进行视觉搜索。

2.4　情绪和注意灵活性

注意也能将个体从一项任务中抽离出来，投入另一项任务中，即停止使用一种解决问题的策略，并尝试使用另一种可能更好或更有效的策略。简而言之，它能让我们的心理灵活性得到锻炼。情绪会影响这种心理灵活性的锻炼吗？为了研究情绪对注意灵活性（或注意转移）的影响，心理学家又一次比较了在积极、消极或中立的情绪条件下，个体在注意灵活性的任务中的表现，如线索目标检测和所谓的注意瞬脱任务。

线索目标检测是一种包含两种变量（单线索和双线索）的任务类型（见图 2-10）。在单线索版本中，被试首先会看到一个视觉信号，这个视觉信号的作用是提示他们应该把目光集中在哪里（如星号）。然后，研究人员非常短暂地向他们呈现一个线索（如悲伤、快乐或中性的面孔）。最后，研究人员再给被试呈现一个目标字母，要求他们必须识别或做出某些判断（例如，指出它是元音还是辅音）。这个字母可以出现在提示的同一侧（有效的空间提示），也可以出现在另一侧（无效的空间提示）。最后，研究人员分析个体对目标字母进行识别或分类所用时间是否会受线索有效性（即有效的空间提示）及情绪效价的影响。当目标与线索出现在同一侧时，检测（或识别）目标所需的时间反映了注意投入（Attentional Engagement）所需的时间。当目标出现在未提示的一侧时，被试所需的反应时间反映了注意解除（Attentional Disengagement）所需的时间。这是因为一旦注意被提示位置占用，在被重新分配到目标位置之前它必须被释放。双线索任务与单线索任务本质上是一样的，不同的是在双线索任务中会给被试呈现两个线索，而不是一个线索。之后，研究人员会分析确定在什么样的线索条件下，个体能够最快地检测或识别目标。

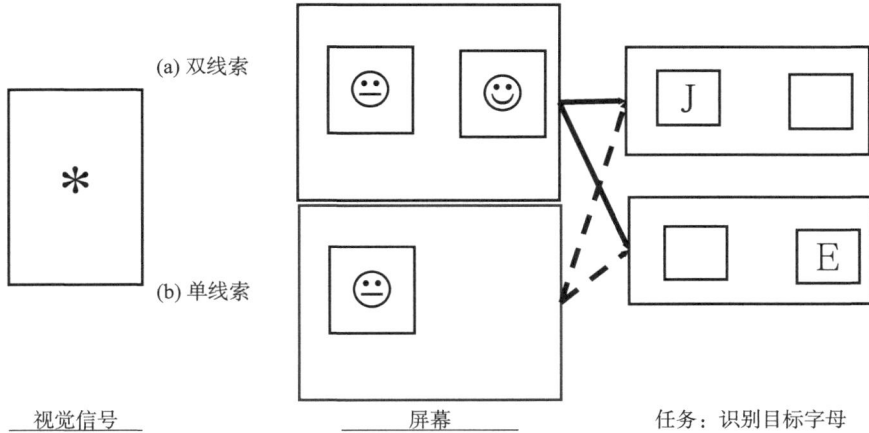

图 2-10　线索目标检测任务中的单线索和双线索程序

2.4.1　单线索后的情绪和目标检测

科斯特及其合作者在一系列实验中使用了单线索程序来研究情绪对注意灵活性的影响（Koster et al., 2004）。在他们的研究中，被试首先在电脑屏幕上看到一个十字和两个白色长方形，这一过程持续 500 毫秒。接着他们会看到一个线索（一张中性、愤怒或快乐的面孔）。随后电脑屏幕上会呈现一个正方形。他们的任务是尽快指出最后一个方块出现在屏幕的哪一侧。科斯特等人在两种条件下进行了检测：快速掩蔽线索条件和较慢且未掩蔽线索条件。在快速掩蔽线索条件下，线索会得到内隐、无意识的处理，其具体方式是给被试呈现一张持续 14 毫秒或 34 毫秒的（中性、高兴或愤怒的）面孔作为线索，然后呈现一张持续 83 毫秒或 66 毫秒的中性面孔（面具）。在较慢且未掩蔽线索条件下，研究人员呈现给被试的线索面孔（中性、高兴或愤怒）持续 100 毫秒。在这两种情况下，被试都需要指出，屏幕上的目标（正方形）出现在哪一侧。在线索有效实验中，目标与面孔呈现在同一侧，而在线索无效的实验中，目标出现在面孔对侧。

科斯特等人发现，在 14 毫秒或 34 毫秒和掩蔽条件下，被试的反应在情绪化和中性面孔线索之间没有差异（见图 2-11）。在 100 毫秒的线索条件下，在有效实验中，被试在情绪线索条件下的反应比在中性线索条件下的反应速度更慢。这种差异似乎源于两种机制的运作，一种是感知到情绪化面孔后的减缓反应，另一种是在感知到中性面孔后的加速反应。对情绪化面孔的反应速度减慢是因为被试分配了更多的注意资源来处理情绪化面孔。这种分配一直持续到面孔消失（即脱离速度减慢），目标出现为止。因此，他们花了更长时间来探测目标。与情绪化面孔相比，被试对中性面孔的反应速度更快，这是因为中性面孔只是将被试的注意吸引到它们出现的区域。当目标出

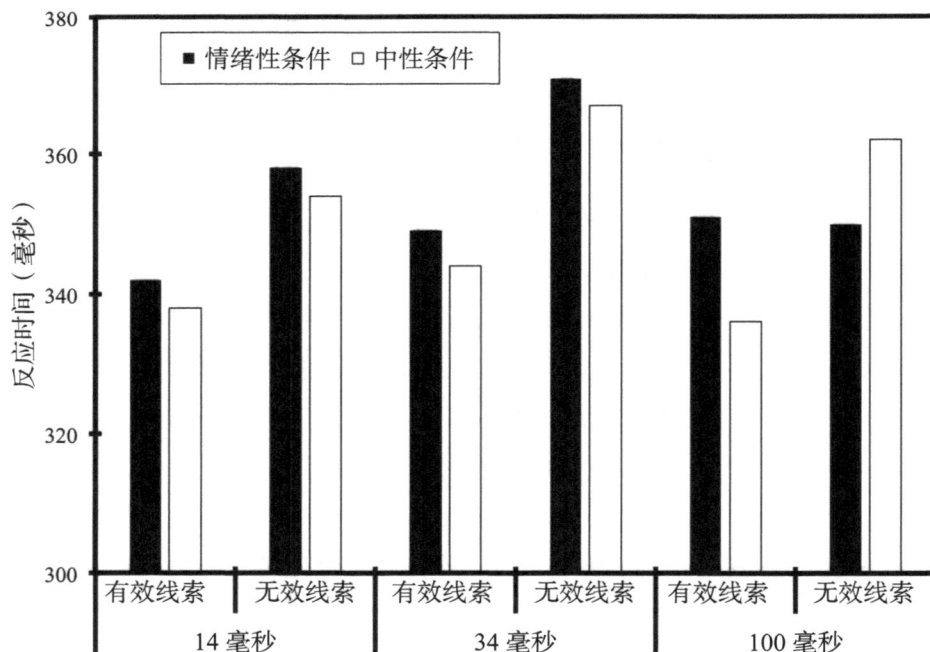

图 2-11　双线索和情绪

现时，被试不再需要处理中性面孔，因此他们可以快速检测到目标。相比之下，在线索无效实验中，在 100 毫秒的线索条件下，被试在中性面孔条件下比在情绪化面孔条件下反应速度更慢。事实上，他们在情绪化面孔条件下的反应时间在线索有效实验和线索无效实验中相似，而在中性面孔条件下，他们的反应时间在线索无效实验中更慢。中性面孔似乎将被试的注意吸引到了它们所处的位置，加速了对出现在该位置的目标的检测（线索有效实验），减缓了对出现在其他位置的目标的检测（线索无效实验）。

2.4.2　双线索后的情绪和目标检测

许多实验改用双线索范式对这一问题进行了研究。在这类实验中，研究人员通常会改变其中一个线索的情绪效价。例如，利普和德拉克山的研究表明，一些消极情绪刺激比其他刺激更能影响注意（Lipp and Derakshan，2005）。他们在研究中采用了点探测任务（Dot-probe Task），被试的任务是指出圆点出现在屏幕右侧还是屏幕左侧。在圆点显示之前，先呈现两张持续 500 毫秒的图片，图片分别呈现在电脑屏幕的两侧。这些图片包含蜘蛛、蛇、花朵、蘑菇。当圆点出现的位置先前呈现的是危险性的实物（蜘蛛或蛇）图片时，个体的反应速度明显快于圆点出现的位置先前呈现的是非危险性实物（花朵或蘑菇）图片时。因此，显而易见，被试的注意被吸引到了危险性物品的位置，从而让其做好了在同一位置发现目标的准备（Blanchette，2006；Brosch & Sharma，2005；Beaver et al.，2005）。

霍姆斯（Holmes）等人在 2005 年进行了一系列实验，在实验中他们向被试呈现两张面孔，其持续时间短暂且有变化（30 毫秒、100 毫秒、500 毫秒或 1 000 毫秒）。其中一张面孔是中性表情，另一张面孔是恐惧表情。接着，在其中一张面孔的位置出现了一个条形图，持续呈现 180 毫秒。被试的任务是指出条形图是水平的还是垂直的。如图 2-12 所示，在呈现超短时间（30 毫秒）时，与中性面孔条件下相比，恐惧面孔条件下被试的反应更快。

当面孔呈现时间为 100 毫秒或更长时间时，被试在中性面孔条件下和恐惧面孔条件下的反应没有差异。这表明，恐惧面孔能较快捕捉到空间注意，从而更快速地使被试对目标做出判断。但这种好处是短暂的：在呈现时间为十分之一秒时，对两种面孔的反应时间之间没有差别。这一结果表明，注意力会迅速、短暂地指向视觉刺激的典型、鲜明特征。

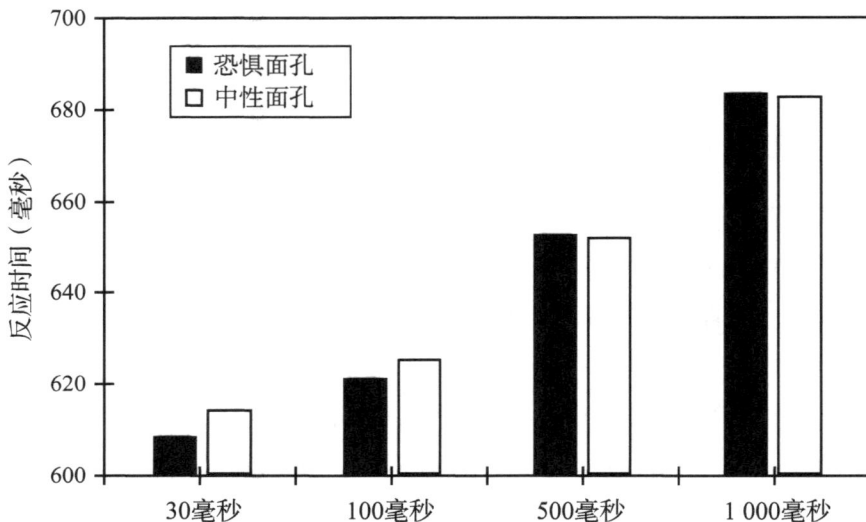

图 2-12　双线索和情绪

2.4.3　情绪和注意瞬脱

被称为"注意瞬脱"的现象揭示了当下注意（Online Attention）的定向和灵活性，或者将注意力转换（从一个刺激转移到下一个刺激）的能力（Martens & Wyble，2010）

在快速序列视觉呈现（Rapid Serial Visual Presentation，RSVP）任务中也可以观察到这种现象。在这种实验技术（见图 2-13）中，一系列视觉刺激（图像或文字）中的每种都以非常短的时间呈现（如每次 50 毫秒或 100

毫秒）。在每个系列刺激的最后，被试必须完成一项涉及其中两张图片或词汇的任务。例如，在每次实验中，被试可能会看到由 20 个词汇组成的词汇系列，每个词汇持续呈现 100 毫秒。每个系列中的两个词汇（目标词）显示

(a)

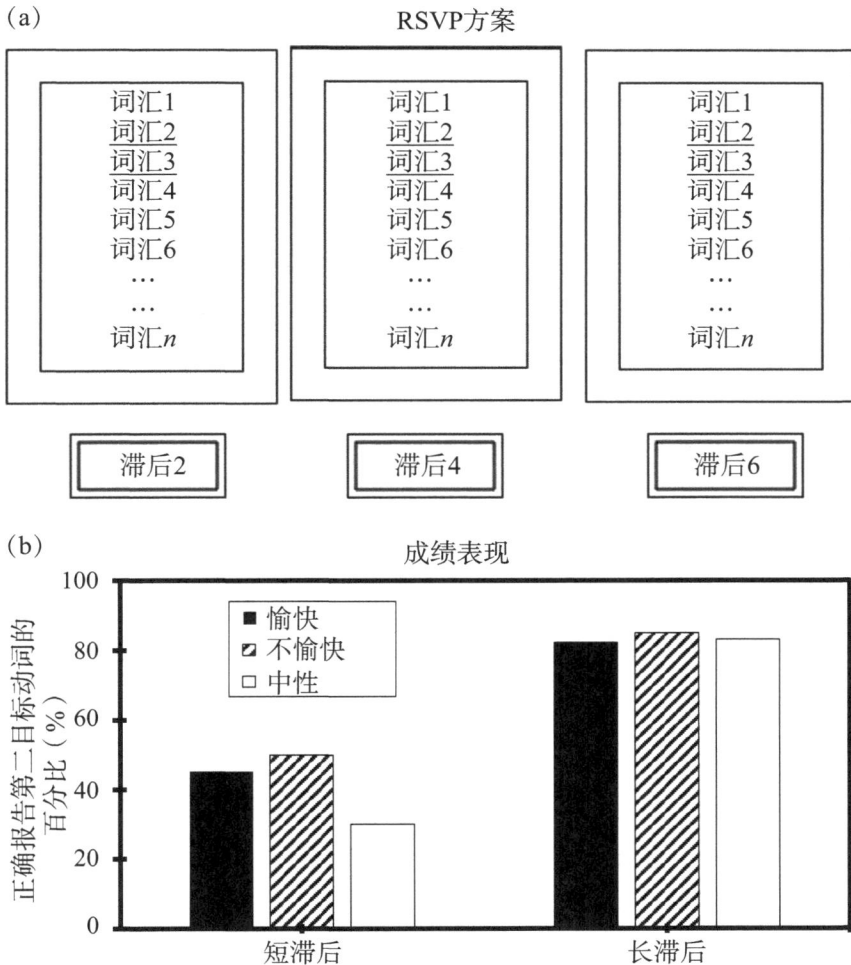

图 2-13　注意瞬脱和情绪

注：（a）为 RSVP 方案；（b）中纵轴表示根据情绪效价，在短滞后（2）和长滞后（4 和 6）正确报告第二目标动词的百分比。在短滞后条件下，中性第二目标词的回忆率低于情绪性第二目标词的回忆率。因此，情绪可以减弱注意瞬脱效应。

为绿色（或带下划线），而其他词汇（分心词）显示为黑色（不带下划线）。绿色的两个词汇可以一个接一个地出现，或者用一个词汇、两个词汇或多个词汇隔开。分隔两个目标词的分心词的数量被称为滞后。滞后为 1 时，两个目标词依次出现，中间没有干扰。滞后 2 表示两个目标词之间出现一个分心词，滞后 3 表示两个目标词之间出现两个分心词，以此类推。被试的任务是报告以绿色显示的词汇。

实验研究表明，随着两个目标词之间的滞后时间缩短，被试对第二个目标词的检测能力也会减弱。这种注意瞬脱的原因是，在短时间内，当第二个目标出现时，被试仍在处理第一个目标，因此可用于处理第二个目标的资源较少（Raymond et al., 1992）。因此，被试要么根本没看到第二个目标，要么无法对其进行充分处理，以检测并报告它是什么。更长的滞后时间使被试有时间将注意从第一个目标转移出来，这样当第二个目标出现时，他们就能够分配所有可用资源来处理并正确识别。换句话说，注意瞬脱（难以检测和报告第二个目标）通常被解释为认知资源被第一个目标的处理所垄断的结果，当第二个目标出现得太快时，就会导致被试无法处理第二个目标。

通过改变两个目标的情绪效价，许多研究使用注意瞬脱来研究情绪在注意转移中的作用。研究中两个情绪目标的效价可能相同，也可能存在差异（中性的、积极的或消极的）。之后，研究人员会分析两个目标的情绪效价，以及它们之间的滞后对正确报告第二个目标的影响。研究表明，如果出现在第一个中性目标之后的第二个目标是情绪性的，那么被试就能够更好地报告第二个目标。与之相反，他们的研究还表明，当第一个目标是情绪性的时，第二个目标的识别度不如第一个目标是中性时。

改变第二个目标的情绪效价和唤醒的实验表明，当第二个目标是情绪性的时，注意可以更快地转移。例如，凯尔（Keil）和伊森（Ihssen）使用 RSVP 方案呈现了一系列动词。在该系列动词中，有两个动词显示为绿色。被试的任务是在每个系列结束时报告这两个动词。第一个绿色目标动词是一个中性动词（如"陪伴"），而第二个绿色目标动词可以是中性动词（如"继续"）、愉快动词（如"获胜"）或不愉快动词（如"毁灭"）。第二个目标动词出现在第一个目标之后的 1 个、3 个或 5 个干扰性分心动词（即滞后 2、4 或 6）之后。

图 2-13b 的数据清楚地表明，在短暂的滞后时间内，被试在中性目标动词上比在情绪性目标动词（愉快动词和不愉快动词之间没有差异）上犯错更多。在滞后 4 和 6 时，正确识别目标动词的百分比很高，并且情绪性目标动词和中性目标动词的正确识别率相当。分析其原因，看起来似乎是这样的：短滞后条件下，当第二个目标出现时，被试的注意资源仍然被第一个目标的处理所垄断。当第二个目标出现时，被试尚未（充分）脱离对第一个目标的处理。但是，当第二个目标为情绪性目标时，被试的注意转移到目标上的速度比第二目标为中性时更快，这反映出情绪性目标更鲜明。在较长的时间间隔内，当第二个目标出现时，被试已经处理完第一个目标，从第一个目标脱离，并将注意重新分配到对第二个目标的处理上，而不论其情绪效价如何。

另一个例子是亚当·安德森（Adam Anderson）2005 年发表的一系列研究，这些研究使用了与凯尔等人几乎相同的范式。安德森向被试呈现了 15 个词汇，每个词汇持续呈现 100 毫秒。同样，15 个词汇中有两个是绿色的，在每个系列结束时，被试必须报告这些目标词。第一个目标词总是中性的，第二个是中性的或情绪性的。在其中一个实验中，安德森比较了第二个词汇具有不同情绪效价时的识别准确度：中性（如"池塘"）、消极但只有适度的情绪唤醒（如"愤怒"），或者消极且高度情绪唤醒（如"疱疹"）。在另一个实验中，他比较了第二个词汇是中性（如"文件"）、积极但只有适度的情绪唤醒（如"花"）或积极且高度情绪唤醒（如"阴蒂"）时的准确性，并比较了短滞后（例如，两个目标词之间只有一个分心词）和长滞后（例如，两个目标词之间有四个分心词）两种情况下被试的表现。数据如图 2-14 所示。这些数据揭示了在短滞后时第二个目标词的情绪效价和强度对注意瞬脱的调节作用。在短滞后条件下，被试在第二目标词为中性时比目标词为消极或积极时犯错更多。此外，他们对情绪唤醒更强的词（无论是积极的还是消极的）犯错更少。换句话说，第二个目标词的显著性（在效价和情绪唤醒方面）吸引了被试对其的注意，加速了注意转移（即注意从处理第一个目标词中分离出来，投入第二个目标词的处理）。

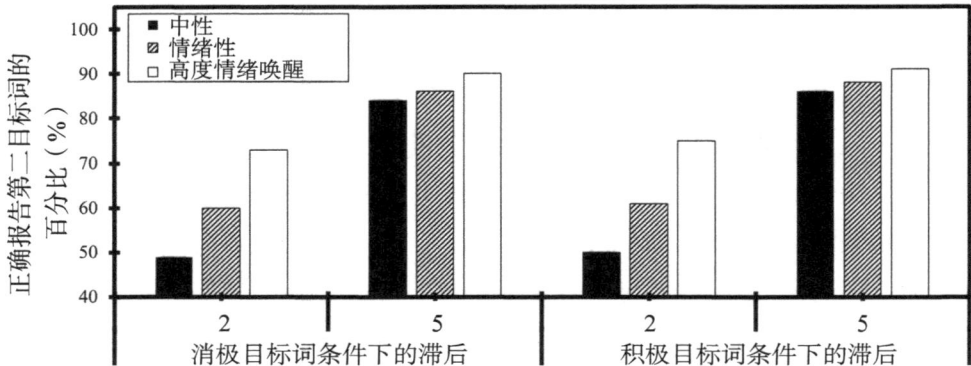

图 2-14　注意瞬脱和情绪唤醒

注：纵轴表示在滞后 2 和 5 两种情况下，中性、消极和消极唤醒目标词（左）正确报告的百分比和中性、积极和积极唤醒词（右）正确报告的百分比。目标词的情绪唤醒度越高，注意瞬脱效应就越小。

目标的情绪性特质对注意瞬脱的调节作用非常明显，即使在刺激是示意性的面孔（例如，眼睛由两个小圆圈表示，嘴巴由水平线表示等）时，也会发现这种现象。例如，马洛托斯（Maratos）及其同事在 2008 年向被试呈现了一系列 20 张 RSVP 图片（每张图片显示 128.5 毫秒）。在一些实验中，研究人员在 19 个分心源中向被试呈现单一目标刺激（单靶实验）。在其他实验（双靶实验）中，研究人员向被试展示 20 种刺激，其中包括 2 个目标和 18 种分心物。研究中的任务材料为中性、消极（愤怒）或积极（友好）情绪表达的示意图面孔。分心物与面孔具有相同的示意图特征，但其特征随机呈现在与面孔刺激相同的椭圆形轮廓内（例如，一只眼睛在顶部，另一只眼睛在底部的嘴旁边，鼻子在下面，等等）。在这两种情况下，研究人员请被试回答该系列图片是包含一张脸还是两张脸。然后，被试还必须指出该面孔（在单靶条件下）或第二张面孔（在双靶条件下）表达了什么样的情绪。在双靶条件下，研究人员改变了两张面孔之间分心物的数量，并以第二张脸的情绪和干扰物的数量为自变量，比较了被试检测到的面孔及正确识别的表情的百分比（见图 2-15）。

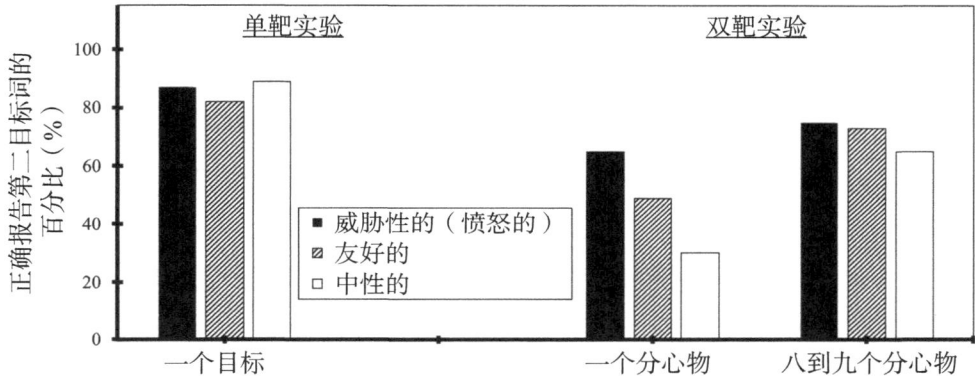

图 2-15　注意瞬脱和情绪

注：纵轴表示在单靶条件和双靶条件下，以情绪表达为自变量的正确识别目标面孔的百分比，以及在双靶条件下，以目标面孔之间的分心物数量为自变量的正确识别目标面孔的百分比。在单靶实验中，靶点检测正确率与面部表情无关。在短滞后、双靶实验中，中性靶点的检测正确率下降幅度更大，而危险（愤怒）面孔的下降幅度明显更小。

在单靶实验中，研究人员对被试在三种情境状态下面孔表情的识别率进行比较。在双靶实验中，情绪化面孔（无论是威胁性的还是友好的）的注意瞬脱效应降低。研究的主要结果有三个：（1）当两个目标面孔之间只有一张分心面孔（注意眨眼）时，中性面孔比情绪性面孔更不容易被正确识别（注意瞬脱）；（2）在两个目标面孔之间有一张分心面孔在内的实验中，第二个目标面孔具有威胁性时比友好的面孔更容易被检测到；（3）当两张目标面孔之间呈现多个干扰源时，情绪性面孔和中性面孔的检测与识别率相当。因此，在两个目标仅被一个干扰物隔开的实验中，第二个目标面孔上的情绪吸引了被试的注意，这足以确保其被检测到，从而减弱了注意瞬脱效应。这种对注意瞬脱的情绪调节在威胁性面孔中比在友好面孔中更强。

许多研究都对目标呈现之前图片的情绪效价进行操纵，此时被试首先看到的是一个情绪性刺激（可能是目标或简单的分心物），然后是中性目标刺激。在目标出现之前短时间内呈现情绪刺激会增强注意瞬脱效应，这表明情绪会干扰注意定向和注意转移。例如，莫斯特等人（Most et al., 2005, 2006；Smith et al., 2006）呈现给被试一系列17张图片，每张持续106毫秒。除两张图片外，其他图片都是竖直的景观或建筑。每个系列中的最后一张图片是目标，是一张顺时针或逆时针旋转90°的景观或建筑。实验要求被试指出目标图片旋转的方向。目标图片之前的两张或七张图片是干扰人像。该人像要么是一个"充满情欲"的女性形象，要么是一个衣着整齐的女性或男性形象。

在短滞后条件下，当分心物是女性情色图片时，比当分心物是一张衣着整齐的女性或男性的非情色图片时，（男性）被试在指出目标图片是向右还是向左旋转时犯错更多（见图2-16）。长滞后条件下没有发现类似的差异。由于女性情色图片具有显著的情绪性，女性的情色图片比男性或女性的非情色图片更能吸引被试的注意。一旦被这种分心刺激吸引，被试就很难从分心物上摆脱注意，这不利于对目标及其旋转方向进行有效编码。

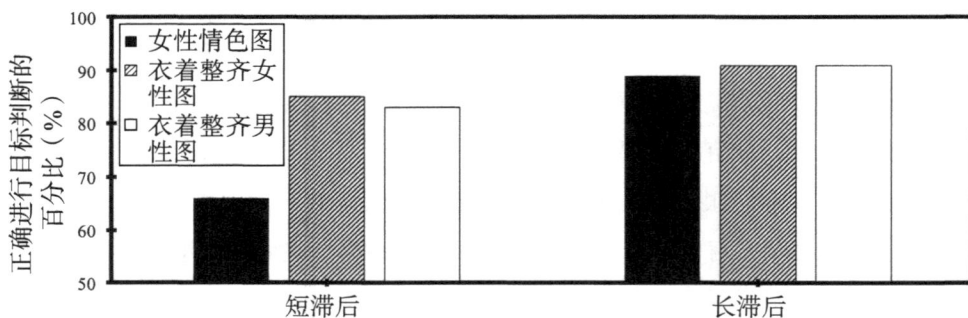

图 2-16　注意瞬脱和情绪

阿内尔（Arnell）等人在 2007 年使用了相同的程序，但其使用的材料是词汇（Mackay et al., 2004）。他们向被试展示了一系列 18 个词汇（每110 毫秒呈现一个）。在每次实验中，目标词都是一种颜色的名称。被试的任务是报告这种颜色。在目标词之前的三到八个词中，被试会看到一个分心词，分心词可能是有关性的或禁忌的（如"阴蒂""肛门"）、积极的（如"美丽""快乐"）、消极的（如"哭泣""悲伤"）或中性的（如"电缆""手套"）。

在短滞后条件下，当前面的主要分心物是性/禁忌词时，被试更难报告目标词所代表的颜色（见图 2-17）。在长滞后条件下，面对这两种类型的词汇（性/禁忌词与其他分心词）时被试的报告之间没有区别。在这里，性/禁忌词引起的注意捕获再次扰乱了注意转移（即注意从注意捕获的词中分离，投入第二个词以对其进行识别）。还要注意的是，与预期相反，研究人员没有发现面对情绪干扰词（正面或负面）与面对中性词汇相比被试的成绩有所下降。只有性/禁忌词的加工对目标词的加工有影响（Gallant et al.，2020；Didierjean et al.，2013）。这可能是因为在这种情况下，只有更显著的性/禁忌词才会导致情绪性注意捕获，所以研究人员没有发现干扰物的情绪效价对注意瞬脱的调节作用。否则，注意瞬脱本应该会在情绪化（而非性/禁忌）词中被观察到。

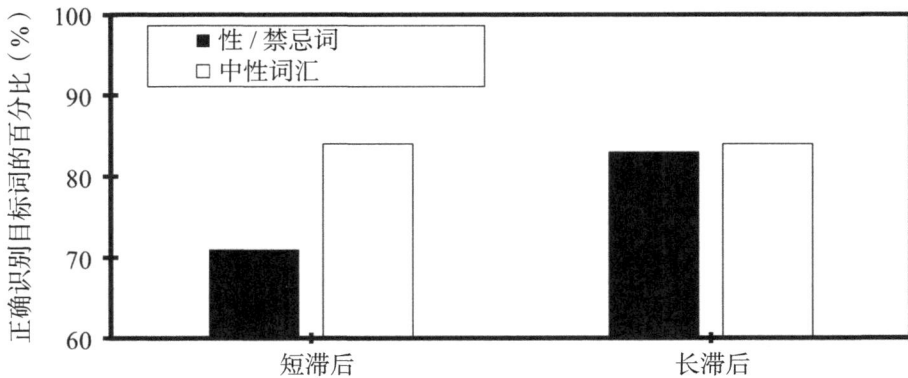

图 2-17　注意瞬脱和情绪

总之，注意瞬脱受词的情绪效价的调节。当第一个词是中性词汇，其后第二个词是情绪性词汇时，注意瞬脱会减弱。被试在情绪性目标词上比在中性目标词上犯错少。情绪效价吸引了被试的注意，这能帮助他们摆脱对分心物的加工，并参与对分心词之后出现的目标词的加工。当目标词为中性时，这种注意转移过程效率较低。当第二个词是中性词汇，第一个词是情绪性词汇时，注意瞬脱效应比第一个词是中性词汇时更显著。目标词之前的情绪性词汇会阻碍注意转移，因为它们比中性词汇更能吸引被试的注意。还要注意的是，当两个项目都具有情绪性时，就会观察到所谓的倒摄抑制效应。例如，德容（De Jong）和马滕斯（Martens）在 2007 年发现，当第二个目标具有情绪性（如愤怒的面孔）时，被试在检测第一个情绪性目标（如快乐的面孔）时表现更差。其原因可能是顺序呈现的刺激的瞬态表征在瞬时记忆中共存，并在反应时相互干扰甚至竞争。

一般来说，在处理一系列刺激时，注意投入和注意解除受到刺激的情绪效价的显著调节。这种调节作用随着刺激的情绪强度的增加而增加。

2.5　情绪和注意分配

仔细观察就会发现，我们可以同时做多件事情，或者同时思考多件事情，关注单个刺激的多个维度，在工作记忆中保留多条信息，或者并行加工多个来源的信息。例如，我们可以一边开车一边聊天一边听音乐，或者一边看报纸一边听电视节目。再举一个例子：解决一个算术问题，如 28+14。将个位数数字相加得到 12 后，认知系统会在工作记忆中暂时存储数字 2 作为新的个位数数字，同时会暂时存储数字 1，将其添加到十位的总和中。为了并行执行多个任务或同时关注同一刺激的多个维度，认知系统必须管理其注意资源的分配（Kahneman，1973）。认知心理学中关于分配性注意的研究（Pashler，1998）表明，注意的分配有时利用单一注意资源库，有时利用多个注意资源库（Navon & Gopher，1979；Wickens，1984）。这些研究还表明，当不同任务所需的信息类型不同时，注意分配可能会更容易（Allport，

1987；Hirst & Kalmar，1987)。

情绪会影响注意分配吗？情绪的影响是否会随注意分配的任务或信息的性质不同而产生变化？为了研究情绪在注意分配中的作用，心理学家研究了被试在中性、积极和消极情绪条件下如何完成注意分配任务。在这类研究中，研究人员使用了各种各样的任务，如连续广度任务（Running Span Task）和 n-back 任务。

2.5.1　连续广度任务

马丁（Martin）和克恩斯（Kerns）在 2011 年要求被试在中性和积极情绪条件下完成一项连续广度任务，即工作记忆测试。在积极情绪状态下，被试观看两段喜剧视频（一段 10 分钟，另一段 5 分钟）；而在中性情绪状态下，被试观看两段如何安装不同类型地板的纪录片。在马丁和克恩斯的第一个实验中，每名被试只经历了一种情绪状态（被试间设计），而在第二个实验中，所有被试都经历了两种情绪状态（被试内设计）。在观看视频后，被试需完成一项连续广度任务（用于评估工作记忆，需要分配性注意）。在这项任务中，被试听到了一系列从 12 ～ 20 长度不等的数字。研究人员没有提前告知被试每系列数字的长度。在每个系列结束后，他们被要求回忆该系列的最后 6 位数字。在这两个实验中，被试在积极情绪状态下的连续广度（Running Span）（即在序列位置中正确回忆的个数）比在中性情绪状态下稍低（见图 2-18）。马丁和克恩斯假设，积极情绪可能分散了被试的注意，扰乱了他们在编码数字时的专注力。第二个实验结果相同，并排除了另一种假设，即被试将注意资源更多地分配给观看幽默视频，从而让在连续广度任务中可用的资源变得更少（Vieillard & Bougeant，2005)。

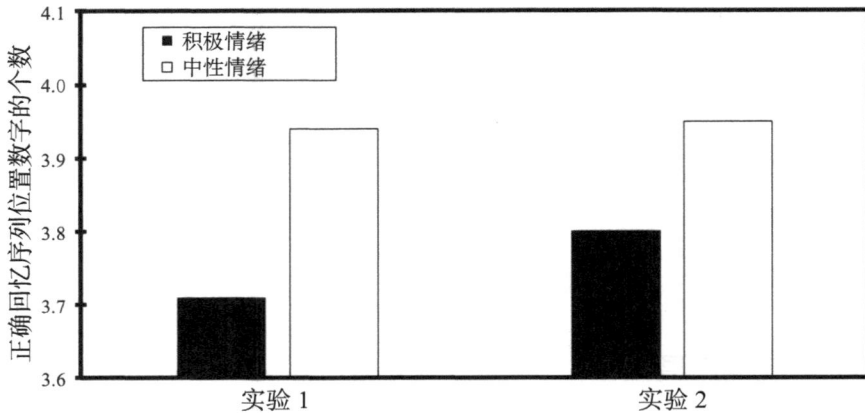

图 2-18 连续广度和情绪

注：条形图显示了当被试仅参与两种实验情况中的一种（实验1）或两种（实验2）时，在积极和中性条件下，正确回忆序列位置数字的个数（例如，最后六位数字中序列位置为一的数字回忆为第一位数字，位置为二的回忆为第二位数字，以此类推）。被试在积极情绪状态下正确回忆的数字少于在中性情绪状态下的。

2.5.2　N-back 任务

沙克曼（Shackman）等人比较了在不同情绪条件下，空间和言语 n-back 任务的表现（Shackman et al., Lavric et al., 2003）。在每次实验中，被试都会看到屏幕周围随机位置的一组字母。他们的任务是指出每个项目是否与前面三个项目的内容在某个方面（语言或空间）一致。在语言 n-back 任务中，被试在电脑屏幕上看到一组 c。他们的任务是，如果在该序列中往后倒数三个项目时的项目中也包含 c，则回答"是"，否则回答"否"。在空间 n-back 任务中，如果目标中的字母在屏幕上的空间排列与之前呈现的三个项目相同（无论是什么字母），则回答"是"，否则回答"否"。被试在两种条件下接受测试：一种是危险条件，另一种是中立条件。在消极情绪状态的危险条件下，被试被告知在任务期间，他们可能会在某些实验中受到电击。实际上，他们在一个实验的几百次实验中只受到四次电击，在之后的实验中则没有受到电击。在中性情绪状态下，被试被告知不会受到电击（并且没有人会受到电击）。被试在危险条件下比中性条件下表现差，但这种差异仅体现在空间 n-back 任务上（见图 2-19）。有趣的是，在中性情绪条件下，在空间 n-back 任务中得分最高的被试在危险条件下的得分下降最多。研究人员根据之前的研究解释了该结果，认为焦虑会扰乱空间注意（Janelle，2002；Moore & Oaksford，2002）。当被试必须控制由可能的电击引发的紧张情绪时，他们就很难管理自身的空间注意资源（刷新工作记忆中每个项目的字母排列）。而在语言 n-back 任务中，字母识别信息则没有出现这种情况。造成这种差异的原因可能在于空间注意和焦虑管理之间有更强烈的资源竞争，因为两者在潜在大脑网络（左前额叶皮质和顶叶皮质）中存在重叠。语言记忆任务的注意资源则似乎是由与之不同的、相对较小的左侧大脑网络管理的（关于情绪对空间和语言 n-back 任务的其他影响）（Gray，2001）。

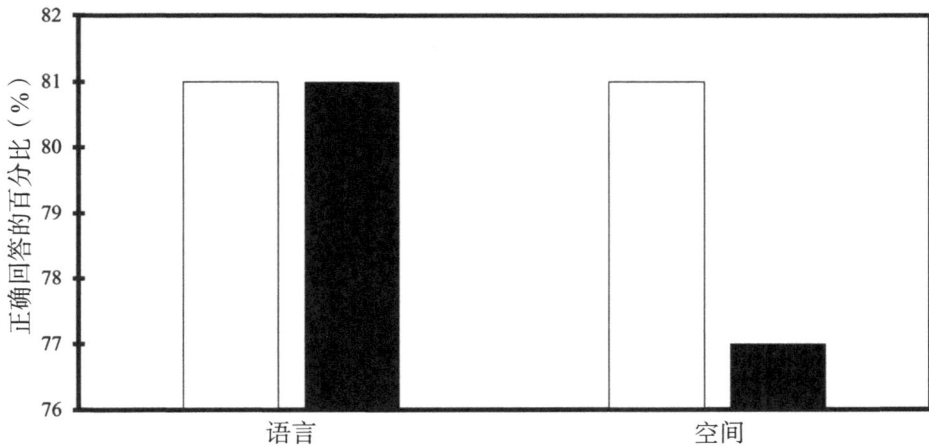

图 2-19　n-back 任务和情绪

总之，注意的分配似乎也受到情绪的影响。在工作记忆中个体需要将注意资源分配给不同的活动，所以其在工作记忆任务中的表现会随着积极情绪或消极情绪的出现而变弱。在这个过程中，情绪信息捕获了个体的注意资源，使其难以应对这些挑战个体工作记忆的任务。

2.6 结论

情绪和注意之间关系的研究试图确定情绪是否对注意有影响，如果有影响，情绪会在什么条件下，以及通过什么机制对注意产生影响。研究人员研究了具有不同情绪效价的刺激如何影响个体的信息加工，以及注意如何参与和脱离不同形式的认知加工。在这类研究中，很少有研究者使用情绪诱导程序直接调查个体的情绪状态如何影响个体的注意。此外，本研究文献对各种注意功能（选择性注意、注意定向、注意灵活性、注意分配）均进行了考察。

综上所述，这些研究结果表明，个体的情绪，无论是积极情绪还是消极情绪，都对注意有重大影响。情绪的变化取决于个体注意的内容及关注方式。特别是情绪信息捕获注意资源的倾向，即使该情绪信息当时对个体毫无用处，也会限制其将注意资源用于其他相关信息的能力。

在情绪 Stroop 任务中，被试报告情绪词汇的颜色（例如，用红色写的"爱"）比报告中性词汇的颜色（例如，用红色写的"桌子"）花费的时间更长。似乎一个词的情绪效价会自动吸引个体的注意，当这个词与个体的关注点相关时更是如此。尽管在这项任务中个体需要注意字母的颜色，而不是词汇的含义。换句话说，情绪有时会分散个体对与完成手头任务最相关的信息的注意。

在视觉搜索任务中，当被试被问及一组图片中的所有图片全部相同还是有一张与其他图片不同时，注意会更快地被情绪性图片（如蛇）而非中性图片（如花）所吸引。这种情况也适用于面孔（真实的面孔或脸谱）：如果面孔所表达的情绪状态可能意味着危险，如愤怒，那么会比中性面孔更容易引起注意。在线索检测任务中，当有效线索（在同一位置先于目标短暂呈现的刺激）是情绪化的而不是中性的时，被试能更快地检测到目标。换句话说，情绪信息的显著性可以非常快地引起个体的注意。情绪信息的这种作用既可以帮助认知系统提高工作效率（如果情绪信息与成功完成手头的任务相关），也可以降低工作效率（如果情绪信息与成功完成手头的任务不相关）。

此外，在注意瞬脱任务中（快速、连续地向被试展示一系列图片，被试的任务是检测或识别其中的目标），当后一个可能被抑制的是情绪性而非中性图片时，注意瞬脱效应会减弱。中性目标图片在情绪性图片后面呈现时，其加工往往比在中性图片后面呈现更容易受到干扰。总的来说，这些现象表明，刺激物的情绪效价不仅影响个体能够（或无法）分配给刺激的注意资源，而且会影响个体将注意分配给刺激周围或刺激呈现前后的信息（即在时间、空间上与刺激接近的信息）的能力。简言之，情绪信息会产生积极或消极的加工偏差。

在情绪对注意影响的研究中证实的这些现象揭示了情绪与注意间关系的一些重要问题。这些问题包含个体的注意何时及如何受到情绪的影响，以及为什么个体的注意会受到情绪的影响。

这里提供的数据结果在某种程度上表明，注意总是会受到情绪的影响。然而，迄今为止，现有研究结果其实并不支持这一绝对性的结论。但是，各种研究的结果也表明，情绪确实会影响我们的注意资源，这种影响有时是积极的，有时是消极的。当情绪干扰注意任务加工时，其会对注意产生负面影响。例如，在 Stroop 任务中，情绪词汇会干扰词汇的颜色识别。在线索检测任务中，在无效线索条件下，出现在与目标词不同位置的情绪词汇线索会减缓注意对目标的定向。换句话说，当情绪使个体将注意转移到刺激、任务或更普遍的，转移到任务的不相关方面时，它会对注意产生破坏性影响。

另外，当情绪引导个体将注意转向刺激、任务或情境的一个或多个相关维度时，情绪可以改善个体的认知表现。情绪可以促进注意定向和注意投入，从而改善对与实现认知目标最相关的信息的加工。情绪对注意机制的影响可能是相对自动的，如情绪 Stroop 效应（即使在潜意识刺激呈现的情况下也可以观察到），视觉搜索和注意瞬脱任务中情绪显著性的早期和快速影响，以及单线索或双线索的目标识别（Bradley et al.，1995；Chessman & Merickle，1985；Cooper & Langton，2006；MacLeod et al.，1986；MacLeod & Rutherford，1992；Mogg et al.，1994，1995；Phaf & Kan，2007；Wikström et al.，2003；Yovel & Mineka，2005；Zsido et al.，2020）。

　　因此，由于注意最重要的功能是帮助认知系统定位和选择与执行认知任务相关的信息，因此情绪可能有助于优化注意机制的效率。情绪的促进效应表明，情绪使个体的注意机制（实际上是一般的认知机制，我们将在下文中看到其他认知领域中的相关内容）能够更有效地发挥作用（如加速注意选择、定向和转移）。例如，如果我们有可能在实验室外遇到捕食性动物，显然我们需要快速发现此类动物，以便我们决定如何最大限度地提高生存概率。更通俗地说，当面临危险性刺激时，个体需要快速发现该刺激并分析它所代表的潜在危险，以便对该刺激进行管理并正确应对。在街道上，司机能够快速发现路过的孩子，或者行人在穿过街道前（即使是在人行横道上）发现超速的汽车，都是至关重要的。然而，通过情绪优化注意机制也有代价：有时情绪会把个体的注意引入歧途。

第 3 章

情绪和注意：个体差异、衰老和精神障碍

许多研究都对个体差异、衰老和精神障碍如何调节情绪对注意的影响进行了检验。这些研究关注个体在人格特质（如焦虑）或其他特征（如专业知识）和精神障碍（如抑郁症、恐怖症）上的显著差异，以及认知随着年龄增长而产生的变化。研究人员试图确定，在所有其他条件相同的情况下，我们在前文中看到的情绪性信息加工中的注意偏差，是否在焦虑或抑郁个体中与对照组被试存在不同。这些研究也将告诉我们这些偏差如何随着年龄的增长而变化。实证研究表明，有些偏差在具有某些特质的个体、在某些病理学中存在怎样的差异，以及如何随着年龄的增长而变化，是在增强还是减弱。在本章，我们将对这些实证研究进行选择性阐述。

我们首先来看情绪对注意的影响在个体之间的差异。例如，我们对情绪Stroop效应和目标检测的个体差异的研究进行了检验。在这些研究中，个体差异主要涉及个体的状态或特质焦虑水平上的差异。其次，我们通过讨论年轻人（40岁以下）和老年群体（60岁或65岁以上）中情绪影响的研究结果，来分析情绪与认知之间的关系如何随着年龄的增长而变化。最后，我们研究了一些与精神障碍相关的Stroop效应和注意瞬脱数据，这些数据说明了情绪调节如何随精神病理症状的不同（如社交焦虑障碍和抑郁障碍）而变化。

3.1　情绪和注意：个体差异

我们在前文中提到，情绪对注意的一般性影响并不是对所有人都一样：对有些人的影响较强，而对另一些人的影响较弱。通过分析注意对情绪影响的个体差异，心理学家试图更好地理解这些影响背后的机制。本节将介绍 Stroop 任务和线索检测任务中个体差异的有关研究。

3.1.1　个体差异和情绪 Stroop 效应

理查兹（Richards）和米尔伍德（Millwood）在 1989 年使用 Stroop 任务测试了具有较高和较低特质焦虑水平（即与情境无关的，或多或少的一般焦虑倾向）的两组正常被试间的差异。根据自评量表斯皮尔伯格状态 – 特质焦虑量表（Spielberger State-Trait Anxiety Inventory，SSTAI）的得分，研究人员将被试分为高特质焦虑组和低特质焦虑组。被试的任务是报告屏幕上显示的词汇的颜色。这些词汇可能是威胁性的、愉快的或中性的。高焦虑被试在说出危险性词汇的颜色时比说出中性或愉快的词汇的颜色时花费的时间更长。低焦虑被试对所有三组词汇颜色的命名时间相似（见图 3-1）。

特质焦虑对情绪 Stroop 效应的调节作用已经在许多研究中得到了证实（Blanchette & Richards，2013；Fox，1993a，1993b；Mogg et al.，1990，1997；Richards & French，1990）。这种调节甚至可能是某特定类型的焦虑特有的。欧文斯（Owens）等人比较了对有高、中、低焦虑水平健康问题的个体的情绪 Stroop 效应。在他们的实验中，被试的任务同样是对呈现的词汇的颜色命名。这些词汇提到了健康问题（如"癌症""肿瘤"）、消极情绪（如"孤独""危险"）、积极情绪（如"温柔""快乐"）或一些中性的词汇（如"手套""家具"）。与其他所有词汇相比，健康焦虑程度高的被试对健康问题相关的词汇具有更强的 Stroop 效应（即他们花费更长时间来命名颜色）。在中度或轻度健康焦虑的被试中，研究人员没有发现情绪 Stroop 效应：被试对所有类别词汇的颜色命名所用时间都相同。

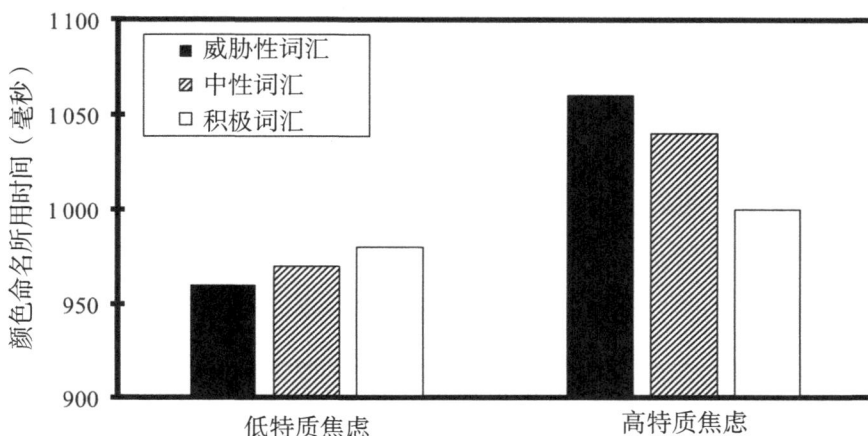

图 3-1　焦虑和情绪 Stroop 效应

3.1.2　个体差异和目标检测

焦虑既与注意快速捕获危险刺激有关，也与较慢地解除对危险刺激注意有关。例如，延德（Yiend）和马修斯（Mathews）在 2001 年比较了不同特质焦虑水平的个体［根据泰勒显性焦虑量表（the Taylor Manifest Anxiety Scale，TMAS）评估］。在他们的实验中，两组被试（一组是高度焦虑的个体，另一组是不那么焦虑的个体）都要执行一个线索目标检测任务。在每次实验中，研究人员都会向被试展示一张呈现 500 毫秒的图片（属于线索提示，可能是威胁性的，也可能是非威胁性的），之后呈现一个箭头。被试的任务是尽快指出箭头是朝上还是朝下。在线索有效实验中，箭头出现在图片的同一侧（即若图片出现在右侧，则箭头出现在右侧），而在线索无效实验中，箭头出现在图片的另一侧。

低焦虑组被试在线索无效实验中的反应时间略长于在线索有效实验中的反应时间，且与线索图片的类型无关（见图 3-2）。这种经典的有效性效应反映了在线索无效实验中，个体需要将注意脱离提示位置，转移到其他位置。低焦虑组被试的反应时间不受线索图片的威胁性影响。相比之下，对高焦虑组被试，线索有效性只在威胁性线索图片的实验条件产生显著影响。被试在线索无效的、威胁性线索图片的实验中反应时间更长，毫无疑问，这种反应时间的增加反映了一个事实，即焦虑的被试将注意集中在威胁性图片上的时间更长，并且会花更多时间从该类图片中解脱出来，并将注意转移到另一侧（Armir et al.，2003；Derryberry & Reed，2002；Fox et al.，2001；Fox et al.，2002；Georgiou et al.，2005；Waters et al.，2007）。

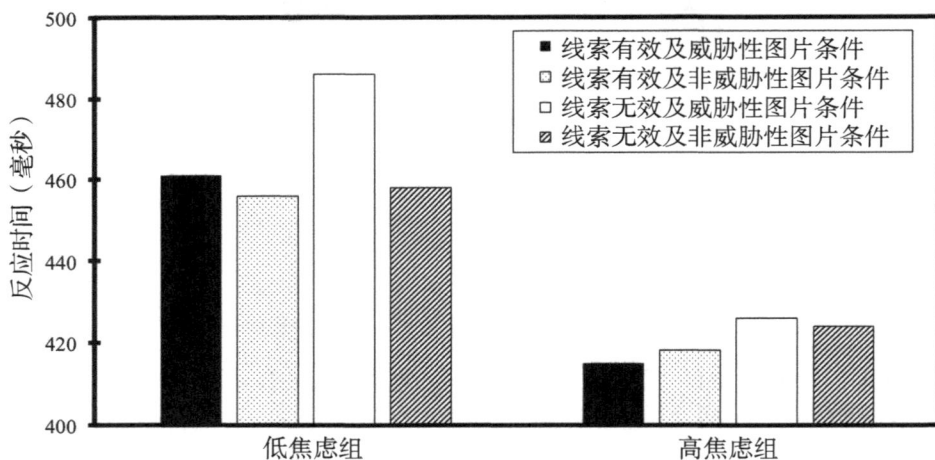

图 3-2　焦虑与目标检测

图 3-3 展示了乔治奥（Georgiou）等人发布的数据，他们呈现给被试的面部表情可能是快乐、中性或恐惧（实验 1）或悲伤（实验 2）。人的面孔首次出现在屏幕上 600 毫秒后，一个字母（X 或 P）出现在人的面孔左侧、右侧、上方或下方 50 毫秒。如果字母是 P，那么被试必须按下响应框上的一个按钮；如果字母是 X，则必须按下另一个按钮。当出现的人的面部表情令人恐惧时，焦虑的被试需要更长时间来检测目标字母。在不焦虑的被试中没有观察到面部表情在反应时间上的差异。在这里，焦虑被试的注意再次被吸引到与威胁

性的刺激（恐惧的面部表情），他们花了更长时间才从中解脱出来。然而，请
注意，焦虑并不总是通过特定刺激增加注意的捕获。有时，观察到的情况正
好相反：焦虑的个体可能会避免将注意集中在有可能导致其焦虑的事情上。
例如，各种研究发现，社交焦虑障碍患者往往会将目光从某些面孔上移开，
尤其是那些表达情绪的面孔（Mansell et al.，2002；Pishyar et al.，2004）。

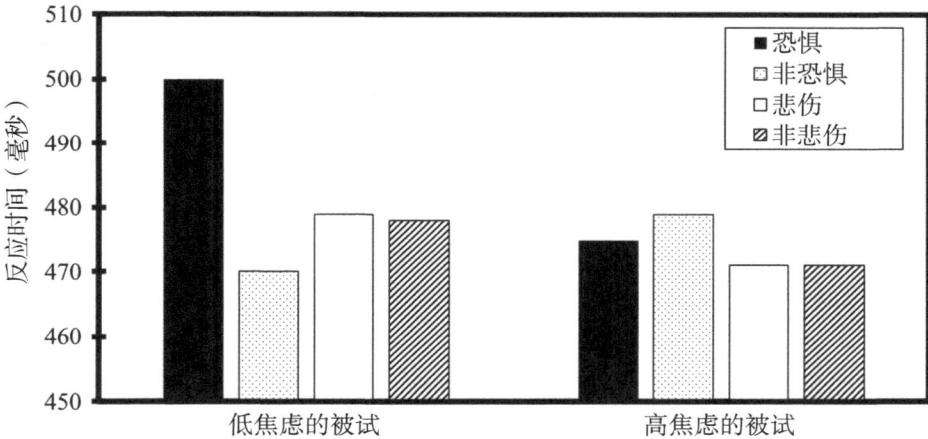

图 3-3　焦虑和字母分类

特质焦虑的水平似乎也会对注意瞬脱产生影响（Barnard et al.，2005；
Bradley et al.，1997；Broadbent & Broadbent，1988；Byrne & Eysenck，
1995；Fox et al.，2001，2005；Fox，1993a；Fox et al.，2002；MacLeod &
Mathews，1988；Mogg et al.，2000；Wilson & MacLeod，2003）。例如，福
克斯等人使用 RSVP 范式向具有高或低特质焦虑的被试呈现了 15 张图片（每
110 毫秒呈现一张），这些图片由 14 张面孔和一个其他物品（如花朵或蘑菇）
组成。在 63% 的实验中，人的面孔中有一张的面部表情是情绪化的（高兴
或害怕），其他的面部表情都是中性的（在剩下的 37% 的实验中，没有第二
个目标，即没有情绪化面孔，所有的面部表情都是中性的）。在第一个非面
部目标（如花朵或蘑菇）之后，情绪化面孔在两到七张图片的延迟之后出

现。被试必须指出这一序列中的每张面孔是否都有表情，然后在一半的实验中（双任务实验）指出非面孔目标图片描绘的是花朵还是蘑菇。结果显示，恐惧面孔对焦虑被试的注意瞬脱效应产生了调节作用（见图3-4）。在短时间滞后（2～4）时，高特质焦虑被试对检测和指出恐惧目标面孔的表情比对检测和指出快乐面孔做得更好。对不焦虑被试来讲，两种面孔之间的表现差异要小得多。在滞后时间（5～7）较长时，两组在两种情绪面孔上的错误率相当，都非常低。因此，恐惧的目标面孔似乎很快就引起了焦虑被试的注意，他们对这些面孔进行了足够深入的加工，以识别目标面孔的面部表情。无论是对恐惧表情还是快乐表情，非焦虑被试都呈现出一般性注意瞬脱现象。

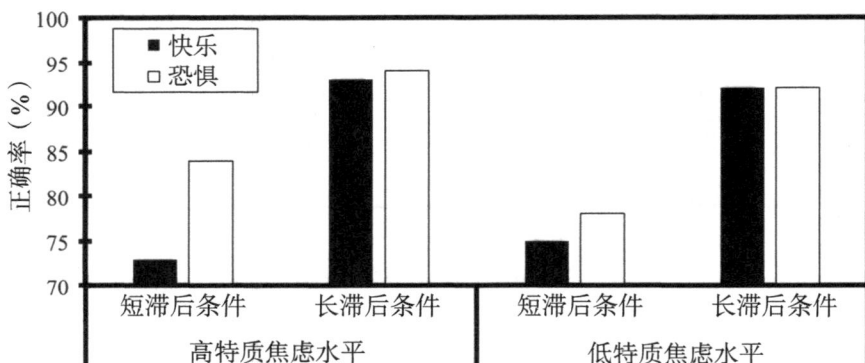

图 3-4　焦虑与注意瞬脱

注：纵轴表示对于不同特质焦虑水平被试，在短时间滞后（2—4）长时间滞后（5—7）条件下，被试在快乐与恐惧表情上的正确率。在短时间滞后条件下，高特质焦虑被试在恐惧表情上的反应比快乐表情更好。这种差异在非焦虑的被试中小得多。

　　总之，这些焦虑影响情绪 Stroop 效应、情绪对线索目标检测及注意瞬脱的研究结果表明，情绪对个体注意的影响机制存在很强的个体差异。个体特征（这里是焦虑）决定了情绪对注意的影响。更通俗地说，当个体的担忧或情绪状态与情境中的某些情绪信息一致时，个体认知系统的注意资源分配就会产生偏倚，其结果可能是积极的（改善表现，如减少注意瞬脱），也可能是消极的（表现变差，如情绪 Stroop 效应增加）。

3.2 情绪和注意：衰老

许多研究都记录了年轻人和老年人在情感状态（通过情感评定量表测量，如积极和消极情感量表等）与各种注意功能之间相关性的差异。例如，在一项针对年轻人（18 岁～25 岁）和老年人（60 岁～85 岁）的研究中，诺（Noh）等人在 2012 年报告了年轻人的注意定向和消极情绪状态之间呈显著相关（r＝0.23）。他们发现，年轻人在实验时的情绪状态越消极，将注意指向目标的速度就越快。在老年人中，情况则恰恰相反（r＝−0.23，尽管这一结果只是轻微显著）。在年轻人中，另一种注意功能，即警觉，与积极的情绪状态显著相关（r＝−0.24），但在老年人中两者则不相关。这些结果表明，情绪和注意之间的关系会随着年龄的增长而变化。

变化有哪些？它们是如何发生的？许多研究对这些问题进行了实验研究。研究人员试图确定，在受到情绪的影响时，重要的注意功能（如选择性注意和注意资源的分配）在年轻人和老年人间是否存在差异。为了研究这一问题，他们使用了研究年轻人注意最常用的实验范式，并在中性、消极或积极情绪条件下对年轻人和老年人进行了测试。由此产生的大量证据清楚地表明，情绪对注意的影响确实会随着年龄的增长而变化。我们在下一节将讲述随着年龄的增长，情绪作用的变化：首先讲述情绪对选择性注意的影响，然后是情绪对注意资源分配的影响。

3.2.1 衰老、情绪和选择性注意

情绪会影响人们对信息的选择性注意。在各类注意情境下，该影响会增强或削弱个体对目标相关信息的选择能力。情绪对选择性注意的影响会随着年龄的增长而变化吗？这一领域的大多数研究表明，尽管这种影响会根据许多因素发生变化，但是该影响确实存在。许多实验范式证实了这种影响。例如，情绪 Stroop 范式，该类范式通常旨在比较情绪对不同年龄成年人选择性

注意的影响。

例如，拉莫尼卡（LaMonica）在 2010 年对 400 多名被试进行了情绪 Stroop 测试。这些被试的年龄从 20 岁到 80 岁不等。被试的任务是对呈现词汇的颜色进行命名，这些词汇要么是中性的（如"长椅""纸""果冻"），要么是情绪性的（如"成功""火""愤怒"）。被试有 30 秒的时间用来说出尽可能多的词的颜色。拉莫尼卡还测试了被试在两种对照条件下的表现：一种是必须说出色块的颜色，另一种是必须读出黑色的中性词汇。

图 3-5 显示了情绪 Stroop 效应如何随被试年龄的增长而变化。情绪 Stroop 效应的计算方法是，被试在 30 秒内正确命名颜色的中性词汇数量与相应的情绪性词汇数量之间的差值。数据显示，随着年龄的增长，情绪 Stroop 效应逐渐减弱（即被试对词汇的颜色的正确命名，中性词汇多于情绪性词汇）。到了 50 岁，情绪 Stroop 效应实际上已经消失，到了 60 岁，它已经发生逆转。请注意，阿什莉（Ashley）和斯威克（Swick）在 2009 年发现，在"纯"或"组块"条件下（被试先用一组中性词汇执行任务，然后用一组情绪性词汇执行任务），年轻被试和老年被试在情绪 Stroop 效应方面没有差异，但在混合条件下，年轻人的情绪 Stroop 效应更明显（Wurm et al., 2004），老年人比年轻人有更强烈的情绪 Stroop 效应。

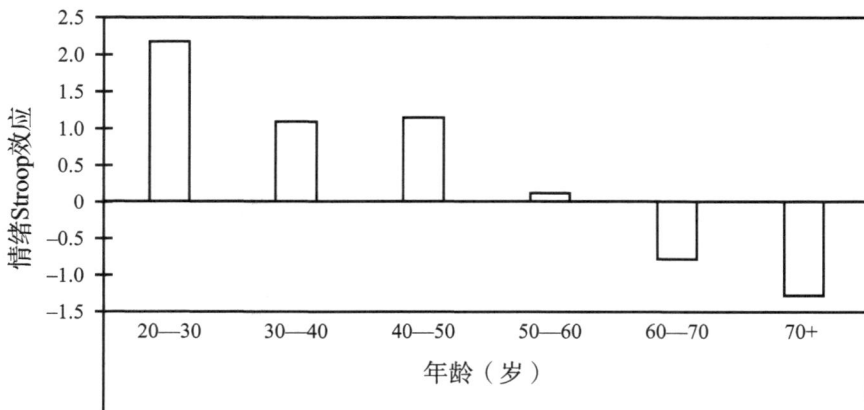

图 3-5　情绪 Stroop 效应随被试年龄的增长而发生变化

特别有趣的是，年轻人和老年人的情绪 Stroop 效应相似，只是在老年人中该效应更小。这种随年龄变化的模式与经典（非情绪）Stroop 效应形成鲜明对比，因为抑制能力的退化（Hasher & Campbell，2020；Rey-Mermet et al.，2018），后者往往随着年龄的增长而增加（Comalli et al.，1962）。拉莫尼卡在 2010 年的研究结果表明，对与任务无关的情绪信息进行抑制的能力是随着年龄的增长而增强的，这种能力最终会变得很强，以致能够完全消除情绪干扰。换句话说，如果信息是情绪性的，不能帮助个体实现当前目标，那么老年人可以阻止该类信息进入认知系统（早期选择）。

托马斯（Thomas）和哈什尔（Hasher）在 2006 年也发现了类似的模式，但他们还发现不同类型的情绪信息可以调节年轻人和老年人的注意过滤。在研究中，他们同时向年轻人和老年人呈现了一些成对数字，并要求被试指出这两个数字的奇偶校验（奇 / 偶）是相同的还是不同的。在每两个数字之间的词要么是情绪中立的，要么是积极的或消极的。例如，被试可能会看到"7 平面 9"（情绪中立）、"7 情欲 9"（情绪积极）或"7 恐怖 9"（情绪消极）。完成这项任务后，被试需接受一项再认测试，研究人员向他们展示一系列的词汇（一些是在奇偶判断任务中看到的，另一些是新的），并询问每个词汇是原来的（在第一项任务中看到的）还是新的。图 3-6 显示了奇偶判断任务的反应时间和再认任务的准确性。当两个数字被一个消极词汇分隔时，年轻人和老年人判断奇偶关系所用时间都比这两个数字被一个中性词汇或积极词汇分隔时所用时间长。此外，年轻人再认消极词汇比再认中性词汇或积极词汇更准确，而老年人再认积极词汇比再认中性词汇或消极词汇时表现更好。有趣的是，尽管在奇偶判断任务中，消极词汇对年轻人和老年人有类似的分心效应，但年轻人（老年人）对消极词汇（积极词汇）更集中的注意提高了相应的再认率。换句话说，这些结果表明，虽然年轻人和老年人同样被消极情绪词汇分散注意，但年轻人的注意往往更多地集中在消极词汇上，而老年人的注意则更多地集中在积极词汇上。

相关研究已经证实，不同类型的情绪对注意过滤的影响会随着年龄的增

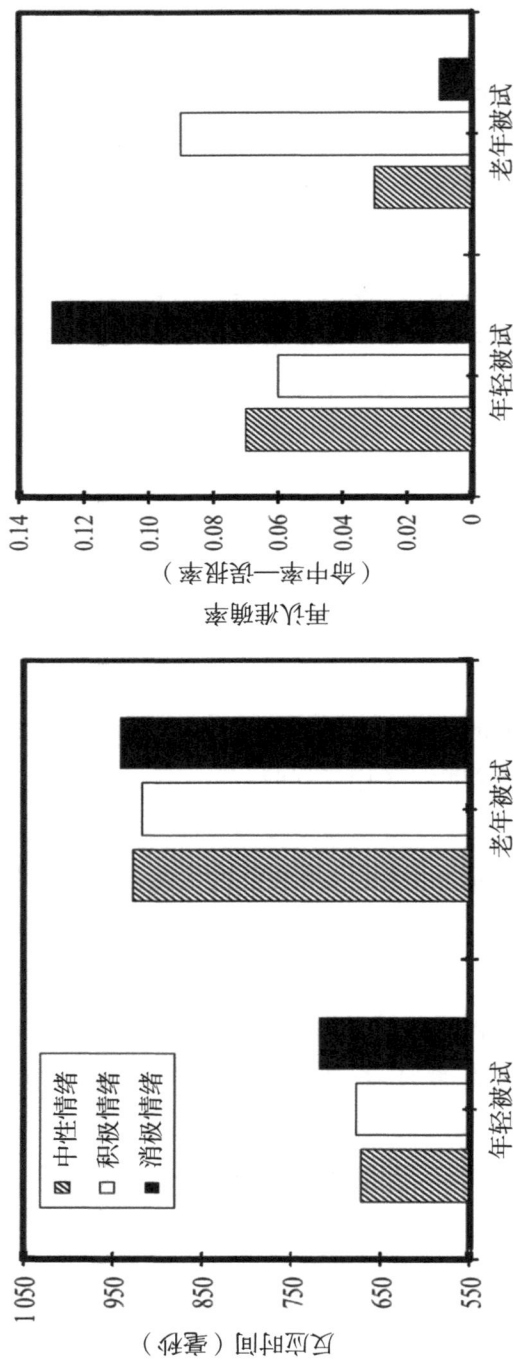

图 3-6 选择性注意、情绪及年龄

长而产生变化。艾伯纳（Ebner）和约翰逊（Johnson）在实验中向年轻被试和老年被试呈现了三个数字，其中两个相同，一个与其他不同。被试的任务是报告与其他两位不同的那个数。这些数字叠加在面孔上出现，这些面孔的面部表情是正面的（快乐）、负面的（愤怒）或中性的。在一些实验中，目标数字很容易识别（目标数字比干扰物大，干扰刺激总是 0，目标在序列中的位置与其编号匹配，如 100），而在另一些实验中任务较难（目标和干扰物都是变化的，目标数字的位置与数值不匹配，目标有时使用的字体比干扰物的字体小一些，如 232、233）。

结果显示，两个年龄组的情绪干扰效应因面部表情的不同而不同（见图 3-7）。并且，研究人员仅在年轻被试的简单试验和老年被试的复杂实验中观察到干扰效应。在年轻被试组中，研究人员只在愤怒面孔条件下（与中性面孔相比）发现了干扰效应；在老年被试组中，干扰效应只有在快乐实验条件下才可以观察到。在年轻被试中，快乐面孔和老年被试中愤怒面孔没有受到情绪干扰。换句话说，在两组人中，情绪面孔都会干扰主要任务，但在年轻人中，这种干扰发生在消极情绪（愤怒）中，而在老年人中，这种干扰则发生在积极情绪（快乐）中。这很容易解释为不同年龄段对不同情绪的关注不同，年轻人的注意更倾向于消极情绪，而老年人的注意更倾向于积极情绪。

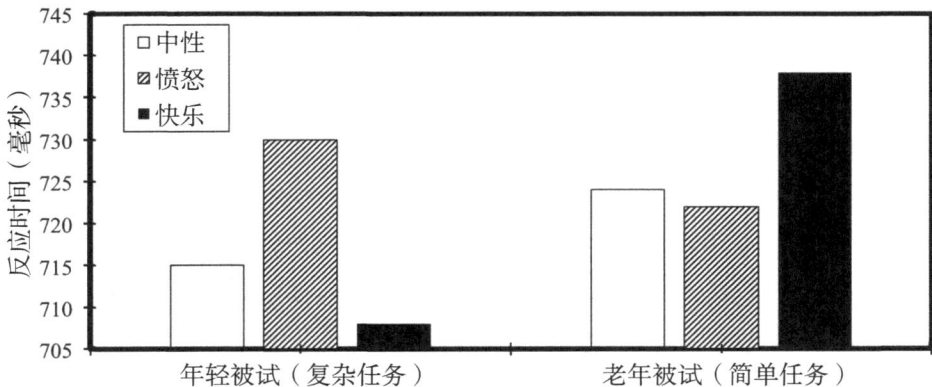

图 3-7 积极和消极情绪对年轻被试和老年被试选择性注意的影响

情绪对选择性注意的影响随年龄的增长而变化的研究表明，老年人不仅可以有效地过滤与任务无关的情绪信息，而且可以有效地调节实验间的注意过滤。例如，蒙蒂（Monti）等人在 2010 年向年轻的和年长的成年被试呈现不同的人脸面孔，并给他们两项任务：识别人脸的性别（男性 / 女性）和表情（快乐 / 恐惧）。在每一张人脸前都会出现一个词汇（性别任务中的"男性"或"女性"；情绪任务中的"恐惧"或"快乐"）。每对词汇—面孔间的关系分两种：一致（词汇与面孔的性别或表情匹配），或者不一致（词汇与面孔的性别或表情不匹配）。在这两项任务（情绪性和非情绪性）中，研究人员不仅在每次实验中改变了面孔和词汇之间的一致性，而且在连续实验中也改变了一致性之间的关系。这就产生了四种实验条件：（1）一致实验后的一致实验（一致— 一致），（2）不一致实验后的一致实验（不一致— 一致），（3）一致实验后的不一致实验（一致—不一致），（4）不一致实验后的不一致实验（不一致—不一致）。

蒙蒂等人再现了之前相关研究的两个结果。首先，不一致项目之后的不一致效应（即不一致实验的反应时间 > 一致性实验的反应时间）比一致项目之后的不一致效应要小（这被称为冲突适应效应，或格拉顿效应）（Gratton et al.，1992；Stürmer et al.，2002）。其次，这种对冲突的适应会随着年龄的增长而减弱（Lemaire & Hinault，2014）。蒙蒂等人当时研究的问题是，随着年龄的增长，情绪是否会对冲突适应能力的减弱产生调节作用。因此，他们选择通过观察年轻人和老年人在情绪性任务与非情绪性任务中的表现来对这种影响是否随年龄的增长而发生变化进行分析。

一致性效应（不一致项的反应时间与一致项的反应时间，如图 3-8 所示）的结果显示：（a）在非情绪性任务中，年轻被试存在冲突适应，老年被试无冲突适应；（b）在情绪性任务中，两个年龄组都有冲突适应。在非情绪性任务（性别识别）中，对年轻被试，不一致项目后的一致性效应小于一致项目后的一致性效应，但对老年被试，不一致项目后的一致性效应则大于一致项目后的一致性效应。在不一致项目之后，年轻被试已经做好准备，通过抑制分心词的加工来处理下一个实验中可能的不一致，以快速确定面部的性别。年龄较大的被试则没有做这样的准备。但是，当任务是识别面部表情时，年长被试像年轻被试一样，也准备好了在不一致项目后处理可能会出现的不一致。非常有意思的是，研究结果显示，年轻被试和老年被试的情绪性任务与非情绪性任务之间的冲突适应效应是分离的。在情绪性任务中，蒙蒂等人没有发现老年被试注意控制机制（负责一致性效应的顺序调节）的减退，而这种减退通常可以在非情绪性任务中观察到。因此，老年人在处理情绪性信息时，似乎可以组织调动这些控制机制（见图 3-8）。

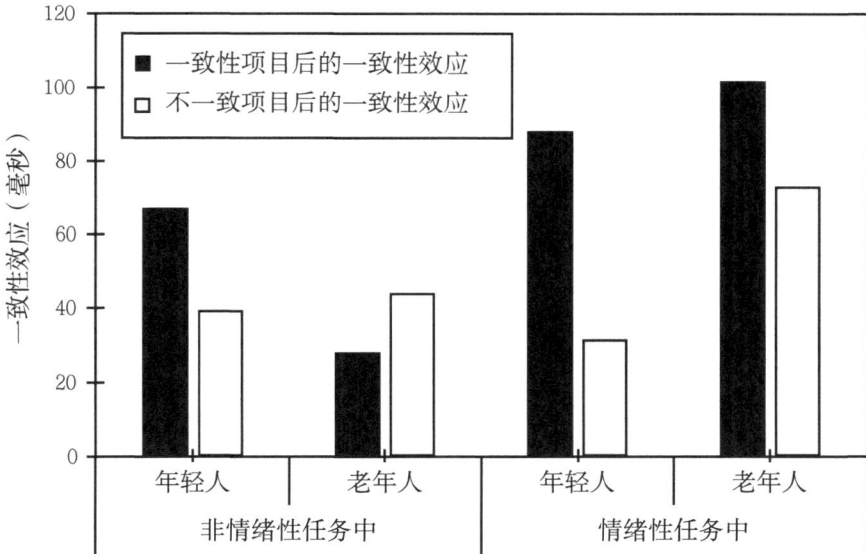

图 3-8　情绪一致性及非一致性效应中年龄与顺序调节作用

3.2.2　衰老和注意定向

消极（积极）情绪对年轻人（老年人）表现的干扰效应（Ebner & Johnson，2010）可能是因为年轻人（老年人）倾向于更多地关注消极（积极）信息，从而使他们对相应信息的加工更深入。心理学家通常会采用两种方法来检验这一注意偏差假说。一种是使用目标检测任务,另一种是记录年轻被试和老年被试在观看积极与消极图片时的眼动情况。

3.2.2.1 注意偏差随年龄增长的演变

马瑟(Mather)和卡斯滕森(Carstensen)是第一批使用情绪性刺激比较年轻人和老年人在目标检测(点探测)任务方面表现的研究人员(Mather et al.,2005)。他们向年轻被试和老年被试呈现了 60 对面孔(包括一张中性面孔和一张情绪性面孔:高兴、悲伤或愤怒)。每对面孔都出现一秒钟。然后,其中一张面孔的位置出现一个点。研究人员根据被试指出圆点出现在何处所需的时间,计算出注意偏差分数,即对情绪性面孔同一侧圆点的反应时间 – 对中性面孔同一侧圆点的反应时间。值为 0 表示没有注意偏差(即被试对情绪性面孔和中性面孔的关注程度相同),正值表示对情绪性面孔的偏差(即被试对情绪性面孔的关注程度更高,从而减缓了对呈现在这些面孔同一侧目标的检测)。负值表示倾向于更多地关注中性面孔(而较少关注情绪性面孔)。结果显示老年人存在注意偏差,而年轻人则没有(见图 3-9)。老年

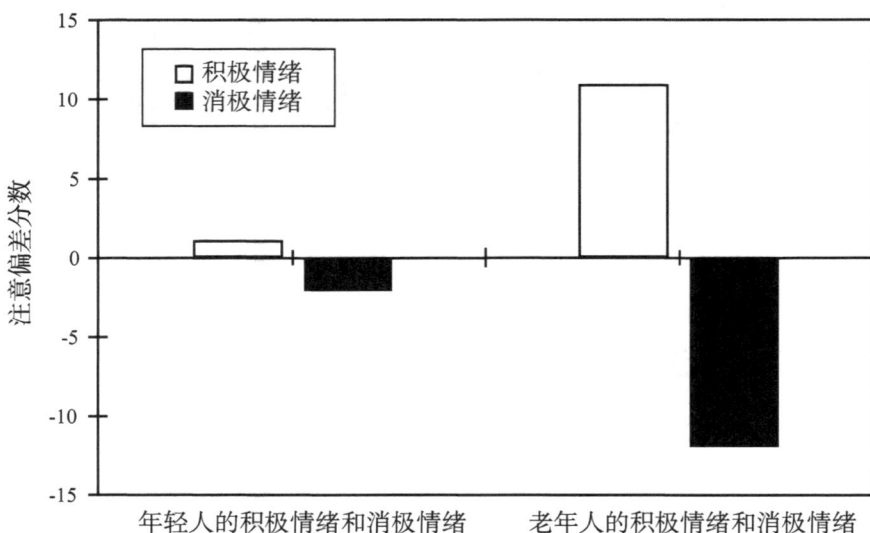

图 3-9 年轻人和老年人在处理积极或消极情绪面孔时的注意偏差

人更多地关注积极情绪面孔，而不是中性面孔（积极—中性匹配），更多地关注中性面孔，而不是悲伤或愤怒面孔（负面—中性匹配）。换句话说，老年人更关注积极情绪面孔，而避免关注消极情绪面孔。

　　老年人对积极情绪的注意偏差模式也有例外。例如，马瑟和奈特向被试呈现了几组包括九张简单面孔的阵列，有些组中九张面孔全部都是中性面孔，还有些组则包括八张中性面孔，以及一张情绪性（愤怒、高兴或悲伤）面孔。被试必须在每次实验中尽快指出该组中是否包含与其他不同的面孔。反应时间数据显示，与悲伤表情相比，年轻人和老年人都能更快地发现愤怒（威胁）表情，而对高兴表情的反应时间最长（见图 3-10）。这一结果表明：（1）在老年被试中并不总是存在积极偏见（在该实验中，他们对积极情绪面孔的检测速度较慢），（2）愤怒面孔的威胁性导致老年被试反应更快，年轻被试也是如此。因此，年轻人和老年人对愤怒的自动检测似乎比通常观察到的注意偏差（年轻人倾向于加工消极信息，老年人倾向于加工积极信息）更强。

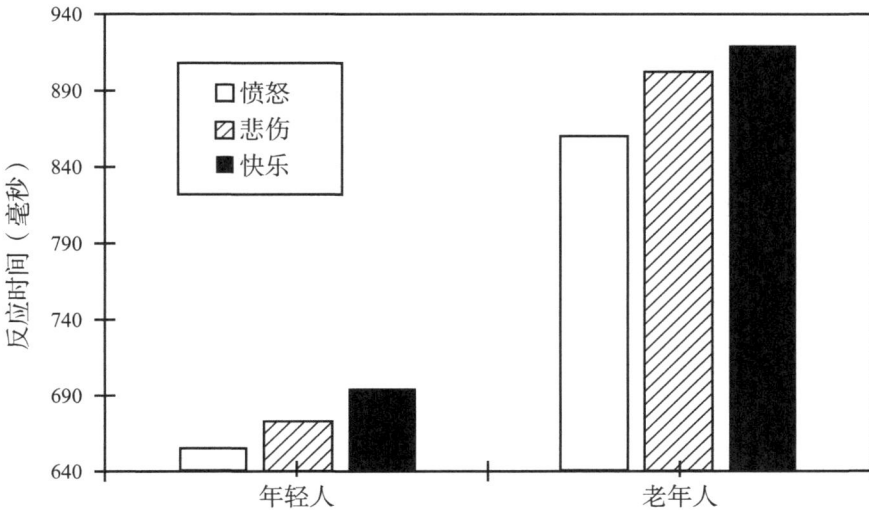

图 3-10　基于面部情绪的年轻人和老年人面部表情检测任务的反应时间

3.2.2.2　注意偏差始于编码

为了探索注意偏差如何随着年龄的增长而变化，并确定其是否及何时会影响刺激编码，研究人员记录了被试在注视情绪性刺激和中性刺激时的眼动情况。例如，伊萨克韦兹（Isaacowitz）等人向年轻被试和老年被试展示了192 对面孔（每对面孔由一张中性面孔和一张情绪性——悲伤或快乐的——面孔组成）。每对面孔呈现两秒。与之前的实验一样，在其中一张面孔出现的位置呈现一个点刺激，被试的任务是尽快指出这个点刺激出现的位置（在屏幕的右侧或左侧）。为了确定被试是倾向于优先注视情绪性面孔还是中性面孔，在呈现面部表情时研究人员会将被试的眼动记录下来。图 3-11 显示了年轻人和老年人对中性、悲伤和快乐面孔的注意偏差。计算方式如下：（情绪面孔上的注视时间 – 中性面孔上的注视时间）/ 两张面孔上的总注视时间。值为 0 表示被试花在看中性和情绪性面孔上的时间相等，正值表示花在情绪性面孔上的时间更多，负值表示花在看中性面孔上的时间更多（避开情绪性面孔）。

年龄较大的被试会更长时间注视快乐面孔而非中性面孔，更长时间注视中性面孔而非悲伤面孔。相比之下，年轻被试没有表现出注意偏差（他们花在看中性和情绪性面孔上的时间几乎相等）。伊萨克韦兹等人复制了这一结果，并将其应用到其他负面情绪（愤怒和恐惧）中。从图 3-11b 中可以看出，年龄较大的被试倾向于避免注视消极情绪的面孔，他们看的更多是快乐面孔，而非中性面孔。然而，请注意，在这个包含多种负面情绪的实验中，年轻被试确实表现出对负面情绪的注意偏差。与中性面孔相比，他们更倾向于看那些表现出愤怒或恐惧（但不是悲伤）的面孔，而他们看快乐面孔的时间并不比看中性面孔的时间长。总的来说，这些数据表明个体的注意偏差会随着年龄的增长而变化。年轻人更关注消极情绪，而老年人更关注积极情绪（Allard & Isaacowitz，2019）。

(a)

(b)

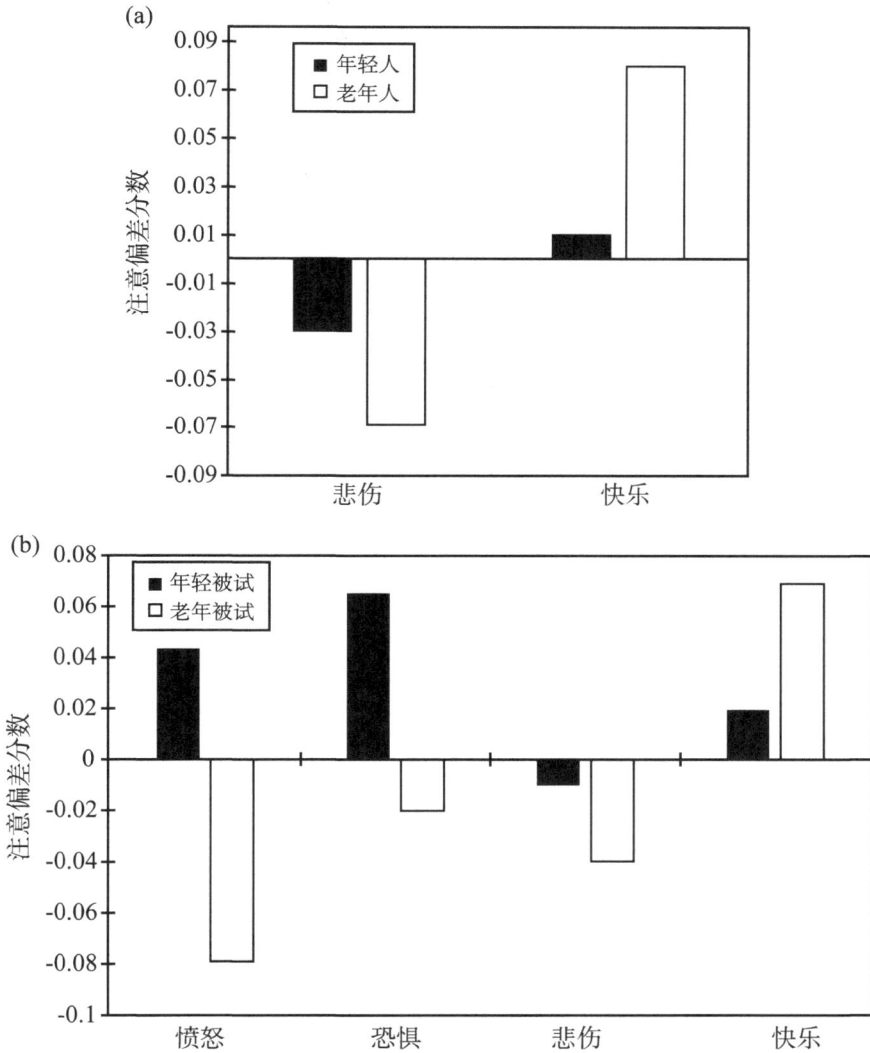

图 3-11　年轻人和老年人的注意偏差

3.2.2.3　积极偏差受多种因素的调节

大量研究发现了注意的积极偏差（Carstensen & DeLiema，2018；Murphy & Isaacowitz，2008；Reed et al.，2014；Reed & Carstensen，2012）。

这些偏差受到多种因素的调节（见图 3-12）。例如，如果让被试选择观察的刺激，而不是由研究人员施加，那么这些偏差可能会减少或消失（Isaacowitz et al.，2015）。这些偏差也会随着呈现面孔的年龄（Noh et al.，2011）、文化水平（Fung et al.，2008，2019；Stanley et al.，2013）和情绪调节策略（Isaacowitz et al.，2008；Livingstone & Isaacowitz，2015；Ossenfort et al.，2019；Wirth et al.，2017）的不同而发生变化。例如，萨斯（Sasse）等人发现，与观看年轻人的照片时相比，老年人观看与自己年龄相近的人的照片时，他们的积极偏差更大（见图 3-12a）。冯没有发现当地居民的积极偏差（见图 3-12b）（Fung et al.，2018，2019）。奥森福特等人发现，如果不指导老年被试调节情绪，他们看负面图片的次数要少于指导他们使用积极认知重评或超脱策略后看负面图片的次数（见图 3-12c）。这些注意偏差似乎出现在目标刺激开始后约 500 毫秒时（Isaacowitz et al.，2009）。最后，个体晚年时的积极偏差程度似乎与其当时的情绪状态和可用认知资源数量的相互作用有关。

伊萨克韦兹等人（Isaacowitz et al.，2008；see also Isaacowitz, Toner et al.，2009）进行的实验与他们 2006 年的研究几乎相同，但有一个重要区别，那就是在被试观察每对人的面孔之前，他们要求被试努力思考一些让其开心或悲伤的事情。为了实现这一操作，研究人员会建议被试回忆一次开心或悲伤的个人经历。在这个过程中，被试会听到一些音乐，该音乐在情绪上与诱导他们的情绪一致（例如，当他们想到让他们悲伤的事情时，就播放悲伤的音乐）。这一过程被称为连续音乐技术（Continuous Music Technique，CMT），该技术被认为是诱导和维持情绪状态的有效方法。在运用 CMT 的过程中，被试对自己的情绪状态进行评估，以便研究人员检查诱导程序是否有效，从而确认被试在观看面部刺激时确实处于相关的情绪状态（消极、中性或积极）。

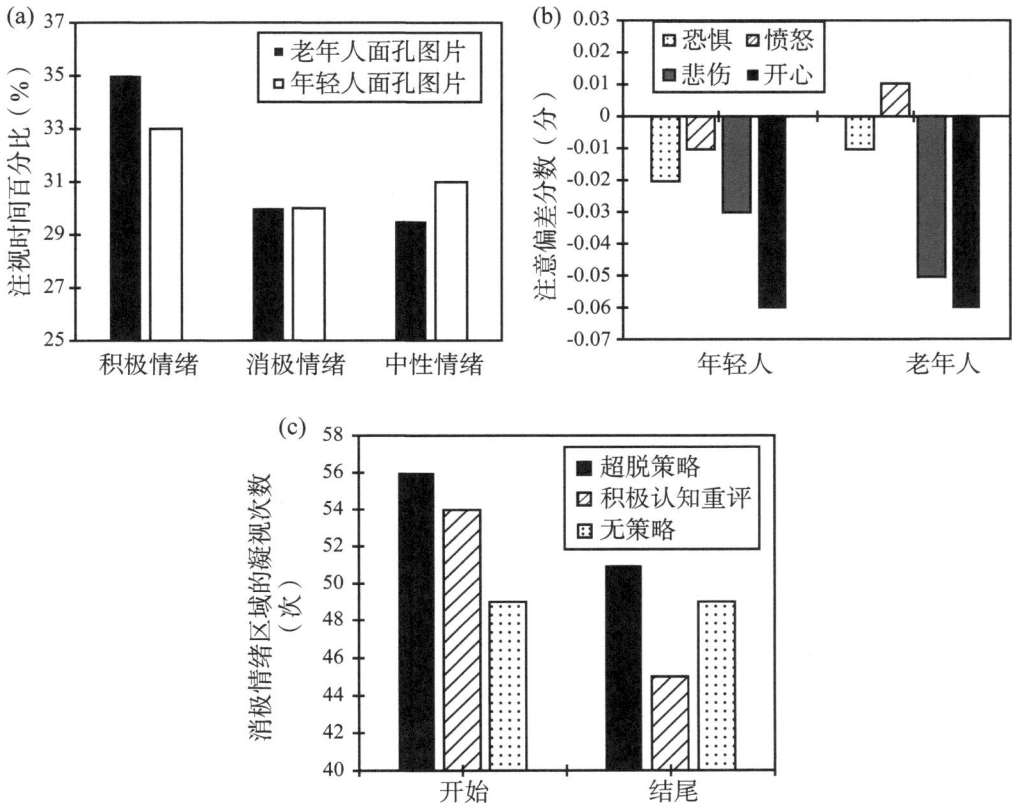

图 3-12　注意积极偏差调节的例子

注：（a）老年人对不同情绪（积极、消极和中性情绪）、不同年龄（年轻人和老年人）面孔图片的注视时间百分比（Sasse et al., 2014）。与来自不同年龄组（年轻人）的人脸图片相比，老年人对年龄相近的人脸图片表现出更大的积极偏差。（b）年轻人和老年人注意偏差（Fung et al., 2008）的数据表明，老年人缺乏积极偏差。（c）凝视图片中的消极情绪区域（Ossenfort et al., 2019）。

　　如图 3-13 所示，伊萨克韦兹等人发现了与年龄相关的注意偏差的显著差异。注视时间的数据显示，年轻人具有明显的情绪一致性效应。当年轻被试处于积极（消极）情绪状态时，往往更关注表达积极（消极）情绪的面孔。相比之下，老年人即使在消极情绪状态下也倾向于不看消极面孔，尽管他们在积极情绪状态下确实倾向于看积极面孔。根据社会情绪选择理论（Socioemotional Selectivity Theory，SST），随着年龄的增长，注意偏差的这种变化可以用目标的变化来解释。根据这一理论，年轻人对环境刺激的注意资源的分配受其情绪状态的影响，甚至完全由其决定。社会情绪选择理论表明，年轻人不是优先寻求调节自己的情绪状态，而是优先寻求或处理呈现给他们的信息，以便完成手头的任务，而不寻求过滤。他们这么做可能是为了最大限度地提高效率。根据社会情绪选择理论的相关研究，老年人与年轻人不同，前者会更多地根据自己想要达到的情绪状态来分配注意。如果他们的目标是体验（唤起和保持）积极的情绪状态，那么注视中性情绪面孔而非消极情绪面孔是摆脱消极情绪状态的更好方式。同样，在积极的情绪状态下多看积极面孔有助于保持这种状态。伊萨克韦兹及其同事的这项研究与其他一些研究首次从经验上证明，情绪信息注意偏差（趋向或回避）的功能与意义在不同年龄组间可能存在差异（Isaacowitz & Choi，2011，2012；Isaacowitz & Harris，2014；Noh et al.，2011；Rovenpor et al.，2013；Wadlinger & Isaacowitz，2011）。

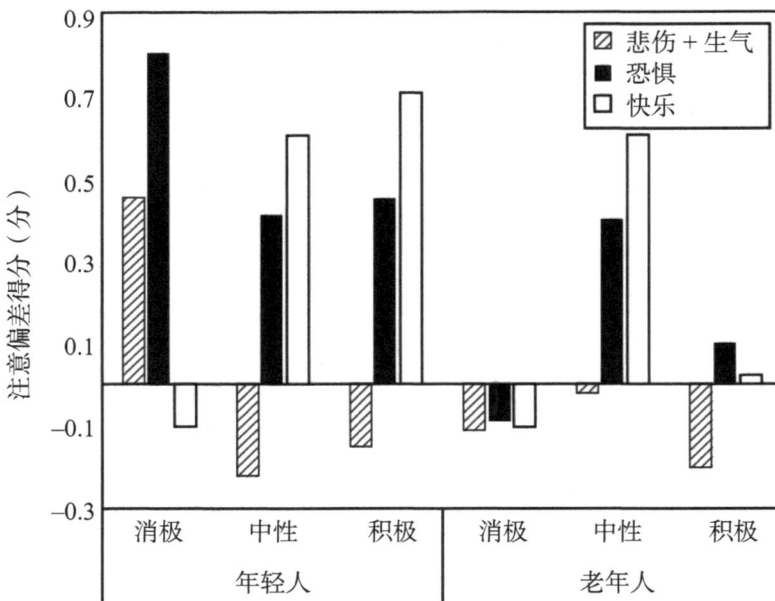

图 3-13　不同情绪状态下，年轻人和老年人面孔注视的注意偏差

不同因素对积极偏差（或避免消极情绪）的调节作用表明，这些偏差不是自动产生的，而是可控的。从这一假设出发，可以预测，这些偏差应该取决于可用的注意资源。这一预测已在多个实证研究中得到证实（Isaacowitz, Toner et al., 2009；Kalenzaga et al., 2016；Knight et al., 2007；Mather & Knight, 2005；Noh & Isaacowitz, 2015；Vieillard & Bigand, 2014；Allard & Isaacowitz, 2008）。例如，奈特等人在 2007 年记录了被试在注视成对图片（其中一张是积极或消极情绪，而另一张可能是中性、积极或消极情绪）六秒的情况。被试在两种条件下进行测试，其中一种是分散注意条件，在该条件下，他们注视面部图片时会听到一系列声音，他们必须指出这些声音是变化了两次还是三次。另一种是全神贯注的状态（没有分散注意），在该状态下，被试听不到任何声音。结果表明，除了一个被试，其他被试对积极情绪和消极情绪图像（与中性图像相比，见 3-14）的注视比例在分散注意条件下低于全神贯注条件下。年龄较大的被试在分散注意的条件下比在全神贯注的条件下更多地注视消极图片。与年轻被试相比，年龄较大的被试在全神贯注的条件下也更关注积极图片。这些发现很有意思，因为这表明，老年人对

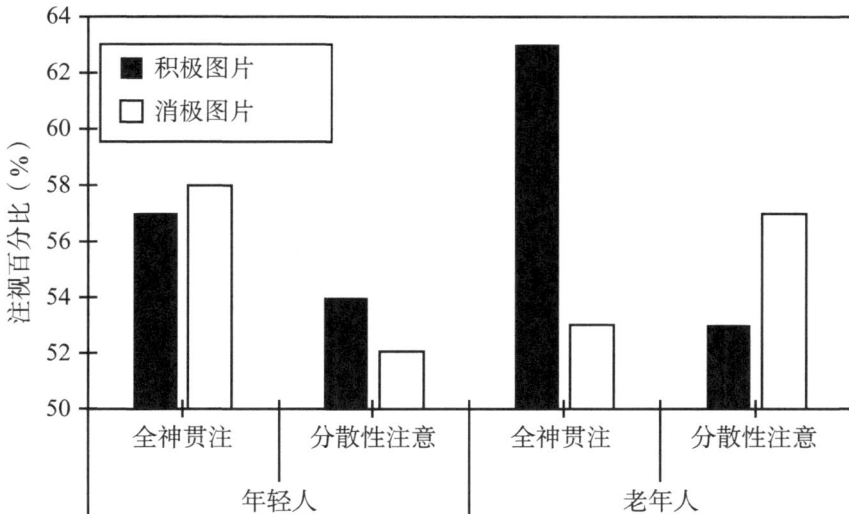

图 3-14　年轻被试和老年被试在和分散注意条件下对积极和消极图片的注视比例

积极结果的注意偏差不是来自自动化过程，而是来自执行注意控制机制。令人惊讶的是，尽管随着年龄的增长，老年人的执行控制机制能力应该不断减弱，但这个结果却证实了老年人在积极结果注意偏差上具有较强的执行控制能力。

总之，老年人倾向于将注意资源分配给情绪积极的信息，而年轻人倾向于将注意资源分配给情绪消极的信息。不同的任务参数对老年人的积极偏差有调节作用。一个特别重要的参数是任务条件。当老年人可以自由分配其注意资源时，他们的积极偏差似乎更大（Murphy & Isaacowitz，2008；Reed et al.，2014）。换句话说，与任务中施加相对特定的条件（例如，看着一张面部图片以评估其可信度）（Zebrowitz et al.，2017）相比，当任务要求（如实验者设定的目标）是让被试自由选择要关注的内容（如没有特定目标地注视面部图片）时，其积极偏差似乎更大。这种非自动化加工的积极偏差从功能上讲非常重要，因为它能使老年人保持积极的情绪状态和／或脱离消极的情绪状态。

3.3 情绪和注意：精神障碍

与个体差异和衰老的研究一样，对患有各种精神障碍疾病个体的研究也发现了情绪对注意偏差的实质性调节作用（Martin et al.，1991；Mathews et al.，1995；Mathews & MacLeod，1985；Mogg et al.，1989，1992）。在这里，这些调节作用是通过让患有精神障碍的被试完成情绪 Stroop 任务和视觉搜索任务发现的。

3.3.1 精神障碍和情绪 Stroop 效应

许多研究在精神障碍的个体中发现了情绪 Stroop 效应的调节作用。

（Martin et al.，1991；Mathews et al.，1995；Mathews & MacLeod，1985；Mogg et al.，1989，1992）。例如，埃勒斯（Ehlers）和其合作者们对患有惊恐障碍（Panic Disorders）或惊恐发作（Panic Attacks）（一种极端形式的焦虑障碍）的被试及对照组被试进行了测试。他们向被试呈现了打印在卡片上的词汇，并要求他们说出词汇的墨水颜色。每张卡片上有分别用红色、蓝色、绿色或黄色书写的共计96个词汇。被试对威胁性词汇（如"疾病"）和中性或积极的非威胁性词汇（如"忠实"）进行了比较。与非威胁性词汇相比，患有惊恐障碍的被试需要花更长时间命名威胁性词汇的颜色（见图3-15）。与上文第一部分中的特质焦虑水平较高的个体一样，这些被试的注意被吸引到阅读威胁性词汇上。因此，他们不得不做额外的努力来抑制对这些词汇的加工，以专注于对颜色进行命名，这延长了他们的反应时间。相反，他们的注意较少地被非威胁性词汇吸引，从而能够专注于墨水的颜色。

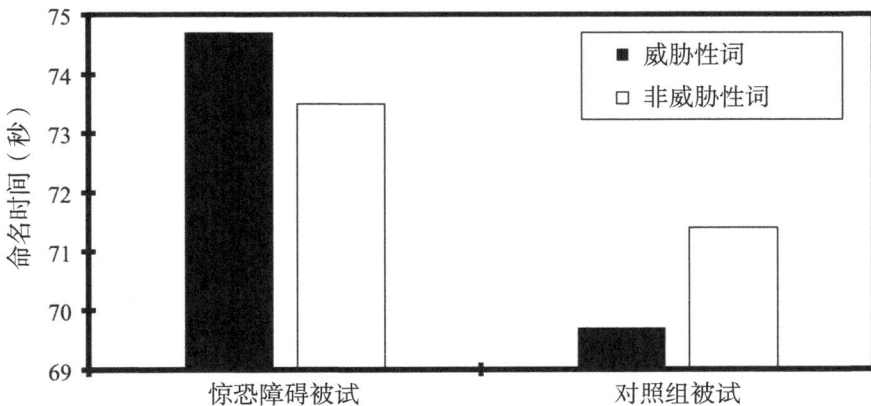

图 3-15　焦虑障碍和选择性注意

在某些情况下，精神障碍对情绪 Stroop 效应的调节可能在某些类别的词汇上具有高度特异性。霍普（Hope）等人在1990年的一项研究说明了这一点。该研究比较了两种疾病中对词汇的颜色命名时间：社交焦虑障碍（极度害怕暴露于社会观察和评价的情况）和惊恐发作。研究中所用的词汇，对大多数群体来说可能是中性的（如"人造丝"），也可能与社会性威胁（如"尴尬"）或身体威胁（如"疾病"）有关。如图 3-16 所示，与中性词汇相比，社交焦虑障碍患者在命名社会威胁性词汇的颜色时花费的时间要长得多，而惊恐发作患者在命名身体威胁性词汇的颜色时花费的时间要长得多。换言之，精神病患者会关注能引发其痛苦的相关领域词汇，而这种关注对其说出这些词汇的颜色的能力有更强的干扰作用。

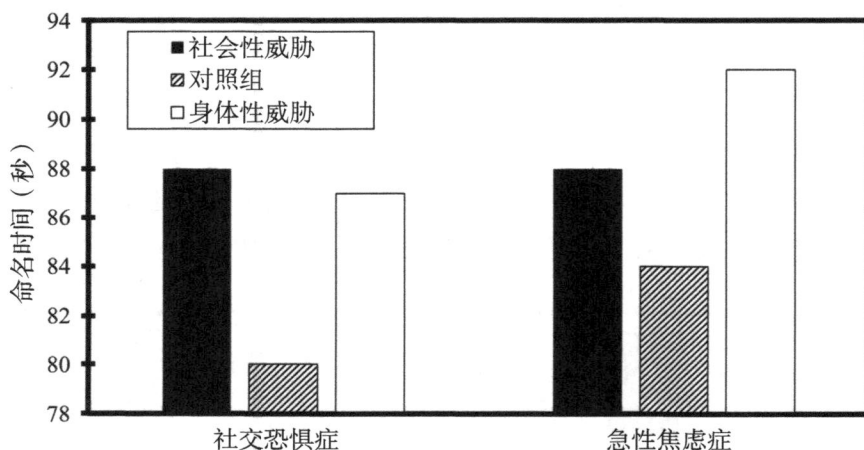

图 3-16　社交焦虑障碍、惊恐发作和选择性注意

3.3.2　精神障碍和视觉搜索

在情绪对不同临床特征个体的注意投入和解除的影响研究中，视觉搜索任务是应用范围较广的一种实验范式（Bradley et al.，1997；Donaldson et al.，2007；Eastwood et al.，2005；Gilboa- Schechtman et al.，1999；Gotlib et al.，2004，2008；Hayes et al.，2012；Horenstein & Segui，1997；Joormann & Gotlib，2007；Juth et al.，2005；Mathews et al.，1995，1997；Mogg et al.，1992；Öhman，Flykt et al.，2001）。例如，唐纳森（Donaldson）等人比较了重度抑郁障碍患者和对照组被试在目标检测任务中的表现。研究人员

向被试呈现成对的词汇，呈现时间为 500 毫秒或 1 000 毫秒。每对词汇中必然会包含一个中性词汇，然后根据中性词汇搭配的情绪词汇的情绪性质（积极、消极或中性）的不同，将成对词汇分为三种类型。在每对词汇之后，屏幕上会立即出现一个圆点。圆点出现在成对词汇中其中一个词汇的位置，被试的任务是指出圆点出现在哪个位置。研究记录被试对圆点的反应时间。为了评估抑郁障碍患者在中性—消极成对词汇中是否偏向于关注消极词汇，唐纳森和同事计算了所有被试的注意偏差分数。在消极—中性成对词汇中，注意偏差分数的计算方式为中性词汇位置出现圆点时个体的反应时间减去消极词汇位置出现圆点时个体的反应时间。中性—积极成对词汇的偏差分数计算方式与之相同。因此，如果圆点出现在消极词汇的位置时，圆点探测的反应时间较长，那么中性—消极成对词汇的偏差得分大于 0，反之，如果圆点出现在消极词汇所在位置时，则被试并没有用更长的反应时间，中性—消极成对词汇的偏差得分则为 0。在任何类型的成对词汇中，研究人员在对照组被试中都没有观察到注意偏差。但是，当成对词汇呈现 1 000 毫秒时，抑郁障碍患者表现出对消极词汇的注意偏差（见图 3-17）。在中性—消极成对词汇中，抑郁障碍患者更关注消极词汇。当圆点在 1 000 毫秒后出现时，他们仍在处理这个消极词汇，导致其对圆点的反应时间更长。显然这些抑郁障碍患

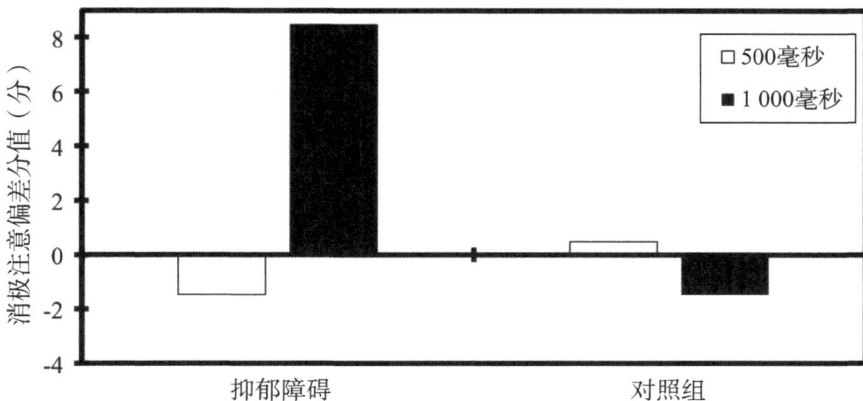

图 3-17　抑郁障碍和注意偏差

者需要额外的时间摆脱这个消极词汇，以便投入检测圆点的任务中。然而，抑郁障碍患者在中性—积极或中性—中性成对词汇中并没有表现出这种注意偏差（Joormann et al.，2007，for similar results）。

特里普（Trippe）等人在 2007 年使用 RSVP 技术向蜘蛛恐怖症被试（对蜘蛛有强烈恐惧的个体）和对照组被试呈现图片（每张呈现 144 毫秒）。在每个系列中，两张目标图片（由一张图片分隔）被一个黑色框架包围。第一张目标图片是中性图片（蘑菇）。第二张目标图片可能是中性的（蘑菇）、情绪积极的或消极的（例如，残缺的身体），以及蛇或蜘蛛。在每个系列的最后，被试的任务是报告两张目标图片中的内容。两组被试 80% 的时间都能报告第一张目标图片中的内容。正如预期的那样，对第二张目标图片的报告成绩显著降低。但在蜘蛛恐怖症被试中，对蜘蛛图片的注意瞬脱效应明显减弱（见图 3-18）。这一下降幅度大于通常在两组被试中都可以看到的在情绪目标图片中可以观察到的下降幅度。蜘蛛恐惧症被试的注意似乎更快、更强地被蜘蛛的图片吸引。这使他们能更好地处理这些图片，提高其在本系列图片呈现后识别、记住和报告这些图片的能力。

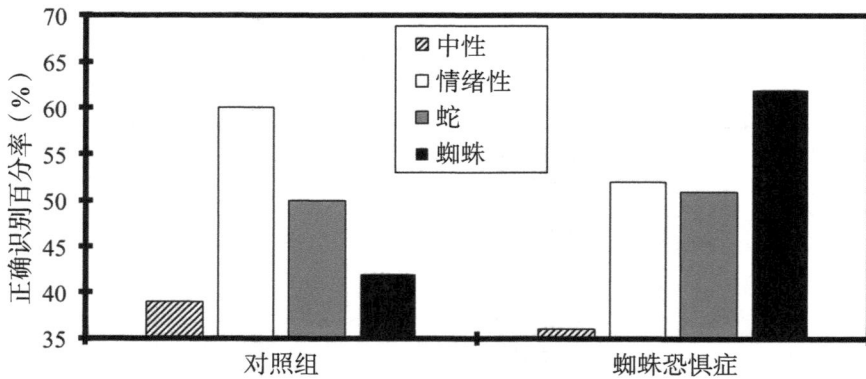

图 3-18　恐怖症和注意瞬脱

总之，对各种情绪障碍（如焦虑障碍、恐怖症或抑郁障碍）的研究表明，情绪障碍中存在情绪对注意的调节作用。一些注意偏差在精神障碍中会被放大（例如，恐怖症个体的注意会很快被恐怖症相关威胁性刺激所捕获）。考虑到这些患者在精神障碍诱导的情绪状态下处理注意任务的可能性，我们发现这些数据非常有意义，也很重要，尤其是它们突出了情绪在注意机制中的因果作用。

3.4 结论

研究情绪和注意之间的联系的心理学家的研究目标之一是描述情绪对注意产生积极或消极影响的条件。这可以帮助我们确定调节情绪和注意之间关系的因素。实证研究已经确定了一些关键因素。但相关研究还表明，情绪对注意的影响可能因个体而不同，而且随着年龄的增长而变化。此外，与对照组相比，情绪对患有各种精神障碍的个体的影响也有所不同。这些发现除了具有实践意义，还促成了理论层面的极大发展。通过进一步了解个体差异、衰老和精神障碍如何调节注意偏差，我们还进一步了解了情绪对注意产生影响的机制。情绪状态和精神障碍或人格特质相关反应对注意偏差效应的放大或减弱，可以揭示情绪对注意机制的普遍性影响。来自个体差异和精神障碍研究的经验性论据强调了这样一个结论，即注意资源的分配和注意机制的使用取决于个体的情绪状态，而不仅仅是刺激本身的效价和情绪强度。针对老年人的研究结果揭示了在与年龄相关的认知衰退中，认知能力如何决定情绪对注意的影响，以及这种衰退所带来的影响如何受情绪性环境的调节。

在个体差异和精神障碍研究中呈现出来的许多现象表明，测试时的情绪状态和经历会影响注意。例如，与对照组相比，焦虑障碍与恐怖症患者的情绪对选择性注意的影响存在差异。焦虑障碍（Richards & Millwood，1989）和患有恐慌症（Ehlers et al., 1988）或社交焦虑障碍（Hope et al., 1990）的个体，在呈现诱导焦虑或威胁性的情绪刺激时，其情绪 Stroop 效应会放大。当警示刺激与威胁相关时，焦虑障碍患者的目标检测（注意捕获的一种测量方法）速度更快（Georgiou et al.，2005），而当警示刺激具有消极情绪特征时，抑郁障碍患者的目标检测速度较慢（Donaldson et al.，2007）。在注意瞬脱任务中，当目标图片为一个威胁实体时，焦虑个体的短暂滞后效应减弱（Fox et al.，2005），而在恐怖症患者中，这种情况发生在目标图片为令这些被试的恐惧对象时（如给蜘蛛恐怖症患者呈现蜘蛛）（Tripe et al.，2007）。

衰老的研究表明，情绪对注意的影响随着被试年龄的增长而变化，这意味着情绪—认知之间的关系在某些阶段取决于年龄。例如，我们发现，与认知 Stroop 效应（LaMonica，2010）相反，情绪 Stroop 效应受年龄的负面影响较小（在某些情况下甚至根本不受影响），尤其当干扰刺激是积极的情绪刺激时（Ebner & Johnson，2010）。同样，当干扰刺激是情绪性的，而不是中性的时，Stroop 型冲突任务中干扰效应的序列管理不受年龄的影响（Monti et al.，2010）。我们还发现，当警告刺激（Warning Stimulus）是积极情绪，而不是中性或消极情绪时，目标检测较少受到衰老的不利影响（Mather & Carstensen，2003）。最后，我们发现年轻人倾向于优先处理消极信息，而老年人更容易关注积极的情绪信息（Mather & Carstensen，2003）。这些注意偏差始于刺激编码，原因是被试在某种情境中或不同刺激之间确定了注意资源的方向（Isaacowitz et al.，2006a，2006b）。这些偏差在某些情况下更明显（例如，当积极刺激与老年人特别相关时：Sasse et al.，2014；Isaacowitz et al.，2009b），而在其他情况下（例如，注意力不集中时），则不那么明显，甚至不存在（Knight et al.，2007）。

情绪和注意之间的普遍关系、这些关系中的个体差异，它们随年龄增长的演变，以及在不同类型精神障碍中的独特特征的研究结果，都支持了这一总体结论：情绪对所有重要的注意功能都有积极或消极的影响；然而，这些注意功能都是被设想出来的（例如，定向、警觉和控制或内在注意与外在注意）。此外，情绪对注意机制本身的影响取决于认知心理学中已知的影响各种任务表现的一般参数。刺激物的特征（如它们的情绪效价和强度）、情境或背景（如分散注意与集中注意）及被试的特征（如年龄、执行能力）都会调节情绪对注意的影响。这些效应表征了基于个体情绪状态的注意机制（如抑制）运行上的差异。这些效应发生在多种加工机制上，如注意捕捉（或定向）、转移注意力（或相关信息的过滤和选择），甚至冻结（即在情绪之下，某些加工机制的启动或执行可能会被中断或打断）。

　　未来的研究会揭示并详细说明情绪对注意的影响，以及造成这种影响的调节因素和机制。在应用层面上，我们更了解这一领域无疑能帮助各个年龄段、具有不同个性特征的个体更好地调节情绪对注意的影响。这也会帮助临床医生治疗那些注意障碍患者，在这些患者中，其注意障碍可能会被情绪因素进一步放大。

第 4 章
情绪和记忆

4.1　本章概要

　　心理学家一直在试图了解情绪和记忆之间的关系，并且提出了至少三种类型的问题。第一，快乐时比悲伤时的记忆力更好吗？与坏消息相比，我们是不是更容易记住好消息，好消息在记忆中存储的时间是不是更长？第二，悲伤时，我们对悲伤事件的记忆是不是比快乐或中性事件更好？快乐时，我们对快乐事件的记忆是不是更好？或者我们回忆的信息的类型、性质和数量是不是与回忆时的情绪状态无关？第三，也是最后一点，如果我们想找回在某种情绪环境中经历的久远记忆，并且这种情绪环境已经深深地埋藏在我们的记忆中，那么把自己放回同样的情绪环境中并以某种方式重新体验或重温事件发生时感受到的情绪对找回这段记忆是不是非常重要？或者，当我们寻找记忆时，是否同样可能在不重新激活其初始情绪背景的情况下检索到它？换句话说，重温在生活中某些事情发生时所感受到的情绪是否有助于获取更多关于该事件的信息？如果答案为是，那么这种对情绪的再体验能帮助我们检索到的信息有什么特点？是更详细、更精确，还是不太精确？如果答案为否，重新激活的情绪是否会完全阻止对记忆中存储的信息的回忆？

　　本章首先将介绍情绪对记忆有益影响的研究结果，其次将探讨情绪对记忆的不利影响。我们将看到，当存储在记忆中的情绪信息的情绪效价与个体编码和/或回忆时所处的情绪状态相匹配时，这些情绪信息会被更好地记住。最后，我们将介绍情绪依赖记忆和情绪诱导记忆。

4.2 情绪改善记忆：增强效应

关于情绪记忆增强的研究文献有很多，研究表明情绪性信息比中性信息更容易被记住。以词汇的列表、语义更丰富的材料（如叙事文本）和视觉场景（以幻灯片或电影的形式呈现）为实验材料的研究都获得了这样的结果。在编码和回忆之间存在不同延迟的情况下、在记忆的不同阶段（编码、存储和回忆）、在不同的学习环境中（如有意与无意）及在回忆和再认任务中都观察到了这种现象。

4.2.1 词汇

许多研究已经证明单个词汇刺激可以增强情绪记忆。例如，戴维森（Davidson）等人在 2006 年进行了一系列实验，实验中他们比较了对情绪性词汇（如"强奸"）和中性词汇（如"脚"）的回忆。在不同的实验中，词汇以口头或书面形式呈现。口头以男声或女声形式记录，书面显示为紫色或橙色。戴维森等人比较了被试在自由回忆任务（即尽可能多地回忆词汇）和源记忆任务（即指出在最初陈述时，每个词汇是由男声还是女声说的，是以紫色还是橙色显示）中对情绪性词汇和中性词汇的表现。

无论是书面的还是口头的，被试回忆更多的是情绪性词汇，而不是中性词汇（见图 4-1）。但是，在源记忆（男性/女性声音；紫色/橙色）任务中，对情绪性词汇和中性词汇的记忆之间没有差异。换句话说，与中性词汇相比，被试能够更好地回忆情绪性词汇，但情绪对他们记忆这些词是以男性还是女性声音发出，是以紫色还是橙色出现的并没有影响。因此，被试编码与回忆的内容是词汇，而非源信息（声音或颜色），这可能是因为编码时的主要任务（不是作为记忆任务呈现给被试的）与词汇有关。然而，这并不意味着被试从不编码有关情绪目标的源信息。这只意味着在某些情况下，他们可能不会这样做，因为个体要将所有加工资源分配给目标信息。

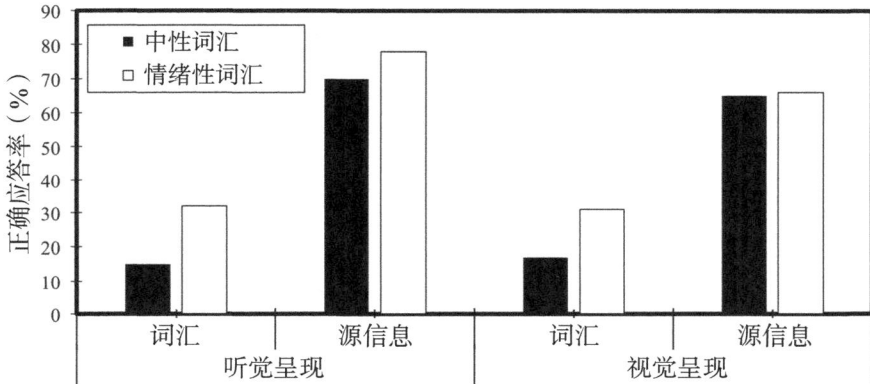

图 4-1　单个词汇的记忆增强效应

注：在词汇的不同呈现方式下，被试在情绪性词汇与中性词汇及其源信息的正确应答率。在听觉及视觉呈现中，被试回忆出了更多的情绪性词汇，而非中性词汇，但是被试在源信息的回忆上没有表现出类似的情绪性优势。

与中性词汇相比，情绪性词汇的这种记忆优势已经被多次证实。在某些情况下，情绪唤醒越强烈，效果就越强；而可用的工作记忆资源越少，效果就可能越弱（Chapman et al., 2013；Colombel, 2000；Doerksen & Shimamura, 2001；Gomes et al., 2013；Kensinger et al., 2002；Kensinger & Kark, 2018；LaBar & Phelps, 1998；Miendlarzewska et al., 2013；Phelps et al., 1997；Rubin & Friendly, 1986；Talmi & Moscovitch, 2004；Tyng et al., 2017）。

情绪记忆的增强作用可以部分解释为这样一种现象：即词汇的情绪效价使个体更关注它们，并在对这些词汇的加工中进行更深入的编码。这一解释得到了许多研究的支持。例如，有研究结果表明，在工作记忆资源被第二项任务垄断的情况下，情绪记忆增强效应减弱（Jenkins et al., 2005；Kensinger

& Corkin，2004；Miendlarzewska et al.，2013）。

例如，米恩德拉捷夫斯卡等人发现，当被试无法将其工作记忆资源完全分配给项目编码时，情绪记忆增强效应就会消失（Miendlarzewska et al.，2013；see also Yeung & Fernandes，2021）。在该实验中，他们要求被试执行字母识别的 n-back 任务。在这项任务中，字母被一个接一个地呈现在电脑屏幕上，被试需要指出当前字母是否与前一个字母（1-back 任务）或前两个字母（2-back 任务）相同。2-back 任务比 1-back 任务对工作记忆的要求更高。在四分之一的实验中，研究人员会在字母出现之前短暂（250 毫秒）呈现一个情绪中立的、消极的或积极的图片。在完成 n-back 任务后，被试立即接受一次未在实验开始时告知的再认测试。在测试中，他们看到了一系列图片（一些在 n-back 任务中出现过，另一些没有出现过），并需要指出是否在 n-back 任务中看到了每一个图片。图片再认任务的准确性分析（见图 4-2）显示了通常的记忆增强效果（即对情绪图片的记忆优于中性图片），但这一

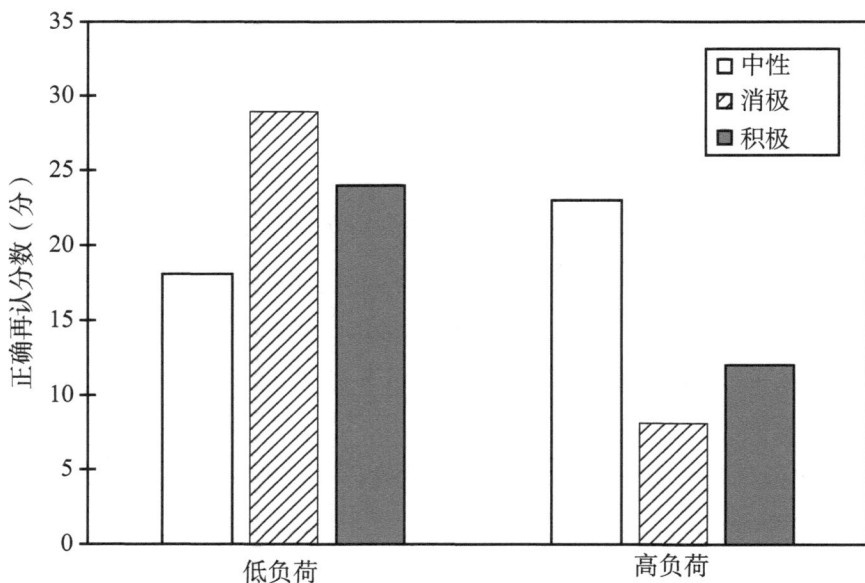

图 4-2　情绪、工作记忆负荷和再认记忆

效应仅出现在低工作记忆负荷条件下。在高负荷条件下，记忆增强效应消失。这表明，执行 2-back 任务（而不是 1-back 任务）需要额外的工作记忆资源，因此无法用于编码情绪图片。

4.2.2 情绪文本和场景

情绪信息的回忆优势并不局限于词汇。人们还对图片（Blake et al.，2001；Bradley et al.，1992；Hamann et al.，1997，1999；Kensinger et al.，2002；Ménétrier et al.，2013；Palomba et al.，1997）、故事（Cahill & McGaugh，1995）及电影或幻灯片系列（Boshyan et al.，2014；Cahill et al.，1996；Christianson & Loftus，1987；Guy & Cahill，1999；Laney et al.，2004；Le Bigot et al.，2018；Martinie et al.，2017）相关的记忆进行了观察。例如，卡希尔（Cahill）和麦高（McGaugh）向每位被试呈现了两个序列、12 张幻灯片中的其中一张。每张幻灯片呈现不同的场景，并附有口头叙述（每张幻灯片中有一句话）。幻灯片和故事的组合以相同的方式开始和结束（第 1 阶段和第 3 阶段），但在中间部分（第 2 阶段）时，其中一个序列情绪相对中性，而另一个序列是情绪性的。在这个编码阶段，研究人员没有提醒被试注意两周后他们将接受回忆和再认测试。在编码过程中，被试的任务只是看幻灯片，听预先录制的故事，然后在 0（"不情绪性"）到 10（"高度情绪性"）的范围内对幻灯片或故事的情绪效价进行评分。两周后，被试再次参与实验，并被要求尽可能多地回忆故事和每张幻灯片上呈现的场景的信息。然后，被试执行一项再认任务，该任务由一系列关于幻灯片中视觉细节或故事元素的包含四个选项的选择题（每张幻灯片 / 故事句子有五到八个细节或元素）组成，每个问题只有一个正确答案。

在再认任务中，被试识别情绪性信息的幻灯片的准确率比中性信息更高（见图 4-3）。

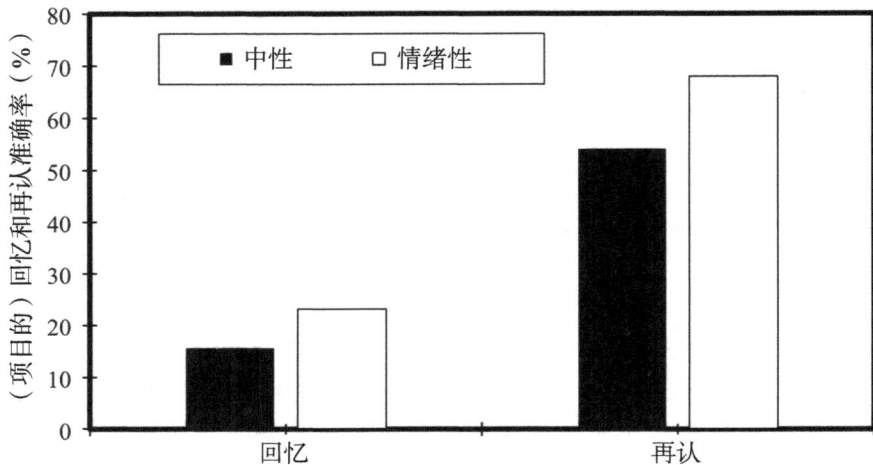

图 4-3 故事和幻灯片的情绪记忆增强效应

电影是另一种能证明情绪性材料比中性材料在回忆方面更具优势的实验素材，许多研究都证明了这一点。例如，盖伊（Guy）和卡希尔（Cahill）在1999 年向被试展示了两段视频，每段视频由 12 个电影片段组成（每段 2～3分钟），展示视频被分为两段，间隔时间为一周。其中一段视频为情绪性场景（如残害动物），另一段视频则为中性场景（如法庭诉讼）。被试分成小组观看视频，研究人员要求他们在观看时不要相互交谈。在一种实验条件下，被试需要在观看电影后不与任何人谈论电影，而在另一种实验条件下，研究人员要求被试至少与三个人谈论电影。在第二次观看视频一周后，研究人员以观看更多电影片段为借口要求被试返回实验室。但在这次实验中，被试并没有观看电影，取而代之的是完成一项未被提前告知的回忆测试。他们的任务是尽可能多地回忆在前两个阶段看到的电影片段内容。

在两种不同交流（或"复述"）条件下，被试回忆情绪性电影片段的次数多于回忆中性电影片段的次数（见图 4-4）。在交流条件之间没有发现差异，这表明更多地谈论电影没有使被试对情绪性电影形成更好的回忆效果（Harris & Pashler，2005；Hulse et al.，2007）。因此，在对情绪性信息的回忆上，编码后的复述并不具有提升记忆效果的作用。

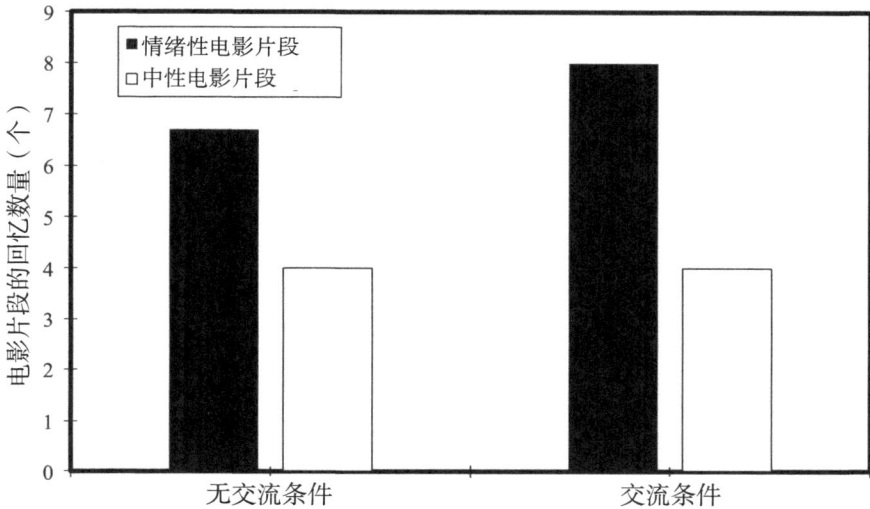

图 4-4　电影的情绪记忆增强效应

4.2.3　情绪和源记忆

最后，各种研究结果表明，记忆增强效应不仅存在于目标信息（如列表中的词汇）中，而且存在于源信息中。例如，多克森（Doerksen）和岛村（Shimamura）研究了情绪内容对单个词汇和上下文（或源）信息记忆的影响。在实验的第一（研究）阶段，研究人员向被试展示了 64 个词汇。在其中一个实验中，每个词汇都用蓝色或黄色墨水呈现，而在另外两个实验中，每个词汇都被蓝色或黄色边框包围。在编码阶段，研究人员要求被试默读词，并试着记住它们的颜色。在五分钟的时间间隔内，被试需要完成一项分心任务（解决数学问题）。被试需要尽可能多地回忆原始词列表中的词汇。接下来，研究人员要求被试执行一项颜色回忆任务：每个词汇（其中一些他们看到过，还有一些没看到过）都以黑色呈现，要求被试指出这些词汇（或其框架）是黄色还是蓝色，或者是否为新词。

　　研究结果表明，被试在情绪化项目上的表现比在中性项目上的表现好。换句话说，情绪不仅增强了对目标信息（词汇）的回忆，而且增强了对其背景（来源）的回忆。有趣的是，有些研究没有在源信息的编码和/或回忆中观察到情绪性记忆的增强作用（Davidson et al.，2006），而有些研究则发现了这种效果，如在多克森和岛村的研究中（MacKay & Ahmetzanov，2005；Mather，2007；Mather & Nesmith，2008）。实验人员是否将被试的注意引导到源信息上（即明确告知被试记住词的颜色或围绕在词周围的框架的颜色）可能是决定是否存在源记忆增强效应的关键因素。如果被试有意地处理情境信息，情绪会促进源记忆的形成。但是，如果任务不要求被试关注背景信息，就不会有源记忆的情绪增强效应（见图 4-5）。

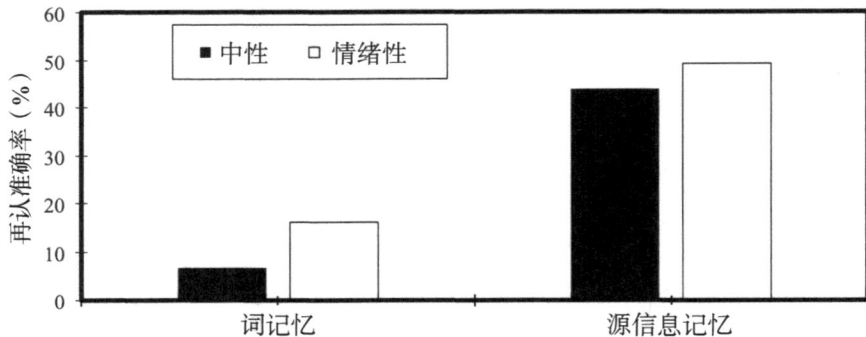

图 4-5　背景信息的情绪性记忆增强

4.2.4　情绪性记忆增强和延迟回忆

　　人们还发现，情绪有助于延迟回忆或再认。随着时间的推移，与中性信息相比，我们对情绪性信息的遗忘少得多，遗忘速度也慢得多（Davidson et al.，2006；Dolcos et al.，2005；Kleinsmith & Kaplan，1963；LaBar & Cabeza，2006；LaBar & Phelps，1998；Ochsner et al.，2004；Yonelinas &

Ritchey，2015）。例如，沙罗特（Sharot）和菲尔普斯（Phelps）向被试呈现了 16 个中性或情绪性的目标词汇，每个词汇在电脑屏幕中央持续呈现 250 毫秒。研究人员要求被试在 1（"很少"）到 5（"经常"）的范围内对这些词汇在英语中的使用频率进行评分。与每个目标词汇一起出现的还有另一个词汇（同样是情绪性的或中性的），它出现在边缘（与中心的视角约为 5cm/5°）位置。在编码 3 分钟或 24 小时后，在未提前告知的情况下，研究人员让被试进行一次再认测试。在测试中，被试看到 64 对词汇，每对词汇由编码过程中出现的一个词汇（在屏幕中央或外围）和一个新词组成。被试的任务是指出在最初的编码阶段他们看到了这两个词汇中的哪一个。在第二个实验中，研究人员使用了相同的程序，但在编码时，除了中间的中性词汇，外围显示的不是一个词汇而是两个词汇，这两个词汇中的一个是中性词汇，另一个是情绪性词汇。

　　研究表明，个体对出现在屏幕中央的词汇的再认成绩非常高（准确率超过 96%），这表明被试对评估这些词汇频率的主要任务进行了关注。不管是一个词汇，还是两个词汇出现在外围，以及出现在中间的词汇是中性的还是情绪性的（在进一步的实验中），研究人员都发现了相同的结果模式（见图 4-6）。在每种情况下，认知表现和情绪唤醒之间的关系取决于任务是需要即时完成还是延迟完成的。在即时再认任务中，被试能识别中性词汇和情绪性词汇。然而，在延迟再认任务中，被试对情绪性词汇的再认效果更好。这表明编码后，中性词汇比情绪性词更容易被遗忘。因此，情绪似乎可以让个体更慢地忘记信息。请注意，编码和记忆之间的延迟明显长于 24 小时时，仍会观察到这种效应，如多科斯（Dolcos）等人在编码一年后观察到了同样的效应。

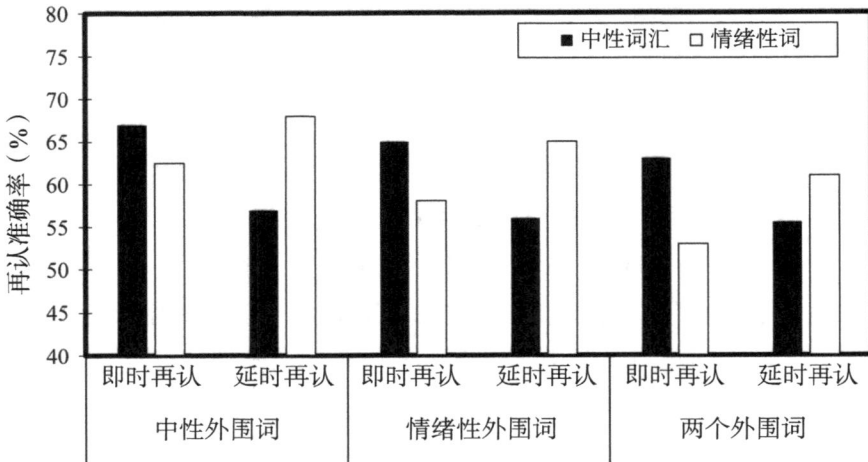

图 4-6　即时再认和延迟再认中的情绪性记忆增强

　　请注意，情绪并不总是与记忆中更持久的信息保持有关。随着时间的推移，个体可能会忘记越来越多的关于情绪性项目或情况的细节。例如，塔拉里科（Talarico）和鲁宾（Rubin）在 2001 年 9 月 12 日与学生们取得了联系，测试他们对前一天早上在纽约和其他地方听到恐怖袭击时的记忆。然后，在第 1 周、第 7 周和第 42 周后重新邀请他们回到实验室，并要求他们写下自己能记住的一切，尽可能详细地描述他们何时得知这些袭击事件（他们在哪里、和谁在一起、在做什么等）。被试还被要求描述袭击前几天他们生活中的"日常事件"。被试还被问及一系列关于其对这些记忆的自信心的问题。结果表明，无论是在普通事件上，还是在与袭击有关的情绪强烈的情景记忆上，时间越长，被试能回忆的细节就越少。这表明，情绪并不总会促使个体更久地记忆某些信息：与其他事件一样，个体对情绪性信息细节的记忆也可能会随着时间的推移而衰退。然而，塔拉里科和鲁宾发现，虽然人们对有关琐事的记忆准确性的信心随着时间的推移而减弱，但与攻击相关的记忆信心即使时间久了也会保持相对稳定。这样看来，情绪似乎并没有改善此类情景在记忆中的保留情况，只是让被试对记忆的准确性保有信心。

综上所述，现有研究文献表明，情绪性材料比中性材料能够更好地编码和记忆，无论其是简单的（如词汇）还是语义更丰富的（如视觉场景或电影）。此外，情绪性材料更难以被遗忘，随着时间的推移，它比中性信息更容易被回忆。与中性材料相比，情绪性信息在记忆表现上的优势可能是其更突出、更显著。这种突出显著性吸引了个体的注意，导致我们会对其进行更深程度的加工，在巩固 / 维护阶段更频繁、更详细地重新激活此类信息，并在检索时使用更多线索。

4.3　情绪退化并改变记忆

4.3.1　记忆退化效应

我们已经看到，在许多情况下，情绪可以增强记忆力，但也可能产生相反的效果。许多研究强调了情绪对记忆表现的负面影响。

例如，库尔曼（Kuhlmann）及其合作者报告了一项研究，在这项研究中，压力诱导的情绪导致被试的记忆力减弱。在他们的实验中，被试连续两天来到实验室。第一天，被试在一张纸上看到了 30 个词汇（10 个中性词汇、10 个积极词汇、10 个消极词汇）的列表。他们有两分钟的时间尽可能多地记住这些词汇，然后研究人员要求其立即尽可能多地回忆词汇。做完之后，整个实验立即重复一次。第二天，被试重新回到实验室，并被随机分配到应激状态组或对照（非应激）状态组。在应激条件下，被试有两分钟时间准备一个简短的求职面试演讲，解释他们为什么会是该工作的完美候选人。然后，他们在拍摄过程中向两名身穿白大褂的评委发表了五分钟的演讲。在最后一步中，被试必须从 2 043 开始倒数，每次减 17 个数，当出现任何错误时，实验人员就会让被试停下来，并要求他们再从头开始倒数。众所周知，这一过程被称为特里尔社会测试（Trier Social Test，TST）（Kirschbaum et al.，1993），它会引起相当大的压力，这一点可通过皮质醇水平是否升高进行测量。与预期一致，在库尔曼等人的应激状态条件下，被试的皮质醇水平显著升高。对照组被试针对一部电影或一本书做了一次演讲，并在一个空房间里做了五分钟的心算，没有评估人员或摄像机参与。演讲结束后，两种条件下的被试都被要求尽可能多地回忆前一天学过的词汇。

在第一天的测试中，刚刚编码之后，两组被试检索到了相同数量的词汇（列表上 30 个词汇中的平均 18 个）。第二天，接受应激诱导程序的组比对照组记住的单词更少，中性词汇除外（见图 4-7）。消极词汇在这两种条件下的差异最大。

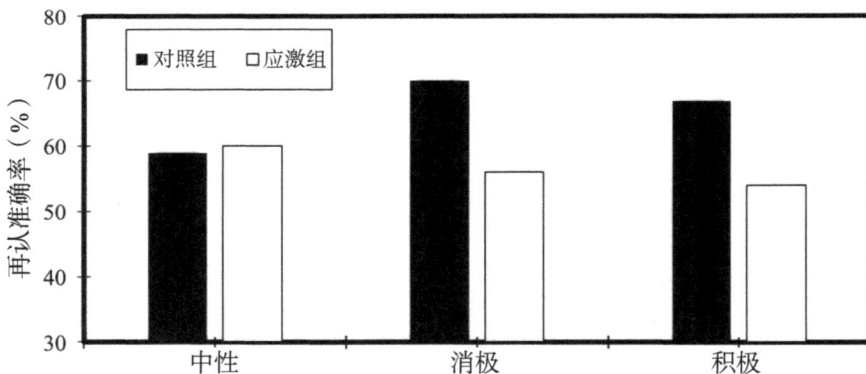

图 4-7　应激对回忆词的负面影响

压力对记忆力的这种负面影响非常强大。多个研究在多种实验环境中都对这种负面影响进行了报道。这种影响涉及从编码和维持到检索的所有记忆机制，并且实验室相关研究和实验室外的相关研究都发现了这种影响（Buchanan & Lovallo，2001；Cahill et al.，2003；Deffenbacher et al.，2004；Edelstein，2006；Het et al.，2005；Morgan et al.，2004；Payne et al.，2006；Raes et al.，2006；Richards & Gross，2000，2006；Roozendaal，2002；Roozendaal et al.，2006；Talmi et al.，2017）。

请大家注意，压力对记忆表现的负面影响也显现于认知资源需求较少的集中性记忆任务中，如再认任务。值得注意的是，回忆并不会诱导压力。以佩恩（Payne）等人的研究为例，在该项研究中，研究人员给被试呈现了与卡希尔和麦高相同的幻灯片组合。每张幻灯片放映六秒，并附有一句话。12张幻灯片和附带的句子共同讲述了一位母亲带着年幼的儿子去看望上班的父亲的故事。前四张幻灯片和后五张幻灯片中的图片与句子是中性的。中间的三张幻灯片则是情绪性图片，并伴随着情绪性信息（母亲和孩子发生了严重车祸；孩子不得不接受心脏移植手术）。被试要么在压力条件下接受测试，要么在没有额外压力的对照条件下接受测试。在压力条件下（由 TSST 诱导），观看幻灯片之前，被试必须在单向镜子前发表演讲。研究人员告知被试，单向镜的另一边是"三名训练有素的研究人员"，这些研究人员将对他们的演讲进行评估，并且整个演讲过程都会被录像。然后，被试必须在五分钟内完成一项中等难度的心理减法任务。在对照条件下，被试只需坐着听大约 20 分钟的放松音乐。编码后被试立即或在一周后进行自由回忆测试和再认测试。在自由回忆测试中，研究人员要求被试尽可能多地回忆每张幻灯片（及附带的故事）的信息。在再次测试中，被试需要完成 137 个多项选择题，这些选择题涉及幻灯片和故事中的内容（只需回答是或否），其中一些涉及情绪性内容，另一些则只涉及中性内容。

图 4-8 显示了被试在关键幻灯片上的再认任务成绩，这些幻灯片与情绪化或中性叙事组合在一起。有趣的是，除了对情绪信息的再认优势，研究结果还表明，无论是在编码后立即进行测试还是在一周后再进行测试，压力都会降低对中性信息的再认成绩。本研究没有发现压力对情绪信息再认的影响。与中性信息不同，压力很显然没有破坏情绪信息的编码。据推测，情绪信息的突出显著性吸引了被试的注意，而这导致了更深层次的编码。结果，被试无论是在编码后立即完成再认测试，还是在一段时间后再测试，都获得了更好的记忆表现，即使他们是在压力条件下进行的编码。

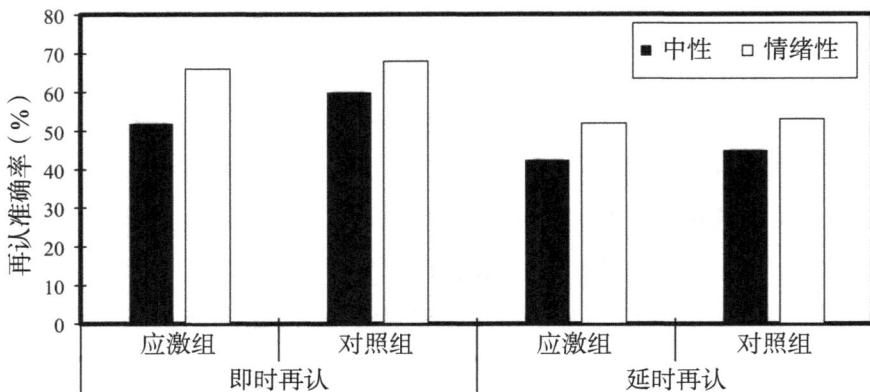

图 4-8　压力对回忆词汇的负面影响

　　总之，研究表明，情绪有时会改善个体的记忆力，有时则会破坏记忆力。大多数发现改善记忆力的研究都是通过记忆信息的情绪效价来研究情绪的作用的，而大多数发现破坏作用的研究都是通过改变被试的情绪状态。接下来的一般问题是：当被试的情绪状态和材料的情绪效价之间的关系不同时，如关系一致（例如，被试悲伤时对悲伤信息的记忆）和不一致（例如，被试快乐时对悲伤信息的记忆）时，记忆表现会有怎样的差异？

4.3.2　情绪和错误记忆

　　人们早就知道，我们的记忆并非完美无缺。事实上，这也是记忆的基本特征之一。很多时候，我们会忘记一些重要的信息，或者很难恢复关于某些事情的记忆，或者当我们试图回忆一件事时，我们却回忆起了另一件事，又或者混淆或混合了相同信息的不同来源。换句话说，我们"记住"了从未发生过的事件。这种我们实际上没有经历过的事件的"记忆"被称为虚假记忆。研究人员通过各种方法来确定情绪是否会改变我们的一些记忆，尤其是情绪是否会影响虚假记忆的产生（Kaplan et al., 2016）。实验室中使用的一种方法是 DRM 任务或范式（Deese Roediger-McDermott）

（Roediger & McDermott，1995）。在这个范式中（Pardilla-Delgado & Payne，2017），被试可以看到由一个主题联系在一起的词汇列表（例如，"床""休息""累""梦""深""平和"等，所有与睡眠主题相关的词汇）。主题词汇本身（这里是"睡眠"一词）在实验中并没有出现。在延迟（延迟时间可变）后（期间被试可能会也可能不会进行用于转移注意力的活动），研究人员对被试进行回忆测试（要求他们尽可能多地回忆出列表中的词汇）或再认测试（向他们展示一系列词汇，并要求他们指出每个词汇是否在学习列表中）。在 DRM 范式中，错误记忆通常表现为一种特殊的记忆倾向，即被试会"回忆"起虽未在实验中呈现，但与学习列表中的词汇相关的词汇（回忆任务），或者认为此类词汇存在于研究列表中（再认任务）。令人惊讶的是，被试往往非常确信这些词汇出现在列表中。为了确定情绪是否会影响这种错误记忆的产生，研究人员在 DRM 范式中提供了具有不同情绪效价的词汇列表以进行差异比对。

布雷纳德（Brainerd）等人的研究就是一个例子。他们让被试在 DRM 范式中查看消极、中性或积极情绪效价的词汇列表。在再认任务中，被试除了看到学习列表中的词汇，还看到了两种类型的词汇：相关性干扰词（即被试没有看到的词汇，但与学习列表中的一个词汇具有相同的含义）和非相关性干扰词（即被试没有看到的词汇，并且在语义上与学习列表中的词汇无关）。再认任务中呈现的每个词汇有三个问题，被试必须对其中的一个问题回答"是"或"否"：（1）逐字判断问题，即这个单词是否为前面列出的词汇）；（2）意义判断问题，即这个词汇是不是之前没有出现过，但与之前的词汇有相同的意思）；（3）逐字判断加意义判断问题，即是列表中出现过的词汇，还是虽然没在列表中出现过，但与列表中的词汇具有相同含义的词汇）。根据被试对相关干扰词的反应（即对相关干扰词在逐字判断中回答"是"），研究人员对错误记忆进行了评估。研究表明，无论是以书面形式呈现还是以口头形式呈现，被试对词汇列表的记忆结果类似。

结果表明，与学习列表中的消极词汇相比，被试更容易接受消极干扰词，而中性词汇或积极词汇的情况并非如此。

图 4-9 显示了被试正确再认（目标）的词汇（书面和口语组合）和错误再认（被试错误报告在学习列表中看到的相关干扰词）的平均比例。与中性词汇相比，具有消极情绪效价的目标词的再认效果更好，而积极情绪词汇的再认效果最差。与中性词汇相比，被试更容易错误地再认消极干扰词，也不太可能错误地记得看到积极情绪词汇。研究人员通过采用信号检测分析来确认该模式后发现这种结果并不仅是由响应偏差造成的。因此，情绪会影响正确的认知和错误的记忆。与学习列表中的消极词汇相比，被试更容易接受消极干扰词，而中性词汇或积极词汇则不然。

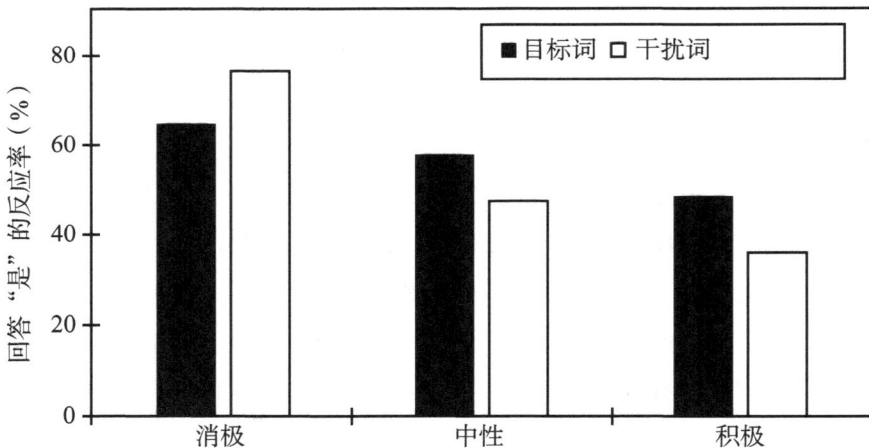

图 4-9　情绪和错误记忆

注：被试报告在消极、中性和积极情绪学习列表中出现的目标词和干扰词的比例。

基于数学（多项式）建模，布雷纳德等人得出结论，消极情绪相关错误记忆的增加有两个关键机制。首先，消极情绪会增加个体对非编码项目的熟悉感。其次，个体在处理相关新信息时，很少能够使用（精确且清晰的）负面记忆的逐字记忆（精确记忆）痕迹，从而减弱了他们区分两者的能力。在积极或中性项目上错误记忆较少的原因可能是被试更依赖这些项目的精确记忆痕迹。个体可以通过逐字提取积极事件的记忆痕迹更好地区分已经存储在记忆中的旧信息以及尚未进入记忆系统的新信息。

总之，布雷纳德等人的发现表明消极情绪信息更容易引发个体的错误记忆。虽然并不是所有的研究都能观察到这种消极情绪错误记忆的增加，但还是有许多研究都验证了这一效应（Brainerd et al., 2010; Brueckner & Moritz, 2009; Budson et al., 2006; Chang et al., 2020; Dehon et al., 2010; Gaigg & Bowler, 2009; Gallo et al., 2009; Kersten et al., 2021; Piguet et al., 2008; Sharkawy et al., 2008）。值得一提的是，布克班德和布雷纳德（Bookbinder and Brainerd, 2016, 2017; see also）在一系列实验中发现，错误记忆受存储的信息或事件的情绪效价的影响，但不受唤醒度的影响（Brainerd & Bookbinder, 2019）。

4.4 情绪一致性、情绪依赖性记忆和隧道记忆

4.4.1 情绪一致性

当悲伤时，我们是否记得更多关于悲伤事件的信息，而不是快乐事件的信息，反之亦然？许多研究都试图回答这个问题。这一问题非常重要，因为如果答案是肯定的，这意味着，正如我们所看到的，情绪会影响我们的记忆，但这并不绝对正确。情绪可能会影响某些信息的编码、存储和检索，这取决于个体当时的感受。换句话说，当个体处于某种情绪体验时，信息的编码、存储和检索将取决于信息的情绪效价及这些记忆过程运行时个体感受到的情绪类型。事实上，这正是研究人员所发现的。他们已经证明了通常所说的情绪一致性效应的存在，这类似于前几章所说的情绪一致性效应。

在这种效应中，当要编码、存储或从记忆中提取的材料所表达的情绪性

信息与被试当时的情绪相匹配时，其记忆表现会得到改善。处于积极情绪状态的被试回忆起更多积极信息，反之亦然。尽管这些情绪一致性效应受到许多参数的调节，但这些效应是相当明显且相对稳定的。在不同的记忆任务中，不同的研究者已经多次观察到这些现象（Bower，1981，1991；Bower et al.，1981；Bullington，1990；Clark et al.，1983；Ehrlichman & Halpern，1988；Eich et al.，1975，1994；Fiedler et al.，1986；Fiedler & Stroehm，1986；Forgas，1995；Forgas et al.，1988；Forgas & Bower，1987；Hartlage et al.，1993；Hills et al.，2011；Isen et al.，1978；Josephson et al.，1996；Kihlstrom et al.，2000；Laird et al.，1989；Maccallum et al.，2000；Madigan & Bollenbach，1982；Mayer et al.，1995；Miranda & Kihlstrom，2005；Natale & Hantas，1982；Parrott & Sabini，1990；Salovey & Singer，1989；Snyder & White，1982）。

例如，在最早的一项关于情绪一致性效应的研究中，鲍尔（Bower）要求被试使用日记记录一周内他们生活中的情绪事件，并在 10 分强度等级上对每一个事件进行愉快或不愉快的评分。一周之后，被试回到实验室，并通过催眠诱导进入积极或消极的情绪状态。随后，研究人员要求他们尽可能多地回忆日记中记录的事件。结果表明，处于悲伤情绪状态的被试回忆起更多的悲伤事件，而处于快乐情绪状态的被试回忆起更多的快乐事件（见图4-10）。在这个实验中，鲍尔从研究结果出发，表示当进行信息检索时，个体自身所处的情绪状态将会是一种重要的影响因素。

之后，鲍尔和他的同事进行了另一项实验，他们发现编码时的情绪状态也会影响信息的存储。他们要求被试在快乐或悲伤的情绪状态下（同样是由催眠引起的）回忆童年发生的一些事件（15 岁之前）。数据显示了一种情绪一致性效应：处于积极情绪状态的被试回忆起更愉快的童年事件，而处于消极情绪状态的被试回忆起的消极童年事件略多一些。

在另一系列实验中，鲍尔及其同事（Bower et al.，1981）证明，情绪一致性效应不仅发生在自传体记忆中，而且发生在情景记忆中。他们对被试进行催眠，使其处于一种快乐或悲伤的状态，然后让他们阅读一篇关于两个人打网球的文章。文章将其中一个角色描述为悲伤的人，将另一个角色描述为快乐的人。在编码阶段的第二天，他们要求被试尽可能多地回忆有关文章的信息。同样，阅读文章时心情愉快的被试回忆起更多的积极信息，而心情悲伤的被试则回忆起更多的消极信息（见图4-10）。

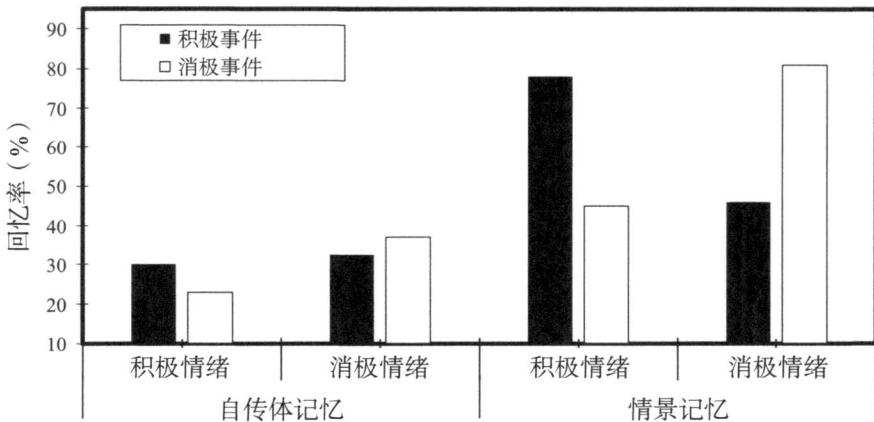

图4-10 情绪一致性效应

注：纵坐标为处于积极或消极情绪状态的被试回忆的积极和消极自传体记忆（左）及情景记忆中的项目（右）的比例。在这两种情况下，被试在积极情绪状态下能回忆起更多的积极事件，在消极情绪状态下则能回忆起更多的消极事件。

情绪一致性效应很有趣，因为这表明了两件事。首先，个体的记忆不仅取决于其情绪状态，而且取决于其必须记住的东西的情绪效价。这两个因素分别影响个体的记忆功能。其次，更重要的是，个体的情绪及要编码和检索的信息的情绪效价对记忆的影响取决于两者之间的情绪一致性。当体验某种情绪时，个体会存储和检索更多与该情绪相关的信息。当试图从记忆中提取信息时，成功与否取决于个体的情绪状态。悲伤时，我们会更多地思考生活中或记忆中存储的悲伤事件，快乐时，我们的所思所想也会更快乐。

研究还表明，个体所处的情绪状态会影响对所提取的记忆的判断（积极、消极或中性）。如果一件不愉快的事情是在个体处于消极的情绪状态下被想起的，那么它会比在中性或积极的情绪状态下回忆起来的更不愉快。相反，如果一件愉快的事情是在积极的情绪状态下被想起的，那么该事件会让体验者有更愉快的体验。米兰达（Miranda）和基尔斯特罗姆（Kihlstrom）报告的数据非常清楚地说明了这一现象。在他们的实验中，被试先听十分钟悲伤的音乐（如肖邦的《e小调第四前奏曲》）、快乐的音乐（如莫扎特的《伊恩·克莱恩·纳什穆西克》）或中性的音乐（如肖斯塔科维奇的《e小调第四赋格曲》），然后，研究人员要求他们在这段时间内分别尝试变得尽可能快乐、悲伤或中性。之后，研究人员再在电脑屏幕上向被试呈现30个提示词。有些是积极的（如"礼物"），有些是消极的（如"蜘蛛"），有些是中性的（如"桌子"）。研究人员要求被试回忆每个词汇让他们想到的第一个事物。如果提示词前有"遥远的"这个词汇，那么指令就是试着回想起在幼儿园到五年级之间发生在他们身上的一件事。如果提示词前面加上"最近的"，他们必须回忆从高中到现在的任何一段时间里他们生活中的一件事。研究人员还要求被试对记忆的情绪效价进行评分，评分标准为-4（"非常不愉快"）到4（"非常愉快"）。被试分别在两个不同的时刻对事件的愉快／不愉快性质进行评分：事件发生时和回忆时（实验期间）。

图4-11显示了对近期事件回忆的情绪效价判断结果（对更远事件的回忆结果类似）。处于积极情绪状态的被试比处于中性或消极情绪状态的被试对回忆事件的愉快度评价更高，而处于消极情绪状态的被试比处于积极或中性情绪状态的被试对回忆事件的愉快度评价更低。

总之，消极的情绪状态会让个体提取更多消极的记忆和信息，还会引导个体以一种更消极的方式来判断其提取的记忆和信息。悲伤时，我们会提取悲伤的记忆和信息，且对这些记忆和信息的解释更悲伤。这些悲伤的判断和记忆反过来会让我们更悲伤或让我们一直处于悲伤状态。例如，抑郁障碍中经常发生这种情况（Blaney，1986；Teasdale，1983）。相反，积极的情绪状态会让我们找回更多积极的记忆和信息，并让我们对这些记忆和信息的评价更积极。在快乐的状态下，我们会找回更多快乐的记忆和信息，并且对这些记忆和信息的评价也更快乐。这些快乐的评价和记忆反过来会让我们更快乐或让我们一直处于快乐状态。

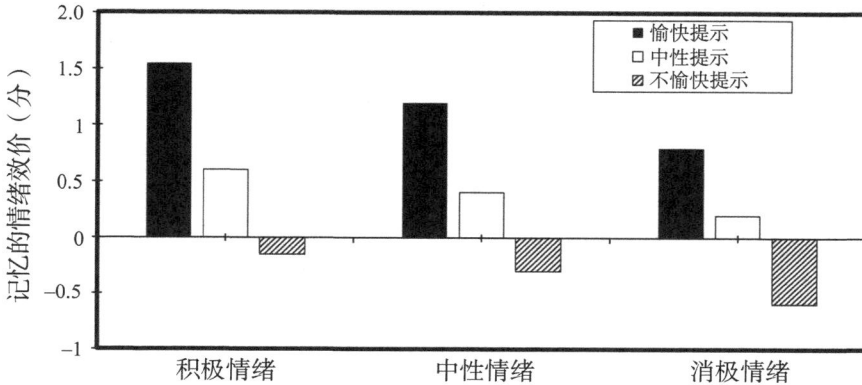

图 4-11　一致性对记忆评价的影响

4.4.2　情绪依赖

在某种情绪状态下学习的信息，在同一情绪状态下比在另一情绪状态下回忆的效果更好，这种效应被称为情绪依赖性记忆。这种效应类似于记忆认知心理学中长期以来已知的其他情境效应（Godden & Baddeley，1975）。例如，如果编码和检索的情境相同，个体能够更好地记住信息。情绪依赖的情境不是生理上的，而是心理和情绪上的。情绪依赖性记忆是一种强大的现象，许多研究中都曾发现这一现象（Blaney，1986；Bower，1981；Bower et al.，1978；Clark et al.，1983；Ehrlichman & Halpern，1988；Eich，1980；Eich et al.，1975；Eich & Metcalfe，1989；Lewis & Critchley，2003；Ucros，1989）。 不过，在一些实验条件下，有些研究者却未能观察到这一现象（Bower & Mayer，1985，1989；Isen et al.，1978；Nasby & Yando，1982；etzler，1985）。

艾奇（Eich）等人进行了一系列实验，以调查编码和回忆时情境之间的一致性是否会增强记忆性能。为了诱导情绪，在执行任务之前，一半被试听的是已知能诱导积极情绪的音乐，而其他被试听的则是已知能诱导悲伤情绪的音乐。在实验的编码阶段，研究人员会让被试阅读一系列中性词汇。在阅读每个词汇的过程中，被试有两分钟的时间设法回忆他们可以精确地确定日期并详细描述的事件。在其中一个实验中，研究人员要求被试在阅读词汇时需要回忆事件引发了积极情绪还是消极情绪（情绪效价约束条件）。在另一个实验中，研究人员没有对回忆的效价做出指示：被试自主选择对每个词汇提取积极记忆还是消极记忆（没有情绪效价约束条件）。几天后，研究人员要求被试回忆编码阶段提取的记忆。在实验 1 中，编码和回忆之间的延迟时间为 2 天或是 3 天；实验 2 为 2 天；在实验 3 中，延迟时间是 2 天或 7 天。一半被试在编码和回忆时处于相同的情境（情绪）（即在两种环境中都听积极或消极的音乐），而另一半处于不同的情境（被试在编码时听快乐的音乐，在回忆时听悲伤的音乐，反之亦然）。当然，研究人员（在被试编码和回忆时）会对被试的情绪加以测量，以确保情绪诱导程序成功，也就是说，被试在听悲伤音乐时确实产生了消极情绪，在听快乐音乐时则体验了积极情绪。图 4-12 显示了被试在编码和回忆时情绪匹配或不匹配条件下，在编码时有

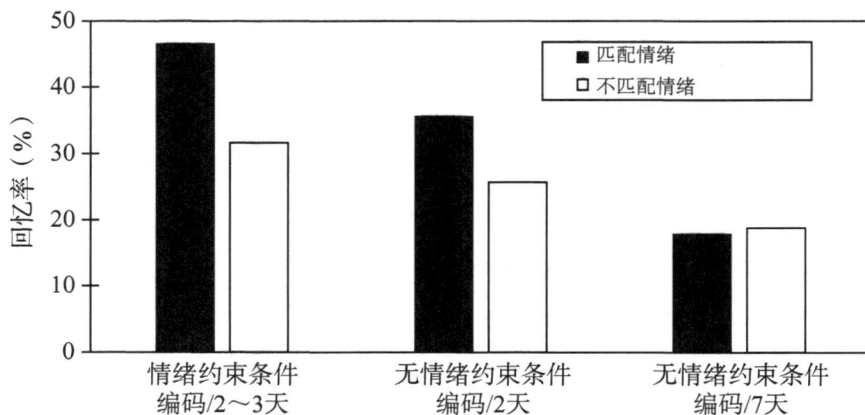

图 4-12　情绪依赖性

注：自传体记忆的回忆，编码和回忆时情绪状态的一致性，编码时有情绪效价约束和无情绪效价约束。编码时的情绪与回忆时的情绪相匹配时，回忆效果最好，但这种优势在延迟 7 天后消失。

情绪效价约束和无情绪效价约束条件下的回忆率。结果表明，在编码和回忆时处于匹配情绪状态的被试比处于相反情绪效价状态的被试会回忆起更多的自传事件。在编码和回忆之间的时间长达七天时，研究人员没有发现这种情绪依赖性。这表明，随着时间的推移，情境的重要性逐渐减弱，记忆检索对编码和检索情境之间的情绪一致性的依赖性逐渐减弱。还要注意的是，当被试自己生成要记住的材料时（Eich，1995；Eich & Metcalfe，1989；Forgas et al.，1988），情绪依赖效应比不自己生成材料时（如阅读词汇列表时）更强。

总而言之，情绪依赖是一种被多次验证的效应。在这种现象中，当个体在特定情绪状态下学习某些信息后进行回忆时，其处于相同情绪状态时能够更好地回忆该信息。鲍尔提出的语义网络模型很好地解释了这些效应（Bower，1981；see also Talmi et al.，2019）。根据这个模型，情绪和概念一样，在记忆中由语义节点表示。这些节点在网络中相互链接。这些链接可以连接不同的情绪（如幸福和惊喜）、概念（如椅子和家具），甚至可以连接情绪和概念（如游泳池的概念可以与个人记忆中的幸福联系在一起）。在情绪依赖中，编码时个体将要记住的信息与他们的情绪状态联系起来。如果我们在回忆时处于相同的情绪状态，这种情绪可以作为检索线索，促进信息被激活，从而增强回忆。然而，如果我们处于不同的情绪状态，这种促进作用将不会发生，甚至可能会被当下的情绪所抑制。换句话说，就像有人把成对词放到记忆中一样，每对词中的第一个单词可以作为检索线索来回忆第二个词，如果我们检索记忆时感受到的情绪是在记忆形成时感受到的情绪，那么这种情绪可以帮助激活记忆。

4.4.3 情绪诱导的记忆权衡（或隧道记忆）

许多遭到袭击的人报告，他们对袭击的某些细节有着清晰的记忆，却忘记了其他细节。例如，他们可能会解释说，自己完全记得受到威胁时的那支枪，但对用枪威胁他们的人是什么样子，或者那人穿着什么颜色的夹克，却没有什么记忆。在强烈的情绪体验中，个体的记忆似乎更优先考虑对个体所处情境的某些方面进行编码。得到编码的主要是与情绪有关的信息（例如，枪，它会引发强烈的恐惧感）。这种现象已在实验室中重现，并已被用于许多研究，用以调查其发生条件和潜在机制。心理学家称之为记忆权衡效应（Kensinger et al.，2007）、记忆缩小效应（Levine & Edelstein，2009）或隧道记忆效应（Safer et al.，1998）。这种效应会使个体更容易记住场景中的情绪核心元素。在实验室里研究这些权衡效应的一个简单方法是给被试呈现一些场景图片，这些图片中会包含情绪性（或中性）的对象和中性背景。研究人员会测量和分析被试对情绪性对象和中性对象及中性背景的回忆。情绪性对象通常比中性对象更容易被记住，当呈现中性对象而不是情绪性对象时，中性背景更容易被记住（Levine & Edelstein，2009；Reisberg & Heuer，2004）。让我们以更详细的研究为例对此进行阐述。

肯辛格（Kensinger）等人向被试呈现的图像是中性背景（如河流）上带有中心客体。中心客体可以是中性的（如猴子）也可以是情绪性的（如蛇）。每个被试观看 64 张图片，每张图片呈现 2 秒。所有的图片都有一个中性的背景，以及一个中性的客体（如河边的猴子），或者是一个情绪化的客体（如河边的蛇）。在编码阶段 30 分钟后，被试完成一项再认任务，任务中实验人员向他们呈现物品或背景图像。该物品或背景可能与他们在研究中看到的相同（例如，他们在编码过程中看到的猴子的图像），在这种情况下，被试必须做出"相同"的反应。或者，该物品可能具有相同的语言标签，但与他们看到的示例不同（例如，猴子的不同图像）。在这种情况下，被试要报告"相似"。最后，被试可能看到在研究中没有看到的物体，在这种情况下，他们要报告"不同"。在再认阶段，被试看到 16 个原来的物体（在研究中看到）和 16 个相同的背景，16 个相似的物体和背景（相同的类别，不同的样本），以及 16 个新的物体和背景。因此，正确答案由 32 个"相同""相似"或"不同"的回答组成。在编码阶段，图像呈现 2 秒（实验 1）或 5 秒（实验 2）。在第三个实验中，这些图像再次呈现了 5 秒，被试需要讲述一个涉及每个图像所有元素的故事。

"相同"回答的结果模式（见图 4-13）在三种情况下都是相同的。首先，被试对中心对象为情绪性对象的再认要好于为中性对象时的。其次，当中心对象是中性的而不是情绪性的时，他们能更好地再认背景。例如，在 2 秒呈现条件下，中性和中心情绪性对象的再认准确率分别为 55% 和 67%，而对呈现中性和情绪性对象的背景的再认准确率分别为 54% 和 39%。在长曝光时，在另外两个实验中——被试在编码时创建一个关于图像中所有元素的故事（实验 3）和编码时没有创建故事（实验 2）——也观察到了这种权衡效应（以对中性背景的记忆更差为代价，对中心对象为情绪性对象时的记忆更好）。这两个实验的结果很重要，因为它们排除了第一个实验中存在的一个假设，即曝光时间太短，使被试无法对中心元素和背景进行有效编码。研究结果不仅与长曝光时相同，甚至实验 3 中，在被试必须讲述一个整合图像中所有元素的故事时，研究人员也发现了权衡效应。这就排除了这样一种假设，即这种效应是由于被试在编码过程中对图像中心的情绪性元素的排他性关注造成的。换句话说，无论是对场景中的所有元素进行编码时间不够，还是被试采用了只关注图像中某些元素的编码策略，都不能解释这种权衡效应。马瑟（Mather）和萨瑟兰（Sutherland）提出的唤醒偏向竞争（Arousal-Biased Competition，ABC）理论基于以下假设对权衡效应进行了解释：（1）认知系统对与手头任务最相关的信息或最显著的信息给予优先注意；（2）情绪性信息的显著性（由自下而上的机制检测，取决于复杂度或明亮颜色等参数）和 / 或其相关性（由自上而下的机制建立，如作为当前目标的功能）指导注意系统优先注意某些刺激（或刺激特征）；（3）这种优先导致对这些刺激（或特征）的加工增强（从而增强了记忆的形成），同时对其他刺激（或特征）的加工减弱。请注意，正如赵（Chiu）等人提出的那样，对一个项目和相关特征（如背景信息）的回忆取决于对该项目及这些特征形成统一表征的能力。在情绪权衡效应中，中心和外围元素并没有结合在一个单一的表征（或"统一化"）中，因此二者的回忆可能会有所不同。当一个项目和它的背景结合在一起时，这两者可以同样有效地被忆起。换句话说，根据 ABC 理论，当背景信息与中心情绪性对象争夺注意时，该对象更能有效地捕捉注意，导致该对象相对于背景或其他不太情绪化的元素具有编码优势，并且 / 或阻止中心对象与外围对象的统一（Mather，2007）。

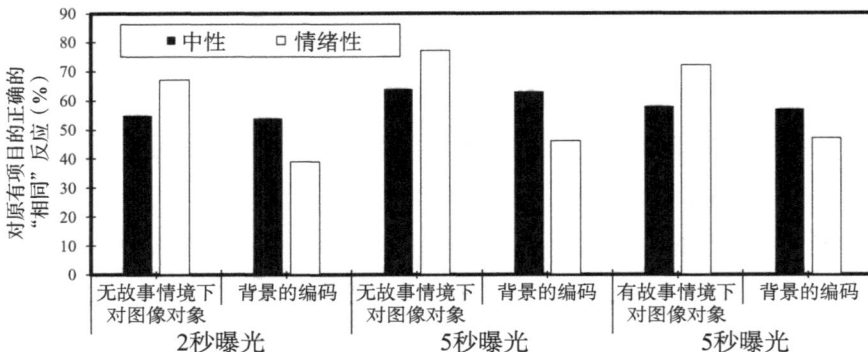

图 4-13 隧道效应（Kensinger et al.，2007）

注：在中性背景下呈现的情绪性对象和中性对象的再认准确率。被试能更好地再认中心情绪性对象，而对呈现给他们的中性背景则再认较差。

记忆中的情绪权衡效应非常强大，并且已经在不同的实验环境中被多次验证（Burke et al.，1992；MacKay & Ahmetzanov，2005；Mather，2007；Mather & Nesmith，2008；Schmidt，2002；Strange et al.，2003；Touryan et al.，2007）。在实验室外的情绪体验研究中研究者们也观察到了该现象（Kihlstrom，2006；Reisberg & Heuer，2007）。该现象涉及的经历包括洪水或飓风等自然灾害、儿童性虐待、医院急诊室探访，甚至目睹犯罪等（Alexander et al.，2005；Bahrick et al.，1998；Christianson & Hübinette，1993；Peterson & Bell，1996；Peterson & Whalen，2001；Sotgiu & Galati，2007）。实证研究发现，这些情绪体验往往会导致个体专注于特定情绪主宰的某方面，而较少关注其他更中性的方面。这使个体对情绪性信息（有时由具体细节组成）的编码比对情境中中性信息的编码更好。

尽管在正面和负面情绪刺激中都观察到了这种情况，但事实上这种权衡可以通过刺激物的效价来调节。具有消极情绪效价的刺激有时会导致注意范围缩小，有时则会导致注意范围扩大。

总之，在实验室和日常生活中观察到的权衡效应中，场景中的中心情绪性信息会被更好地记住，但代价是对中性外围信息的记忆退化。这种现象可以用注意机制来解释。情绪性信息的显著性吸引了个体的注意，使个体将大部分注意资源用于处理这些信息（即对其进行更详细的编码），并牺牲了中性信息。中性信息不太能吸引个体的注意，因此，即使个体对中性信息进行加工，对它们的加工也不会太深入。换句话说，与中性信息相比，关于刺激的情绪性信息更容易被记住，因为后者起到了吸引个体注意的作用（Laney et al.，2003）。

4.5　结论

专门研究记忆的心理学家不仅对情绪和记忆之间的联系感兴趣，而且想了解情绪在记忆功能中的作用。这与情绪的研究人员类似，后者也希望了解情绪如何影响认知。这些研究人员探索了一系列关于情绪和记忆之间联系的重要且有趣的问题，例如，情绪会改善或破坏我们的记忆吗？如果我们在体验情绪时调用记忆，那么哪些条件优化或弱化了记忆的功能？消极情绪（如悲伤和恐惧）和积极情绪（如喜悦和感激）是否会以同样的方式、同样的程度并在类似的情况下影响我们的记忆功能？记忆的表现是否受到需要存储或检索的信息的情绪效价和强度的影响？编码和存储信息时人们所体验到的情绪的影响是否与人们搜索和检索信息时所感受到的情绪的影响互不影响？情绪是否会导致人们产生错误的记忆，并用其他不那么痛苦的记忆取代让我们真正痛苦的记忆（或者相反，用痛苦的记忆取代不痛苦的记忆）？当前的情绪会改变我们对过去的经验，甚至是对人的正面或负面评价吗？

对情绪和记忆之间关系的研究试图确定情绪是否会影响我们的记忆表

现。如果是，什么时候及通过什么机制产生影响？研究者们试图确定具有不同情绪效价的刺激物如何影响存储在记忆中的信息，以及如何影响个体从记忆中提取信息。这些研究考察了不同类型或不同任务下的记忆的多种记忆过程（编码、存储和检索），这些记忆类型或任务包含情景记忆和自传体记忆、回忆和再认任务，以及明确告知被试学习材料以便以后回忆的有意学习或让他们在学习材料时不必为以后的回忆而有意编码的无意学习等。

研究表明，情绪对记忆既有积极的影响，又有消极的影响。情绪会改变存储在记忆中的内容，以及人们存储和检索信息的方式。在某些情况下，情绪可以改善人们的记忆力，在另一些情况下则会弱化记忆力。情绪记忆增强效应，即情绪性信息比中性信息更容易被记住，已经在各种类型的刺激（词汇、故事、电影、场景或事件）中多次被发现。具有情绪效价的项目，无论是积极的还是消极的，都会吸引被试的注意，导致他们激活更深层次的加工机制，而更深层次的加工反过来又导致更好地编码、存储和回忆。我们还发现，情绪会弱化我们的记忆力，如在压力条件下。在这种情况下，负面情绪捕获了一部分加工资源，使这部分加工资源无法分配给编码或检索。

此外，我们看到了情绪对记忆的两种重要作用：情绪一致性和权衡（或隧道）效应。在情绪一致性方面，当情绪性材料的效价与个体记忆材料时感受到的情绪相匹配时，记忆的效果更好。许多研究都已表明，当处于积极情绪状态时，个体对积极情绪性信息的记忆更好，而当处于消极情绪状态时，个体对消极信息的记忆更好。我们倾向于更积极地评价在积极情绪状态下获得的积极记忆，更消极地评价在消极情境下获得的消极记忆。情绪可以通过充当检索线索来促进对一致性信息的回忆，如悲伤状态可以作为检索悲伤记忆的线索。

权衡效应告诉我们记忆是选择性的。当感受到一种情绪时，如果这种情绪很强烈，我们可能更倾向于只记得场景中的某些元素或刺激——那些触发情绪的元素或刺激（例如，我们可能对攻击时指向我们的武器记得比较好，却不太记得攻击者的脸）。我们对场景的非情绪性信息的记忆比较少，或者根本没有。

正如在前几章中我们在注意的研究中所看到的，在情绪和记忆研究中观察到的现象揭示了关于这两者之间联系的重要问题。这些问题都与情绪何时（即在什么条件下）及如何（即通过什么机制）影响我们的记忆力有关。

情绪并不总是影响个体的记忆，但当情绪影响记忆时，其效果可能是改善记忆，也可能是降低我们的记忆表现。情绪会对个体的记忆产生负面影响，如在压力条件下，它会捕获我们的一部分记忆资源，阻止我们将其分配给对某些信息的编码或检索。这会导致个体的信息加工深度降低，并使用更浅层的编码和检索策略（例如，为了存储记忆而进行心理自我重复，而不是语义处理或创建心理图像）。当个体的情绪状态与要记忆或检索的材料的情绪效价一致时，这些机制的效果就会放大。换句话说，当个体发现自己处于不快乐的情绪状态时，其记忆力就会减弱，就像在双重任务或分散注意时一样。

另外，情绪也能改善个体对因其情绪效价而变得更显著的信息的记忆。这种显著性促使个体更关注信息，并对其进行更深层次的加工。如果个体的情绪状态与材料的情绪效价也一致，那么其将分配更多注意资源，实施更深层次、更有效的加工策略。

认知心理学的研究人员长期以来忽视了情绪在记忆中的作用。这并不妨碍他们对记忆的特征（例如，其容量、持续时间、最佳条件、影响记忆的其他重要因素，以及编码、存储和回忆的关键机制）进行研究，并取得重要成果。这些研究成果又使他们试图中和情绪因素的影响。然而，评估这些影响并揭示其机制所需的技术尚未被开发出来。但是，由于技术和我们对记忆的理解的进步，研究人员已经能够将情绪因素考虑在内，并直接对其进行研究。在这四十年来关于情绪对记忆所发挥作用的研究中，关于两者之间的联系已经有了许多重要发现。毫无疑问，未来几年，研究者们也将通过开发新技术或通过运用记忆的新理论模型及情绪如何影响记忆的新理论模型，来帮助我们更好地理解这种关系。

第 5 章

情绪和记忆：个体差异、衰老和精神障碍

与对注意的研究一样，许多研究探索了个体差异、衰老和精神障碍如何调节情绪对记忆的影响。这项研究有两个主要目标。第一个目标是揭示情绪对记忆表现的影响如何随个体特征、年龄和某些疾病状况的不同而变化。第二个目标是确定造成这些变化的机制。在这里，情绪如何受个体差异的调节，衰老和精神障碍如何影响记忆，这些问题的答案可以让我们深入了解情绪对记忆的影响机制及其他因素在这种影响中的作用。

本章首先探讨情绪对记忆的影响在个体之间的差异。我们探讨了情绪对认知表现的影响是如何被人格特征、性别差异和认知能力调节的。本章的第二部分回顾了情绪和记忆之间的联系如何随着年龄的增长而变化的证据。具体来说，我们收集到的数据显示，随着年龄的增长，情绪显著性的影响、积极情绪和消极情绪对记忆表现的影响及具体情绪信息的回忆都会发生变化。最后，我们收集到的研究还有一些其他的发现，如情绪一致性和情绪依赖效应在某些精神障碍中的特殊之处。

5.1 情绪和记忆：个体差异

与注意一样，前一章提到的情绪对记忆的一般影响因人而异。对某些人的影响较大，对另一些人则影响较小。通过记录这些个体差异，以及记忆受情绪影响最大的那些个体的特征，心理学家旨在更好地理解情绪影响记忆

的机制，以及情绪影响哪些特定的记忆机制。在这里，我们先看一下关于情绪对记忆影响的个体差异的描述性研究：具体来说，"主动"因素（如人格、情感、情绪）的调节作用，以及被试的性别和认知资源（如工作记忆和执行功能）的调节作用。这些研究旨在尽可能简单地回答以下问题：情绪对记忆的影响与个性特征相关吗？情绪对男性和女性记忆的影响相同吗？这种影响是否与记忆能力相互影响？例如，当人们存储或提取信息时，情绪对记忆力非常好的人的影响是否会更大（或更小）？

5.1.1　人格、情绪和记忆力

大量研究文献提供了人格特质与情绪性信息记忆之间相关性的证据，表明有利于或不利于情绪性信息的记忆偏见因人格特质而异（Bradley et al.，1993；Bradley & Mogg，1994；Canli，2004；Chan et al.，2007；Rusting，1999；Watson et al.，1988，1999）。

例如，陈（Chan）等人对在各种人格测试中神经质得分高或低的被试进行了检验。神经质是一种基本的人格特征，包括多个方面（如焦虑、脆弱、冲动、敌意）。在该研究中，高神经质（high-N）被试在该人格特征的一个或所有这些方面得分较高，而低神经质（low-N）被试则在任何一个方面得分都不高。研究人员向被试呈现了一组词汇（如"诚实""粗鲁"），要求他们将这些词汇归类为对讨人喜欢或不讨人喜欢的人的描述。研究人员还向他们呈现了第二组词汇（如"强""弱"），并要求他们将每一个词汇归类为捕食动物的优势或劣势。然后对他们进行了一次未事先告知的回忆测试。

结果显示（见图 5-1），两组（高神经质组和低神经质组）的总体正确回忆率大体相当。然而，研究结果也表明，高神经质组对有关个人特征（但不是动物特征）的负面词汇的反应速度比正面词汇更快。此外，虽然对积极的个人特征词和动物特征词的误报次数（即错误回忆词）高于消极词汇，但高神经质组对积极词汇和消极词汇的误报数量差异小于低神经质组。这可能是由于高神经质组的被试对积极词汇的记忆更准确，因此在回忆这些词汇时出错更少。请注意，与低神经质组相比，高神经质组的积极词汇误报率相对于消极词汇的误报率存在着差异优势，但这一差异优势只在对个人特征的反应中观察到，对动物特征的反应中则没有观察到这种差异优势。

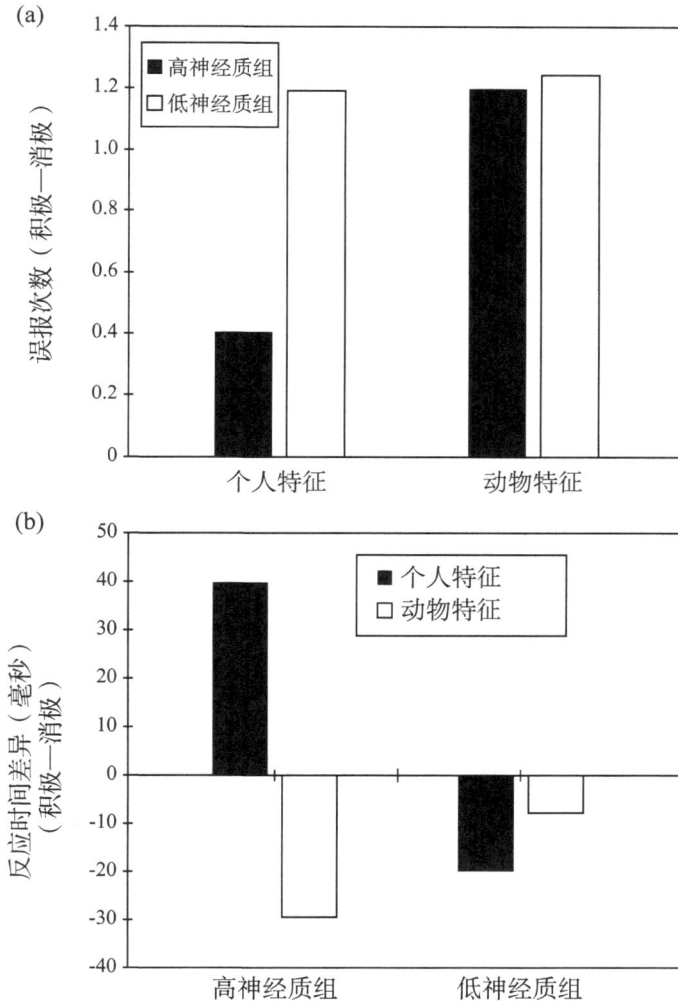

图 5-1　人格和记忆偏差

为了说明人格（个性）与情绪性信息记忆之间的联系，表 5-1 给出了不同个性特征与积极和消极情绪效价词回忆之间的相关性。这些结果来自拉斯廷（Rusting，1999）报告中一个包含 36 个词汇的列表（12 个积极词汇、12 个消极词汇、12 个中性词汇）的自由回忆任务。在该研究中，拉斯廷还使用多个量表（如 PANAS、艾森克人格量表）评估了每个被试的人格特征和情感（积极或消极情绪状态的倾向）。她还使用自我报告量表测量了被试在研究时的情绪，要求他们根据在研究期间的感受对量表上描述积极和消极影响的词汇进行评分（从 1="非常轻微或根本没有"到 5="极端"）。

表 5-1　人格和自由回忆

	回忆积极词汇	回忆消极词汇
神经质	−0.07	0.22*
积极情绪	0.28*	−0.16
消极情绪	−0.06	0.23*
积极心境	0.38*	0.02
消极心境	−0.23*	0.49*
外向性	0.17	−0.01

注：*代表显著相关。在自由回忆测试中，积极词汇和消极词汇的分数与个性特征、一般情感和当前情绪之间的相关性。研究结果显示，对积极词汇和消极词汇的回忆与不同的人格、心境和情感指标之间存在不同的相关性。

这些相关性揭示了个体对词汇的回忆随词汇的情绪效价而产生的变化与个体人格特征的关系。其中，个体在神经质或消极情感量表上得分越高，其回忆的消极词汇就越多；在积极情感量表上得分越高，其对积极词汇的记忆就越好。最后，在实验过程中，被试的情绪越积极，他们回忆的积极词汇就越多，消极情绪和消极词汇的关系也是如此。

换句话说，这些数据表明，个体的人格特征和情感特征会对情绪性信息记忆产生系统性影响。例如，情绪较积极的个体能更有效地处理积极情绪性信息（在编码和 / 或回忆时），而情绪较消极的个体更容易回忆消极情绪性信息。

5.1.2 情绪和记忆：性别差异

在情绪对记忆的影响上，另一个研究人员大量关注的个体特征是性别。许多研究人员探讨了性别在情绪和记忆之间关系中的作用，并且试图确定情绪对男性记忆的影响是否大于女性，或者相反（Cahill，2004；Hamann & Canli，2004）。尽管男性和女性的生理与大脑活动相似，但在某些情况下，他们对情绪的主观体验及情绪对记忆表现的影响看起来似乎可能有所不同（Bremmer et al.，2001；Cahill，2003；Cahill et al.，2001；Canli et al.，2001，2002；Felmingham et al.，2012；Glaser et al.，2012；Seidlitz & Diener，1998）。

例如，康利（Canli）等人向一组男性和女性被试呈现了 96 张不同情绪强度的图片。其中，每张图片呈现 2.88 秒，研究人员要求被试对图片的情绪强度进行评分，评分范围为 0（"完全没有情绪强度"）到 3（"极度情绪强度"）。在编码阶段三周后，被试在未提前告知的情况下，参加了一项再认任务。再认任务中的图片包括研究中的 96 张图片和 48 张新图片。该任务要求被试指出是否在编码时看到了这些图片，如果看到了，他们需要报告做出这样的回答是因为"清晰、生动的回忆"（"记住"判断），还是仅仅因为"它看起来很熟悉"（"熟悉"判断）。

与女性相比，男性更可能认为图片的情绪强度较低；与男性相比，女性更可能认为图片的情绪强度较高（见图 5-2）。男性和女性在情绪强度较低的图片再认方面没有表现出差异，但女性对情绪强度较高的图片的再认准确率高于男性。换句话说，情绪强度（唤醒）对女性图片再认的影响大于对男性的。

(a)

(b)

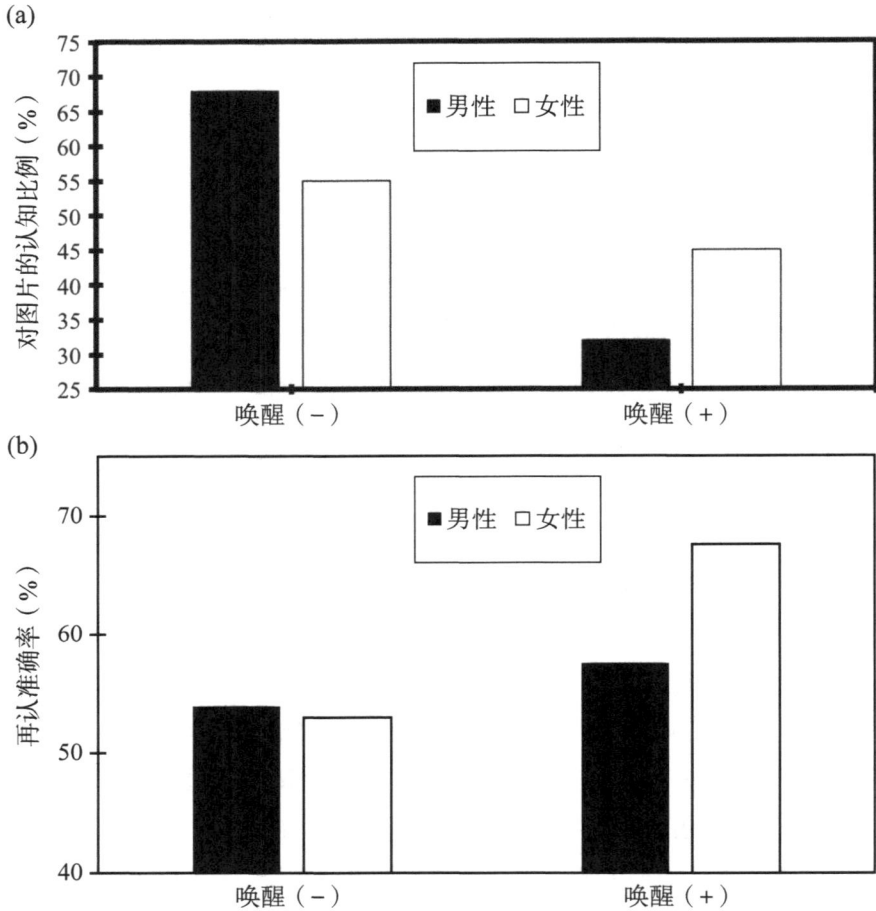

图 5-2 性别、情绪和记忆

5.1.3 认知因素、情绪和记忆

一些研究表明，情绪对记忆表现的影响会受到个体认知能力的调节。例如，研究结果表明，在认知能力不同的被试之间，隧道效应（或权衡效应）存在差异。这种差异正是认知能力对情绪与记忆关系的影响的证明。回想一下，在隧道效应中，体验过包含情绪性对象（如天花板上的蜘蛛）场景的被试往往对处于中心位置的情绪性对象（蜘蛛）记得更好，而很少记住背景（天花板）。韦林（Waring）等人在他们的一项研究中向被试呈现了一系列图片，这些图片都是中性背景，但图片中心的对象分为两种：要么是情绪性的，要么是中性的（如森林中的蛇或松鼠）。之后，在一项再认任务中，他们要求被试指出背景或对象是否与其在研究中看到的背景或对象相同（或相似）。他们在研究中对被试的特质焦虑、空间记忆、视觉工作记忆和执行功能进行了测量评估。同时，研究人员也对这些测量值与再认任务和隧道效应（即对中心情绪性对象的再认要好于对中性背景的识别的倾向）之间的相关性进行了统计。结果表明，任务表现（对中心情绪性对象、中性背景的识别和隧道效应）和被试特征（特质焦虑、视觉空间工作记忆和执行功能）之间存在显著相关（见图 5-3）。最焦虑的被试的隧道效应最显著，其视觉空间工作记忆和执行功能水平也最低。

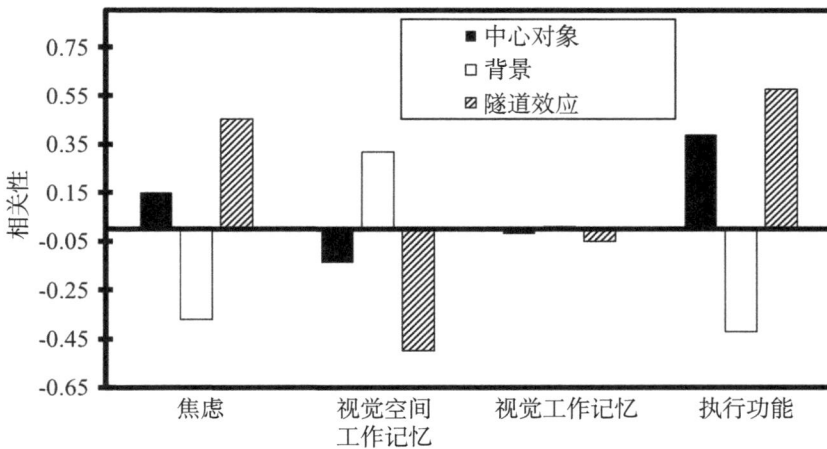

图 5-3 隧道效应和个体差异

总之，情绪对记忆表现的影响受到诸如性别和人格特质等个体特征的调节。这些特征之所以会有这样的调节作用，可能与个体间的记忆机制运作差异有关（例如，焦虑的个体可能会将注意资源更多地分配给具有负面情绪效价的词汇的编码，结果，他们会想起更多的负面词汇）。

5.2 情绪和记忆：衰老

情绪会影响老年人的记忆吗？如果会，这种影响和年轻人一样吗？如果不会，情绪和记忆之间的关系是如何随着年龄的增长而变化的？许多研究都试图回答这些问题。为了研究这些问题，研究人员使用了研究年轻人的注意力时最常用的实验范式，在中性、消极和积极情绪条件下对年轻人和老年人进行了测试。研究结果表明，情绪对记忆的影响确实会随着年龄的增长而变化。在这里，我们以情绪是否会影响老年人的记忆表现的研究作为开始。然后，我们再来看一下检验积极情绪和消极情绪对年轻人和老年人的表现有不同影响这一假设的相关研究。最后，我们检验情绪对年轻人或老年人回忆详细信息没有影响的证据。

5.2.1 衰老和记忆增强

情绪会影响老年人的记忆力吗？从理论上讲，老年人的记忆可能对情绪效价不敏感，这与在年轻人身上观察到的情况相反。情绪对老年人记忆表现的影响表明，随着年龄的增长，情绪在我们的记忆功能中会继续发挥重要作用。接下来的问题是，随着年龄的增长，情绪对记忆的影响是加强还是减弱。许多研究表明，老年人的记忆实际上会受到情绪的影响，如记忆增强效应（Murphy & Isaacowitz，2008）。

例如，查尔斯（Charles）等人在两个实验中发现（如之前对年轻人的许多研究的结果一样）情绪可以改善老年人（在回忆和再认任务中）的记忆表现。在该研究中，研究人员让三个年龄组（年轻人、中年人和老年人）的被试观看情绪性（积极或消极）和中性图片。在其中一个实验中，被试观看了 32 张图片（16 张中性的、8 张积极的和 8 张消极的），每张图片持续呈现 2 秒。在另一项实验中，研究人员让被试自己选择每张图片的呈现时间。在编码阶段大约 15 分钟后，被试完成了一项自由回忆测试（即尽可能多地回忆编码阶段的图片）。接下来是一个再认测试，在测试中，被试会看到 64

张图片，其中 32 张是新的，32 张是原来的，他们必须指出每张图片是原来的（在研究中看到的）还是新的。正如结果显示（见图 5-4a），情绪刺激与记忆表现的显著改善相关，而与年龄无关，尽管这种改善在再认任务中不太显著（见图 5-4b）。事实上，许多研究采用多种范式在多种类型的记忆中都发现了老年人的情绪性记忆增强效应，这些记忆类型包含情景记忆（Broster et al.，2012；Denburg et al.，2003；Evans-Roberts & Turnbull，2011；Fung & Carstensen，2003；Joubert et al.，2018；Kensinger et al.，2002；May et al.，2005；Otani et al.，2007；Zoldos et al.，2019）、自传体记忆（Comblain et al.，2005；St. Jacques & Levine，2007）、前瞻记忆（Kliegel et al.，2005；

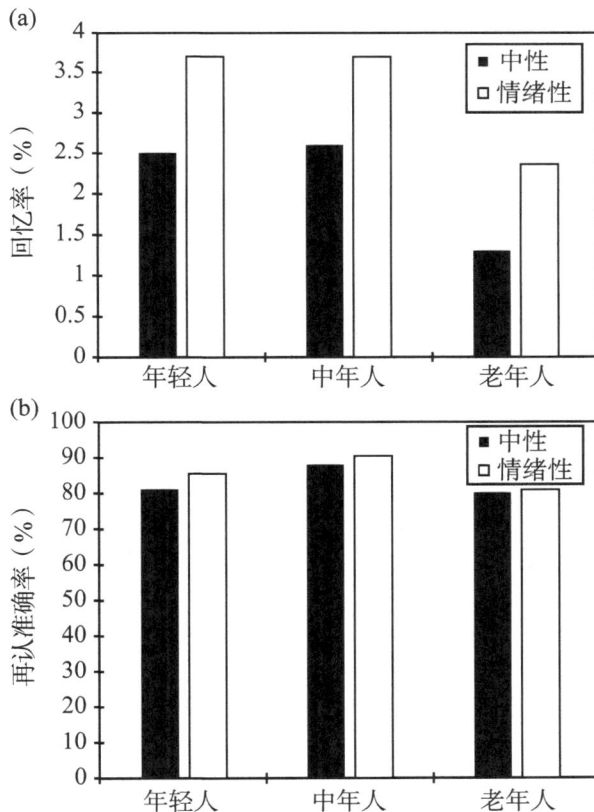

图 5-4　衰老和情绪显著性的影响

Pupillo et al., 2020；Rummel et al., 2012；Schnitzspahn et al., 2014）和工作记忆（Carpenter et al., 2013；Mikels et al., 2005）。

  情绪效价对成年人记忆表现的影响并不限于即时回忆。延迟回忆中也可以看到情绪效价对记忆的影响。例如，雷戈伦德（Leigland）等人发现，在对一系列消极、中性和积极词汇编码 30 分钟后，年轻人和老年人回忆起的积极词汇都多于中性词汇（见图 5-5）。

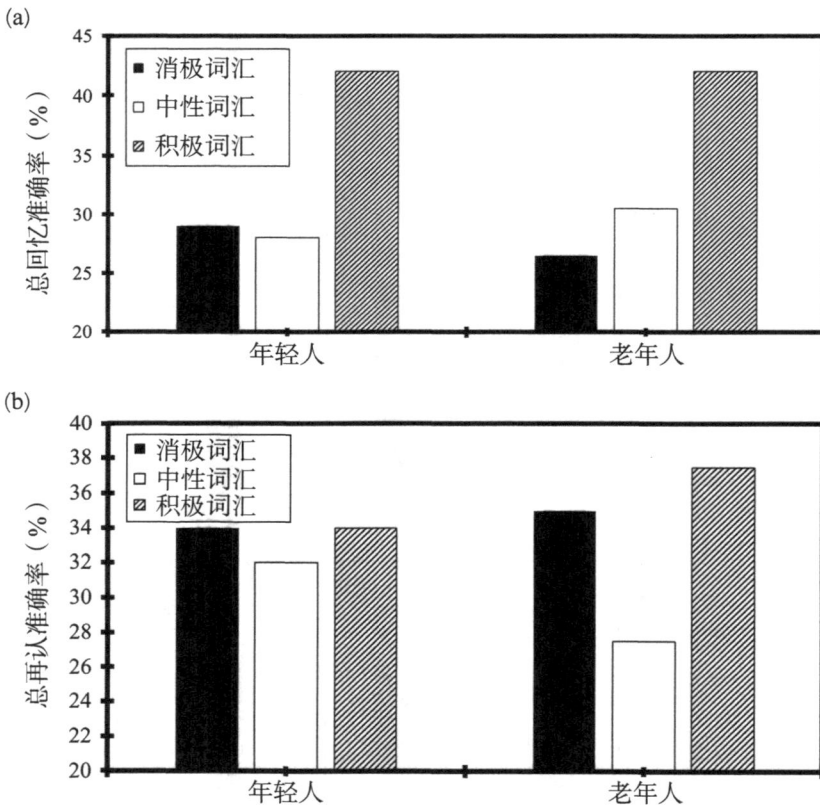

(a)

(b)

图 5-5　延迟记忆任务中情绪显著性的影响

注：被试在编码后 30 分钟内正确回忆和再认每个情绪效价类别的词汇的比例（在准确回忆或再认词的总数中，百分比总计为 100%）。在延迟回忆任务中（a），年轻人和老年人回忆起的积极词汇都比中性词汇或消极词汇更多。在延迟再认任务中（b），两个年龄组在消极词汇和积极词汇上的表现都优于中性词汇。

5.2.2 积极和消极情绪对年轻人和老年人的影响相同吗

除了情绪显著性的一般效应，积极情绪和消极情绪对年轻人和老年人的记忆表现也有不同的影响。年轻人的记忆表现似乎受消极情绪的影响更大，而老年人的记忆表现则更容易受积极情绪的影响（Reed & Carstensen，2012）。

马瑟和卡斯滕森的研究是记录记忆表现中年龄与效价相互作用的最早研究之一（Mather and Carstensen，2003；Charles et al.，2003）。在这项研究中，研究人员向被试呈现了 30 对面孔图片，每对图片呈现 1 000 毫秒，与图片同时呈现的还有一个点，出现在其中一张面孔的位置上。被试的任务是指出圆点出现的位置。每一对图片都是由同一张面孔的两张不同图片组成，表情分别是中性和情绪性。之后，研究人员让被试完成一项再认任务。在该任务中，研究人员向他们呈现一对不同的面孔，包括一张原来的面孔（编码时看到的）和一张新面孔，两张面孔都有相同的表情。被试必须指出他们在研究中看到的是这两张面孔中的哪一张。再认准确率的结果显示，年轻被试有消极偏差，而年长被试有积极偏差（见图 5-6）。年轻人对消极面孔（而不是积极面孔）的再认优于对中性面孔的；与之相反，年龄较大的被试对积极面孔（而不是消极面孔）的再认要优于对中性面孔的。随着年龄的增长，这种记忆偏差的变化是巨大的，并且已经在实验室实验和实验室外的情景记忆和自传体记忆及长期记忆和工作记忆的许多相关研究中得到证明（Carstensen & DeLiema，2018；Fernandes et al.，2008；Isaacowitz et al.，2006a，2006b；Kapucu et al.，2018；Kennedy et al.，2004；Kensinger et al.，2007，2007；Mather et al.，2004；Mather & Knight，2005；Mikels et al.，2005；Piguet et al.，2008；Ready et al.，2007；Schlagman et al.，2006；Shamaskin et al.，2010；Vieillard & Gilet 2013；Reed et al.，2014；Reed & Carstensen，2012；Ziaei & Fischer，2016）。

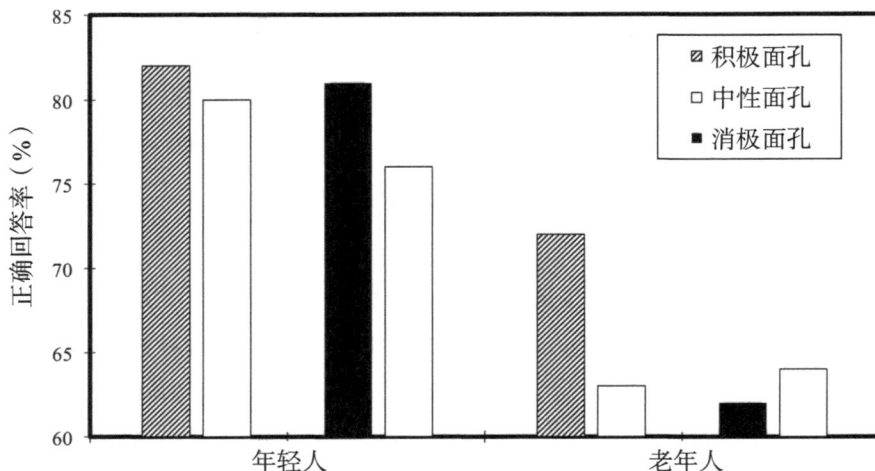

图 5-6　记忆偏差和情绪

卡斯滕森及其合作者的社会情绪选择理论对这种随着年龄增长而产生的偏差变化进行了解释。这一理论表明，随着年龄的增长，我们越来越关注幸福感，这导致我们偏爱情绪上积极的信息，而忽视消极的信息。换句话说，与消极和中性信息相比，我们在编码和检索时为积极信息分配了更多的加工资源，因此我们能更好地记住积极信息。因此，当编码积极信息时，个体会使用更深层次的加工方式（如心理成像或语义处理），并且个体在回忆时会利用有助于此类信息激活的线索。

这种差异偏差在不同年龄组中并不总是存在。它们可能只在特定类型的刺激下才能被研究人员观察到，或者研究人员只能在实验表现的某些方面才能发现这种偏差，而在其他方面可能观察不到。以斯帕尼奥尔（Spaniol）等人的研究为例，在该研究中，他们向年轻被试和老年被试呈现了面孔、词汇和场景图片，这些图片可能是中性的、消极的或积极的。每张图片呈现 2 秒，随后出现一个空白屏幕，呈现时间为 1 秒。然后，被试需要对该图片是中性情绪、消极情绪或积极情绪进行评分。20 分钟后，研究人员会在这个编码任务之后给被试一个再认任务。被试会观看原来呈现的 72 张图片（编码时见到过）和 72 张新图片（编码时未见），并需要在 5 秒内指出每张图片是新的还是原来的。

结果表明，年轻被试的消极偏差和老年被试的积极偏差取决于项目的性质。年轻人和老年人在词汇方面都存在积极偏见（即在积极项目上的表现优于在中性项目上的），而年轻人在面孔和场景方面存在消极偏差（即在消极项目上的表现优于在中性项目上的）。年龄较大的被试对情绪积极的场景的再认表现较差，而对面部表情（无论表情如何）的再认表现都相同（见图5-7）。

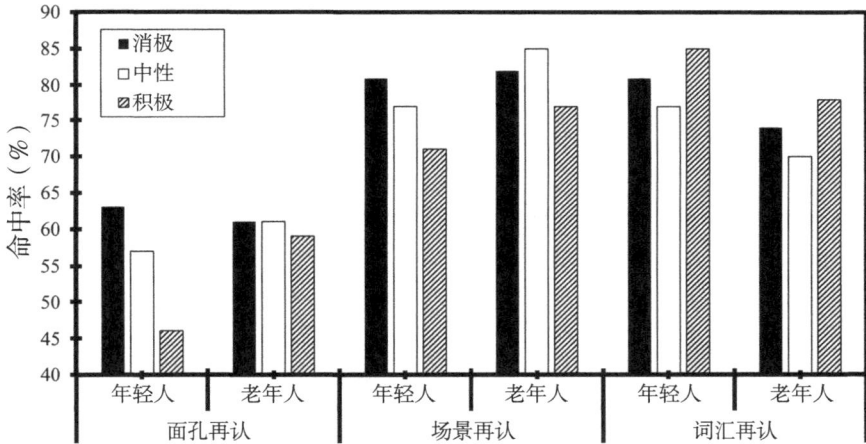

图 5-7　再认记忆任务中的情绪偏差对年龄和项目类型的依赖性

注：年轻被试和老年被试对原来的项目正确回答"是"的百分比（命中率），包括消极、中性和积极的面孔、场景与词汇。年轻被试和老年被试都在词汇方面表现出积极偏差（即在积极项目上比在中性的项目上表现得更好），而年轻被试在面孔和场景方面表现出消极偏差（即在消极的项目上比在中性的项目上表现得更好）。对于情绪积极的场景，老年被试对情绪积极的场景再认成绩较差，而对面部表情，无论情绪表达如何，再认成绩都是相同的。

事实上，老年人中出现的积极偏差会受到许多因素的调节，例如，刺激物的情绪唤醒程度（Kensinger，2008），以及被试在认知任务中为自己设定的优先级（English et al., 2012）。以图 5-8 显示的肯辛格报告的数据为例，在再认任务中，老年人对积极的非唤醒性项目表现出积极效应，但对积极的唤醒性项目则没有。在这个实验中，研究人员向被试呈现了一系列词汇（每个词汇呈现 3 秒），然后让被试完成一个再认任务。该任务要求被试指出每个词汇是原来的（在研究中看到的）还是新的。年龄较大的被试对积极的非唤醒性词汇（如"湖"）的再认要优于对中性词汇（如"产品"）和消极的非唤醒词汇（如"孤独"）的再认。然而，他们对积极唤醒词汇（如"团圆"）和消极唤醒词汇（如"大屠杀"）的再认能力同样好，在这两种情况下都优于对中性词汇的再认。年轻人对非唤醒的消极词汇的再认能力优于对非唤醒的积极词汇的再认（对中性词汇的再认较差）；与中性词汇相比，他们在积极的和消极的情绪唤醒词汇上表现出同等的优势。换句话说，在这里，通常在年长（年轻）成年人中观察到的积极（消极）偏差只在情绪唤醒较少的信息中才会显现（而高度情绪唤醒的信息无论其情绪效价如何，都能被更好地记住）。

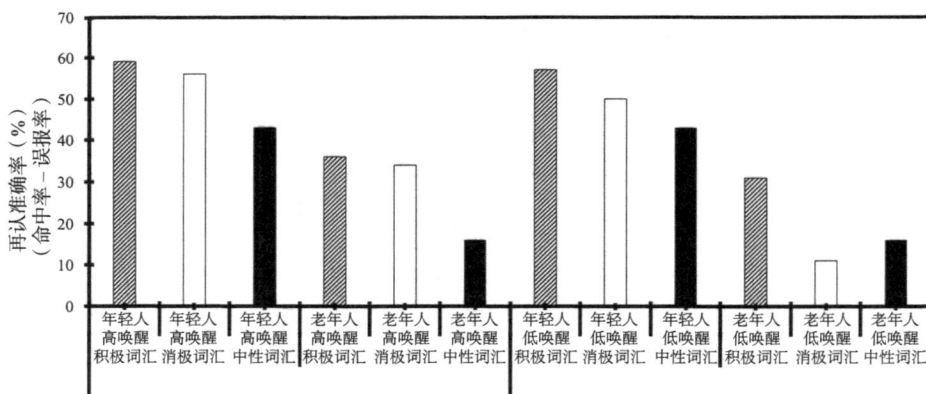

图 5-8　积极偏差和情绪唤醒

注：年轻被试和老年被试对中性词汇、积极词汇和消极词汇（唤醒或非唤醒）的再认准确率（命中率—误报率）。通常在老年人中观察到的积极偏差（即与中性词汇相比，积极词汇比消极词汇在记忆表现上更具优势）只适用于非唤醒性情绪词汇，而不适用于唤醒性情绪词汇。年轻人对情绪词汇（积极和消极）的再认比对中性词汇的再认更好。

　　然而，有时研究人员根本观察不到积极效应（Budson et al.，2006；Gallo et al.，2009；Grühn et al.，2005；Kensinger et al.，2002，2007）。在一

项研究中，研究人员向年轻被试和老年被试呈现了一个包含 30 个词汇的列表。考虑到与年龄相关的认知迟缓，每个词汇给年轻被试呈现 1 000 毫秒，给老年被试呈现 3 000 毫秒。每个词汇可以是积极的、消极的或中性的。被试看到的要么是同质词汇列表（所有 30 个词汇都有相同的情绪效价），要么是异质词汇列表（由 10 个积极词汇、10 个消极词汇和 10 个中性词汇组成）。被试对每个列表进行 5 次编码和回忆。图 5-9 显示了在第 5 次实验中正确回忆词汇的百分比（被试的表现最好）。与之前的实验一样，在这两种情况下，年轻被试和老年被试回忆出的情绪词汇都多于回忆出的中性词汇，但他们并没有表现出更好地回忆消极词汇或积极词汇的偏向。

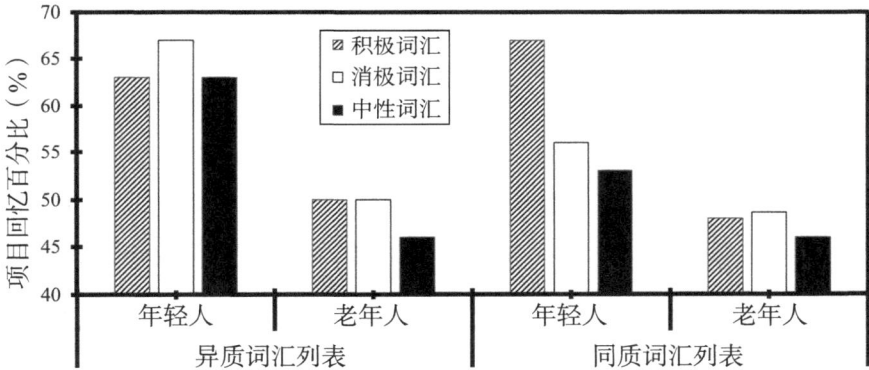

图 5-9　记忆任务中的衰老和积极偏差缺乏

埃默里（Emery）和赫斯（Hess）还报告了一项研究，在该研究中老年被试也没有表现出积极偏差倾向（见图 5-10）。在该研究中，他们向年轻被试和老年被试呈现了 48 张图片（图片中有积极、消极或中性场景），紧随其后又给被试呈现了回忆任务和再认任务。他们的再认准确率（纠正了误报率）显示，年长被试没有积极偏差（年轻被试没有消极偏差）。

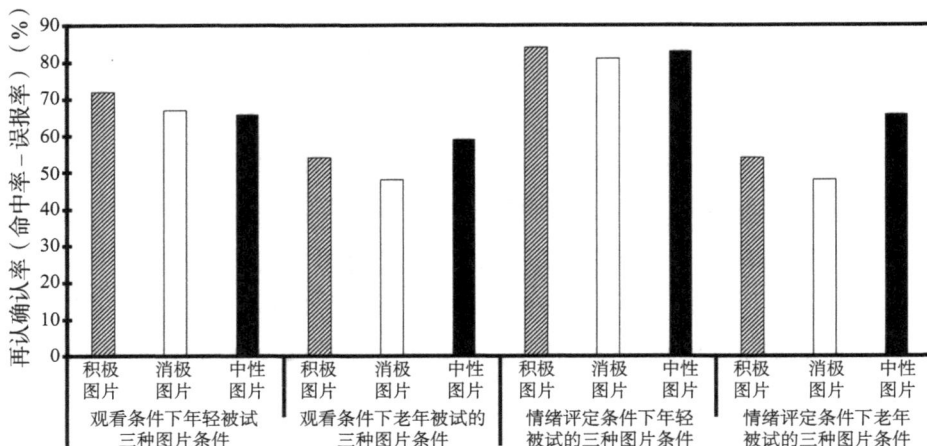

图 5-10　积极偏差和编码条件

关于不同情况下老年人的积极偏差的调节作用或调节作用缺失的研究结果使我们能更好地理解其发生条件。从文献中得出的结论是，这些偏差主要出现在两种情况下：首先，被试必须知道将在编码阶段后对他们的记忆进行测试；其次，必须有足够的认知资源，允许被试能够利用控制机制，有意识地将注意分配给积极信息。当策略控制所需资源的可用性受到任务条件的限制时，积极偏差往往较弱或不存在，例如，当任务指导语没有引导被试关注刺激的情绪本质时（例如，指导语只是告诉被试他们将会看到一系列图片）。

5.2.3　衰老、情绪和细节的回忆

众所周知，情绪会影响事件细节的编码和回忆。特别是，负面情绪有助于年轻被试记住更详细的信息，而不仅是关于事件整体性质（或要点）的信息。情绪对细节记忆的影响是否会因被试的年龄而异？对这个问题的研究表明确实如此。相关研究结果发现，无论是年轻人还是老年人，刺激物的情绪效价对一般信息和详细信息的记忆都有不同的影响（Kensinger，2009a）。

肯辛格等人做的一项研究为这种与年龄相关的差异提供了证据。这些

研究人员向年轻被试和老年被试呈现了 144 张图片（每秒呈现一张）。每张图片显示的要么是情绪积极的对象（如钻石戒指），要么是情绪消极的对象（如狼蛛），要么是中性对象（如飞机）。在研究阶段，被试需要指出每张图片上的对象是否可以装入文件柜的抽屉。在年长被试编码 30 分钟和年轻被试编码两天后，研究人员分别向他们呈现了 180 张图片：72 张原来的图片，72 张是与之前实验中所用图片属于同一类别的不同对象（例如，一架飞机用于编码，另一架飞机用于再认），以及 36 张新图片。被试需要指出每张图片是不是与编码时看到的图片一样，是不是与研究中看到的图片相似但不完全一样，或者是不是一个新的图片。为了确定情绪是否会对年轻人和老年人的总体再认和细节再认产生类似的影响，肯辛格和她的合作者对原来项目或类似项目的"相同"和"相似"反应进行了分析，以评估总体再认情况；对原来项目的正确的"相同"反应进行分析，以评估细节再认。

有趣的是，年轻被试对消极对象（与中性对象相比）的总体再认率较高，而老年被试对消极和积极对象的总体再认率都较高（见图 5-11）。年轻被试和老年被试都只是对消极对象的细节再认率（对原来物品的正确"相同"反应）更高。然而，对年轻人和老年人来说，只有具有负消极情绪效价的对象在细节再认中具有优势。研究人员在第二个实验中发现了相同的结果模式（即年轻被试对消极对象的总体再认能力较强，老年被试对消极和积极对象的总体再认能力较强；年轻被试和老年被试仅对消极对象的细节再认能力较强），年轻被试和老年被试编码与再认之间的延迟相同。这些效应在实验室的再认任务中被多次验证（Kalpouzos et al., 2012），同时，在实验外的研究中也被多次发现。例如，霍兰（Holland）和肯辛格（Kensinger）在与 1988 年美国总统选举有关的信息的回忆中发现了这些效应；肯辛格和沙克特在一场足球比赛中也观察到了这些效应（Schacter，2006；Hostler & Berrios，2021）。

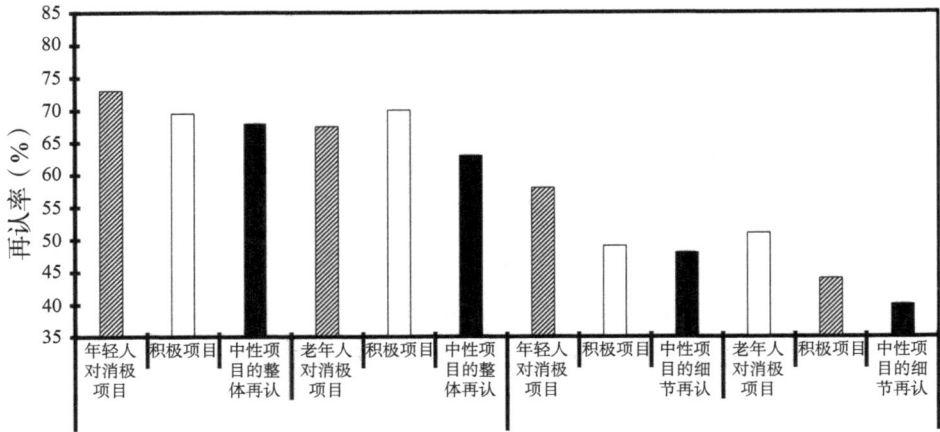

图 5-11 情绪和"对细节信息和整体信息的"记忆

总之，关于情绪对记忆的影响如何随着年龄增长而变化的研究揭示了三个重要的现象。首先，和年轻人一样，老年人的记忆也受情绪的影响。所有主要的记忆机制（即编码、存储和回忆）都受情绪的影响。其次，情绪效价的影响随着年龄的增长而变化。年轻被试倾向于更好地记住和回忆消极信息，而年长的被试倾向于更好地记住和回忆积极信息。最后，年轻人能更好地回忆对消极情绪的总体信息，老年人能更好地回忆积极情绪和消极情绪的总体信息，而在年轻人和老年人中，消极情绪都促进了个体对详细信息的回忆。

5.3 情绪和记忆：精神障碍

与非临床人群中的个体差异和老龄化研究一样，对被诊断患有各种精神障碍的个体进行的研究同样揭示了情绪诱导的记忆偏差的显著调节作用（Bogie et al., 2019；Kircanski et al., 2012；Okon-Singer, 2018）。我们将通过介绍情绪一致性和情绪依赖性的研究来说明这些调节作用。

5.3.1　精神障碍中的情绪一致性效应

回顾一下，在情绪一致性中，情绪效价与我们的情绪状态一致的信息比其他信息更容易被记住。这些影响在精神障碍中是被放大、减弱，还是不变？临床研究表明，情绪一致性效应受不同病理状态的调节，根据精神障碍的类型，具有不同的记忆偏差（即不同情绪效价信息的记忆表现更好或更差）（Williams et al., 1997, for a review）。

在一些患者中，情绪一致性效应会被极度放大，从而构成真正的认知偏差（例如，焦虑的人将任何模糊信息都解释为威胁或危险信号，或者系统地将负面信息解释得更为负面）。许多研究发现，抑郁障碍患者倾向于在记忆中保留更多的消极信息，而不是中性或积极信息，并且更容易记住他们的失败而不是成功（Bradley & Mathews, 1983；Breslow et al., 1981；Channon et al., 1993；Direnfeld & Roberts, 2006；Dunbar & Lishman, 1984；Ferguson et al., 2007；Gilboa-Schechtman et al., 2002；Hartlage et al., 1993；Hertel & Hardin, 1990；Hertel & Milan, 1994；Joormann & Siemer, 2004；Josephson et al., 1996；Matt et al., 1992；McDowall, 1984；Post et al., 1980；Ramponi et al., 2010；Watts & Sharrock, 1987；Williams et al., 1997；Wittekind et al., 2014；Zlomuzica et al., 2014）。

以里道特（Ridout）等人的研究为例，在该研究中，研究人员向患有重度抑郁障碍的被试和对照组呈现了一组面部照片。在其中一个研究阶段，被试会看到一组 21 张面孔照片，其中 5 张是积极的（快乐）表情，5 张是消极的（悲伤）表情，11 张是中性的表情。被试的第一个任务是指出面孔表达的情绪。对照组和抑郁组的被试识别面部情绪的比例相同。在五分钟的转移注意力任务后，被试接受了再认测试。在测试中，他们看到到了 42 张面孔（21 张原来的面孔和 21 张新面孔），和之前的许多研究一样，他们需要指出是否在研究中看到了每一张面孔。再认数据非常清楚地表明，比起中性面孔和快乐面孔，抑郁组被试能更好地再认悲伤面孔（见图 5-12）。相比之下，对照组被试对快乐面孔的再认能力对比悲伤面孔和中性面孔的再认能力要强。

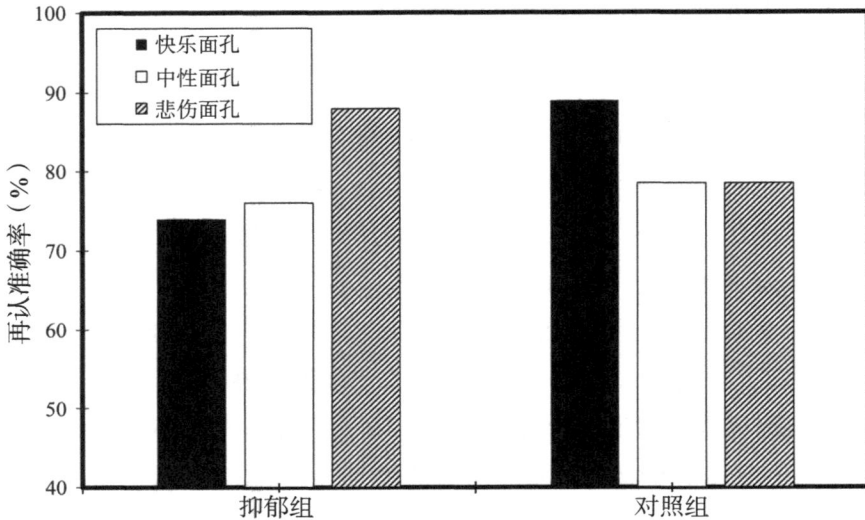

图 5-12　抑郁障碍和面部再认

　　抑郁障碍患者对负面信息的记忆偏差不限于面孔或再认任务。在不同的记忆任务和不同的刺激下都能观察到这种记忆偏差。例如，鲁伊斯·卡巴莱罗（Ruiz Caballero）和冈萨雷斯（Gonzilez）指导抑郁组和对照组被试学习包含 18 个词汇（9 个积极的和 9 个消极的）的列表，学习时间为 4 分钟。在这个编码阶段之后，被试进行了一个五分钟的转移注意力的任务，然后是词干补全任务。在后一项任务中，他们会看到 36 个词汇的前 3 个字母（或"词干"），并被指示用脑海中出现的第一个词汇补充完成这些词干形成词汇。这项内隐记忆任务的指导语没有提到要用研究列表中的词汇。本任务中有一半（18 个词汇）的词干可以通过列表中的词汇或至少一个其他更常见的词汇来完成。另一半与研究列表中的任何词汇都不兼容。在完成这项任务后，被试完成了用时 5 分钟的另一项转移注意力的任务。最后是一项自由回忆（外显记忆）任务，在该任务中研究人员要求他们尽可能多地回忆研究列表中的词汇。

　　图 5-13 显示了正确回忆词汇（外显记忆）和用研究中的词汇完成的词干补全（内隐记忆）的数量结果。数据清楚地表明，抑郁组被试回忆起的消

极词汇比积极词汇多（3.5 比 1.8），而对照组回忆起的积极词汇比消极词汇多（5.1 比 3.2）。同样，抑郁组被试完成的词干更多来自研究列表中的消极词汇，而不是积极词汇（3.4 比 2.4），而对照组被试的情况则相反（2.4 比 3.2）。那么，在对单词进行编码时，抑郁组被试似乎更多地关注消极词汇，对它们进行更深层次的加工和编码，因此，在内隐记忆和外显记忆任务中，他们能够更多地保持和检索到消极词汇。相反，对照组更关注积极词汇。

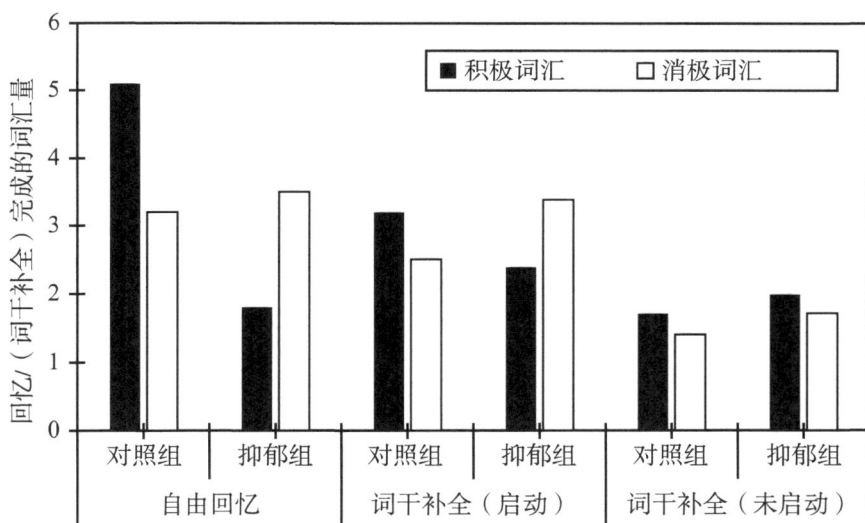

图 5-13　抑郁障碍与外显记忆和内隐记忆

因此，在内隐记忆任务中，抑郁障碍患者倾向于存储和回忆更多的负面信息（Phillips et al.，2010）。他们往往会放大自己的失败（创伤后应激障碍患者也会出现同样的消极偏差：见杜兰德等人 2019 年的综述）。约翰逊等人的研究结果说明了这一点，他们让抑郁的和无抑郁症状的大学生完成了 20 项任务。他们告知被试要在限定时间内完成每项任务，该时间限制由上学期学生完成这些任务的平均时间而定。在其中 10 项任务中，研究人员在被试能完成之前（但在他们至少完成了一半任务之后）就终止任务。在另外 10 项任务中，研究人员允许被试完成任务。最后，研究人员要求被试指出他们完成了多少任务，最终成功完成了多少任务，还有多少任务没有完成。抑郁组被试将在完成之前被终止的任务（但完成了一半以上）报告为"失败"，而对照组则表示他们完成了超过一半的任务。实际上，两组中的每个人都完成了完全相同数量的任务（见图 5-14）。

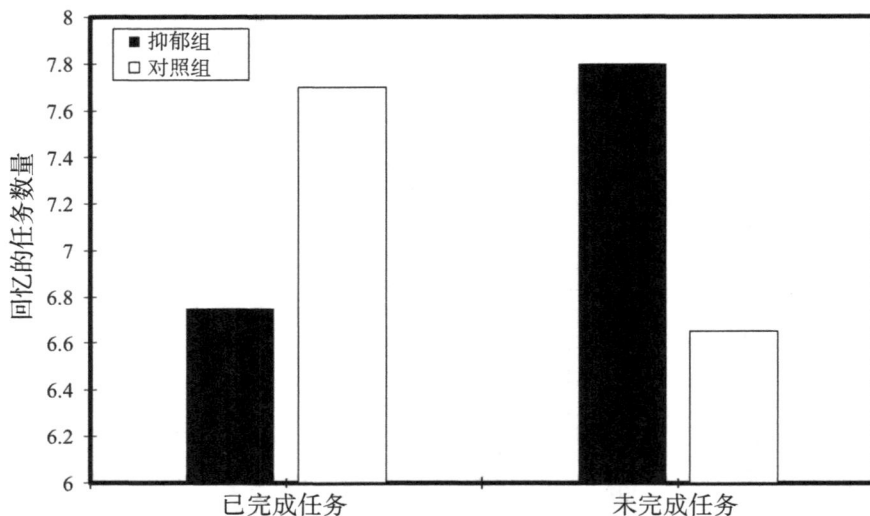

图 5-14 抑郁障碍和成功完成任务的判断

即使在患有单一精神障碍的个体中，情绪一致性效应有时也具有高度特异性，表现为仅在患者亚组和/或单一任务中观察到。以范·艾米楚文（Van Emmichoven）等人的研究为例，在该研究中，只有一组患有焦虑障碍的被试在回忆成绩时表现出消极偏见。该研究的焦虑组包含安全依恋类型的被试（特征：分离期间表现出低压力水平）和不安全的依恋类型的被试（特征：分离期间表现出高压力水平）。研究人员向被试展示了 36 个词汇（12 个是肯定的，12 个是威胁性或否定的，还有 12 个是中性的）。每个词汇在电脑屏幕上以组合的形式显示 1 秒（即所有具有给定情感效价的词汇一起呈现）。编码 30 分钟后，被试执行自由回忆任务，然后执行再认任务（在该任务中，他们看到 36 个编码词汇和 36 个新词汇，并需要指出每个词汇是原来出现过的词汇还是新词汇）。

在回忆任务中，安全型依恋的临床组被试回忆的消极词汇比中性词汇或积极词汇多（与对照组被试一样），而不安全型依恋临床组被试回忆的积极词汇较少，消极词汇和中性词汇的数量相等（见图 5-15）。在再认任务中，

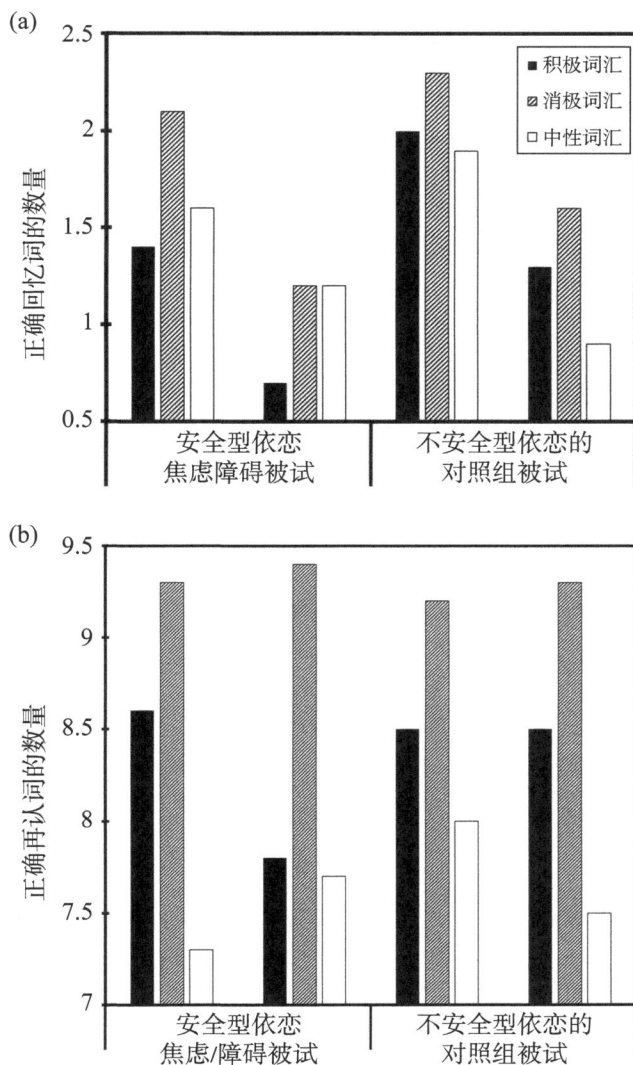

图 5-15　情感一致性和焦虑

不安全型依恋的临床组被试与安全型依恋和对照组的被试一样，对消极词汇的再认优于对中性词汇或积极词汇的再认。有趣的是，即使在被诊断患有焦虑障碍的人群中，在这项研究中，也只有一部分具有特定依恋类型的个体在记忆机制（回忆与再认）中表现出情绪偏差。临床焦虑的被试表现出的偏差取决于他们的依恋类型：不安全型依恋的被试很难回忆消极词汇，尽管他们存储消极词汇的能力与安全型依恋的被试一样（这从他们在再认任务中的表现可以证明）。注意，研究人员对对照组被试的依恋类型进行测试后发现，他们表现出与依恋类型无关的相同记忆模式。

总之，情绪一致性效应在某些精神障碍中会加剧。存在抑郁障碍和焦虑障碍的个体有消极偏差：他们编码和回忆的消极信息多于积极信息，对消极事件的评价也更消极。

5.3.2　精神障碍中的情绪依赖

回想一下，在情绪依赖中，当我们在回忆时感受到的情绪与编码时感受到的情绪相匹配时，信息会被记得更好。这些效应在精神障碍中发生了改变吗？

研究发现，在被诊断为精神障碍的个体中也存在类似的效应。例如，艾奇等人让患有双相情感障碍的被试先对中性词汇产生自传体记忆。这些记忆可以是积极、消极或中性事件。在二到七天后，被试被要求尽可能多地回忆这些自传体记忆。实验中，被试将在躁狂和／或抑郁状态下进行编码和回忆测试。问题是，如果被试在编码和回忆时的情绪状态相同（躁狂／躁狂和抑郁／抑郁状态）或不同（躁狂／抑郁和抑郁／躁狂状态），他们是否会回忆起不同数量的信息。

结果显示，无论是积极记忆还是消极记忆，当被试在与最初相同的情绪状态下回忆时，他们会比在不同的情绪状态下回忆起更多的自传体记忆（见图 5-16）。回忆和编码时的情绪状态匹配时，他们回忆起 34% 的积极记忆和 39% 的消极记忆，而当两种情绪状态不同时，回忆起的积极记忆和消极记忆分别是 20% 和 26%。

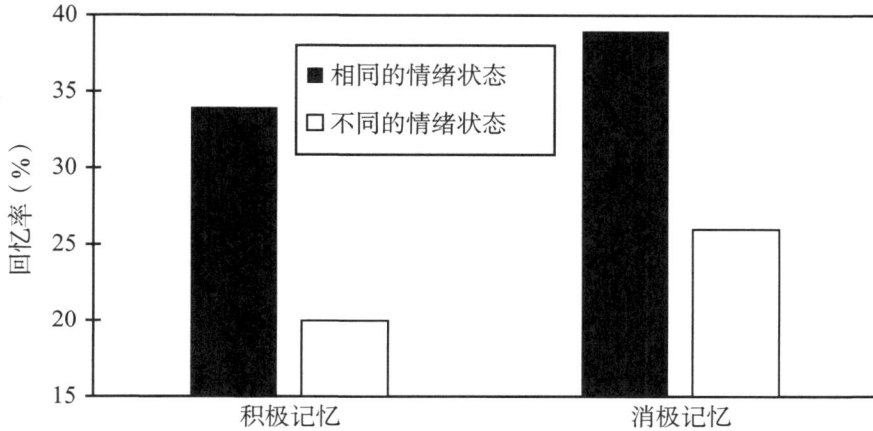

图 5-16 双相情感障碍患者的情绪依赖

研究人员在各种精神障碍患者中都发现了情绪状态（心境）依赖性（Delgado et al.，2012；Goodwin，1974；Kwiatkowski & Parkinson，1994；Reus et al.，1979；Schacter & Kihlstrom，1989；Wittekind et al.，2014）。

总而言之，虽然对非临床人群的实验室研究表明，个体的情绪状态会显著影响记忆的所有阶段（编码、存储、检索），但研究表明，这些偏差在某些精神障碍中可能会加剧。研究还表明，当被试在编码记忆和回忆时处于相同的情绪状态时，情绪对记忆的影响更大。

5.4 结论

致力于研究情绪和记忆之间联系的心理学家，与研究情绪和注意之间联系的心理学家一样，都在研究中采取了相同的研究取向（在目标和方法方面）。为了确定情绪是否及如何影响记忆，他们研究了个体差异、衰老和精神障碍的作用。研究结果清楚地表明，这三种因素都可以调节在不同实验任务中观察到的情绪记忆偏差。这些实验任务主要用于探索记忆、不同的刺激和不同的记忆机制。

对个体差异的研究表明，情绪对个体的影响各不相同。在某些情况下，个体特征（如人格特征）会调节情绪对记忆的特定影响。正如我们所看到的，焦虑的个体倾向于更好地记住带有负面情绪性信息。

衰老也是如此。随着年龄的增长，情绪对记忆的影响会发生变化。老年人倾向于更好地记住积极情绪性信息，而年轻人倾向于更好地记住和回忆消极或中性情绪性信息。

研究还发现，在一些精神障碍中，记忆偏差会被放大。正如我们所看到的，当被诊断为患有双相情感障碍的个体在编码和回忆过程中处于躁狂状态时，其情绪依赖性会被放大。

有趣的是，这些关于个体差异、衰老和精神障碍的发现支持了这样一个假设：情绪状态不仅影响个体的记忆表现，而且影响个体用来编码、存储和回忆信息的特定机制。情绪状态的影响可以独立于要记住的信息的情绪效价的影响，或者与之一起产生作用（例如，处于消极情绪状态的人会更好地保留情绪消极的信息）。

当然，这类基础研究在应用层面也有一定影响。它告诉我们，在什么情况下，真假信息都会被记住，以及情绪在不同年龄和不同类型的人的记忆中所起的作用。这项研究的结果也可以在诊断和治疗层面上帮助临床医生。例如，它可以揭示错误记忆的产生和作用，也有助于确保患者和老年人在最佳条件下接受测试，最大限度地提高回忆信息或事件的准确性。最后，这些结果在情绪具有重要作用的某些领域（例如，收集有关袭击或强奸的证人证词）里可能会至关重要。

第6章

情绪、判断、决策和推理

6.1　本章概要

综合或高级认知活动包括判断、决策和推理。研究判断和决策的心理学家试图理解个体如何做出判断，估计不同事件的可能性或陈述的合理性（例如，"今天下雨的可能性有多大？""这种分子真的能治愈那种疾病吗？"），以及在几个选项中做出决策或选择（例如，"我要买哪辆车？"）。从事推理工作的人试图理解个体是如何得出推论的，也就是说，我们如何从一种情况或一系列信息中得出结论或获得（新的或旧的）信息。与其他认知活动一样，通过调查不同因素（情境、刺激或个人特征）对被试表现的影响，研究人员可以理解判断、决策和推理中涉及的机制。在每种情况下，一个重要的问题是情绪是否会影响这些活动，如果是，具体如何影响或通过什么机制影响这些活动。

情绪对高级认知活动影响的研究依赖于认知心理学中获得的关于判断和决策（Kahneman，2011；Lainey，2013；Newell et al.，2015）及推理（Bonnefon，2011；De Neys，2021；Feeney & Thompson，2014；Manktelow，2012；Rossi & Van der Henst，2007）的知识。

为了理解情绪在判断、决策和推理中的作用，心理学家使用了研究情绪对认知作用的常用方法（Angie et al.，2011；Lerner et al.，2015；Rolls，2014）。他们会分析被试做出判断、决策或进行推理的情境或陈述的情绪内容的影响。

在让被试进行判断、决策或推理任务之前，研究人员会诱导被试的情绪。这与其他认知领域的做法相同，即让被试观看情绪性或中性电影，观看中性或情绪性图片，描述关于自己生活的情绪性故事，阅读带有情绪性或中性内容的文本，或者听之前研究证明会触发情绪（或不触发情绪）的音乐等。此外，研究人员还可以通过研究拥有不同情绪特征、被诊断为不同精神障碍的、不同年龄的个体如何判断、决策和推理来评估情绪在判断、决策和推理中的作用。

本章将先讨论情绪对判断的影响，然后讨论情绪对决策的影响，最后讨论情绪对推理的影响。我们将看到情绪会影响这些方面：对不同事件发生可能性的评估、决策及作为推理基础的推理机制。

6.2　情绪和判断

我们在做决定时首先要做的事情之一就是所谓的判断。判断使我们能够评估可以选择的不同选项的可能性。例如，与很少或根本没在大学学习过的人相比，一个在大学学习多年的人有多大可能会过上充实、具有挑战性的职业生活？或者，他得到一份工作机会的概率有多大？或者，考虑到今天早上阳光明媚，一整天都是晴天（或下雨）的可能性有多大？要从多种可能性中选择一种，我们需要评估每种可能性的概率。我们还会评估每个选项对我们的重要性（或主观效用）。例如，在所有可供租赁的公寓中，（与位于市中心或城市郊区相比）公寓的宽敞明亮程度这个选项重要吗？由此，决策涉及判断过程，我们需要在其中评估每个选项的主观价值及其可能性。因此，心理学家需要研究不同的情绪如何影响判断，以确定情绪是否会影响个体做出什么决定及如何做出决定。

为了研究影响判断的因素和个体形成判断的机制，心理学家会向被试呈现多种可能性或事件，并要求他们估计其可能性（例如，死于癌症的概率是多少，死于交通事故的概率是多少），或者表明他们的偏好（例如，你更喜欢跑步还是武术）。用于判断研究的任务多种多样（如频率比较、概率估计、偏好判断等）。研究表明，判断会受个体情绪状态的影响。在这里，这种影响可以通过两个实验效应来说明：情绪驱动的高估偏差和情绪一致性。

6.2.1 高估偏差

约翰逊（Johnson）和特韦尔斯基（Tversky）证明，当人们处于消极情绪状态时，往往更倾向于高估消极事件发生的概率。在他们的研究中，被试被分为三个实验组和一个对照组。所有小组的被试都从阅读两份简短的填充文本开始。之后，三个实验组中的人阅读了另一篇关于年轻人死亡（死因分别是白血病、凶杀或火灾）的详细故事，该故事能让人产生较强的情绪波动。最后，被试对 17 种死亡原因（如白血病、交通事故等）的可能性进行估计。结果表明，情绪组的被试估计的各种死因的概率高于对照组被试。例如，在该研究的一个实验中，约翰逊和特韦尔斯基发现，情绪组估计不同死因的概率比对照组平均高 74%。有趣的是，情绪组的高估不具有原因特异性，即不只高估与他们阅读的故事中死亡原因相似的死亡概率，而是高估不同原因的死亡概率。例如，在阅读了死于火灾或谋杀的故事后，他们高估了死于白血病或肺癌的概率，这和他们阅读死于白血病的故事之后估计死于白血病或肺癌的概率一样高。

同年，施瓦茨（Schwarz）和克罗尔（Clore）发表了一项研究，其结果表明，情绪甚至会影响我们对自己生活的总体判断，如我们是否快乐或满意。在两个实验中，他们要求被试对自身的生活满意度（1—11 分）和总体幸福感（1—7 分）进行评分。在一个实验中，在执行这些评分任务之前，被试需要写下生动的细节，描述最近一次让他们感觉"非常好"或"非常糟糕"的生活事件。在另一个实验中，评分是在晴天或雨天进行的。研究数据显示，被试认为自己在晴天比在雨天更快乐，对自己的生活也更满意；在描述了一件让他们感觉良好的事情而不是一件让他们感觉糟糕的事情之后，被试认为自己更快乐，对自己的生活也更满意（见图 6-1）。

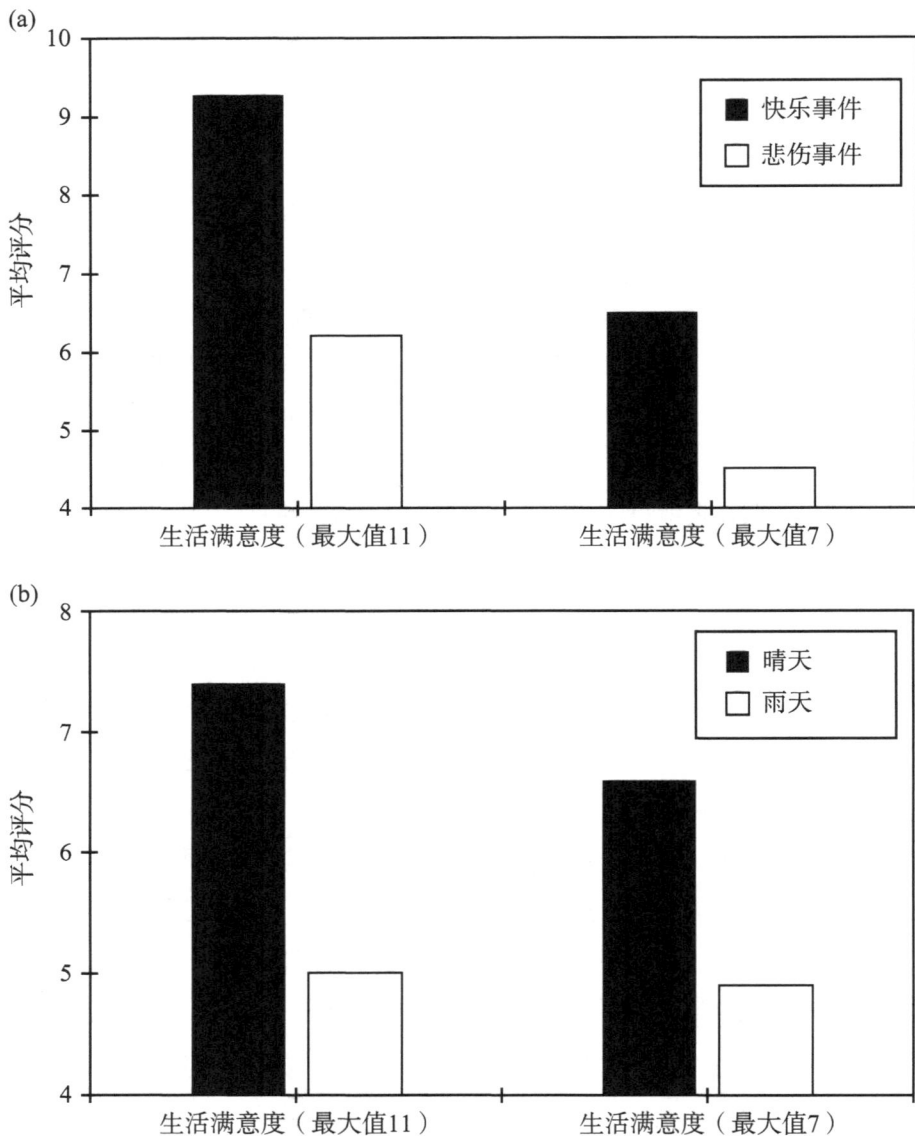

(a)

(b)

图 6-1 背景效应和判断

6.2.2　判断和情绪一致性

情绪对我们判断的第二个影响是情绪一致性，这在大量实证研究文献中得到了论述。这种影响指的是我们的判断往往与当前的情绪状态相匹配。举例而言，一个快乐的人比一个悲伤的人更有可能将事件判断为积极事件（如明天将是晴天）。例如，康斯坦斯和马修斯研究就证明了这一点（Constans and Mathews，1993）。在该研究中，他们要求被试判断积极或消极生活事件的可能性。大约在这项任务开始前 10 分钟，他们让被试想象一系列消极事件［例如，"想象你的配偶（或未来的配偶）将离开你"］或积极事件（例如，"想象你在所有期末考试中都表现出色"），从而诱导被试的积极或消极情绪。之后，他们要求被试在 0（"不可能"）到 8（"极有可能"）之间对各种事件的可能性进行评分。其中一些事件与情绪诱导任务中的项目相同［例如，"你的配偶（或未来配偶）将离开你"］，而其他事件则与情绪诱导任务中的项目不同（例如，"你将在街上被暴力抢劫"）。

在积极或消极情绪条件下，被试对不同积极和消极事件的主观风险估计表现出了情绪一致性效应（见图 6-2）。与那些一开始被激活消极情绪的人相比，那些一开始被激活积极情绪的人判断积极事件的可能性更大，消极事件的可能性更小。研究人员在无论是否通过请被试回忆特定事件来诱导被试情绪的情况下都发现了相同的结果。

各种实证研究表明，当被试对自己当时的情绪状态或情绪进行评估时，情绪一致性会影响概率判断。例如，迈耶（Mayer）及其合作者在 1992 年开展了一系列大规模研究，并且在没有使用实验程序来诱导情绪的状态下，发现情绪影响实验室外的概率判断。在一项对美国新罕布什尔州人口的代表性样本（包含 524 名被试）的调查中，他们使用情绪量表将被试在参与研究时的情绪状态分为积极的或消极的。之后，他们要求被试对新罕布什尔州发生的一系列积极或消极事件的可能性做出判断。例如，积极事件中的一个问题是："在新罕布什尔州，婚姻能给夫妻双方带来长期幸福的可能性有多大？"

消极事件中的一个问题是："未来五年内发生核战争的可能性有多大？"其他积极事件涉及长期友谊、经济改善和浪漫爱情，而其他消极事件则是婚后5年内离婚、工作机会减少以及成为犯罪受害者。被试需要在0%（"没有机会"）到100%（"绝对肯定，或将发生在每个人身上"）的范围内对每个事件的可能性进行评分。

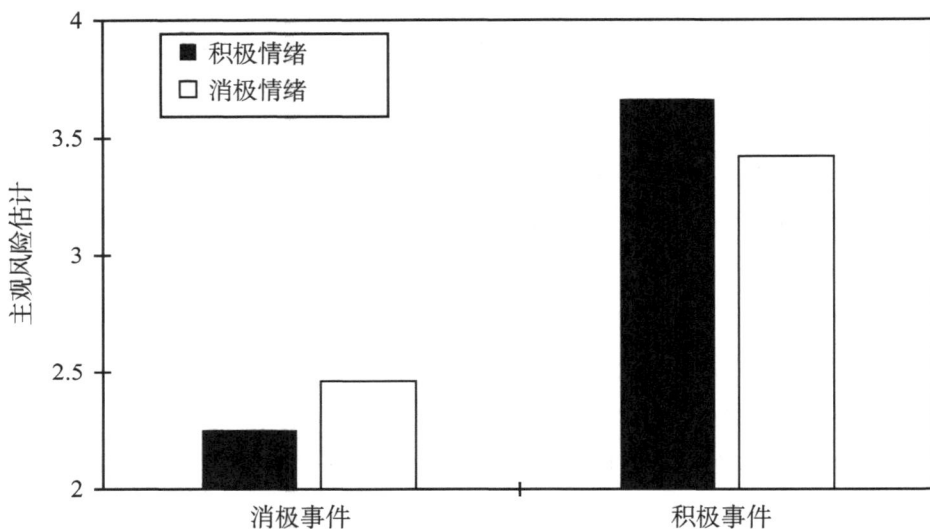

图 6-2　情绪一致性对风险判断的影响

概率判断显示，与处于消极情绪状态的被试相比，处于积极情绪状态的被试认为积极事件更可能发生。相反，与处于积极情绪状态的被试相比，处于消极情绪状态的被试认为消极事件更可能发生（见图6-3）。

概率判断中的情绪一致性在实验室（Alhakami & Slovic，1994；Bhanji & Beer，2012；DeSteno et al.，2000；Drace et al.，2010；Forgas，2000，2001；Forgas et al.，2001；Isen et al.，1988；Keltner et al.，1993；Lerner et al.，2003，2004；Lerner & Keltner，2000，2001；Quraishi & Oaksford，2013；Schwarz & Clore，2007，1996；Siemer & Reisenzein，1998；Slovic et al.，2005；Slovic & Peters，2006；Tiedens & Linton，2001；Västfjäll et al.，

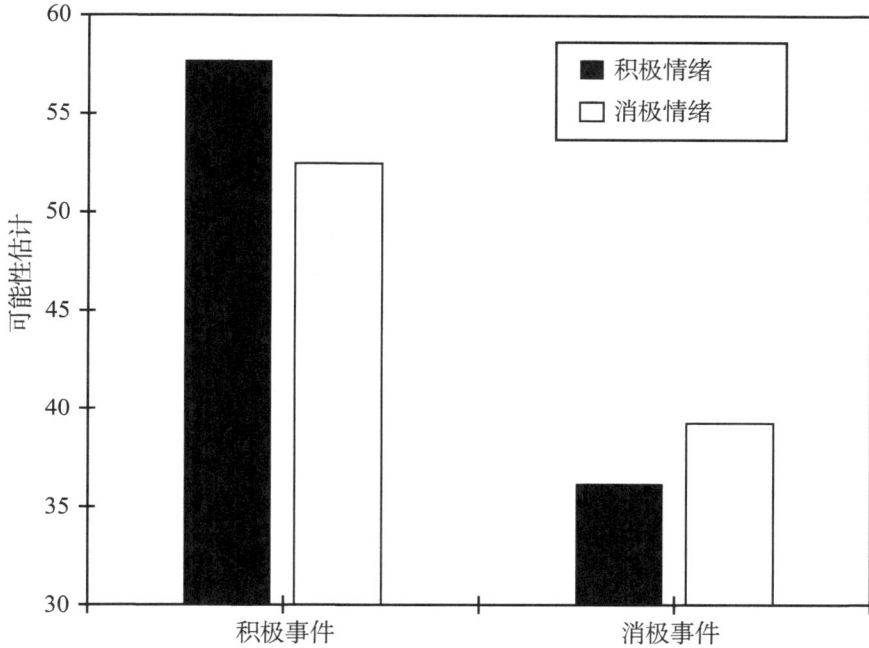

图 6-3 实验室外的情绪一致性

2016）和实验室外（Danvers et al.，2018；Fischhoff et al.，2005；Lerner et al.，2003，2004；Lu & Schuldt，2015；Mayer et al.，1992；Mayer & Hanson，1995；McFarland et al.，2003；Small & Lerner，2008）已经多次得到验证。实验室外的一个例子是勒纳（Lerner）等人的研究，在该研究中，他们对 2001 年 9 月 11 日纽约市袭击事件后具有代表性的美国亲历者样本进行了调查。在该调查中，他们让一些受访者详细描述袭击让其感到恐惧的原因，接着让这些受访者接触诱导恐惧的有关恐怖袭击风险的媒体报道，从而让其陷入恐惧状态。其他受访者则通过一个类似的序列被诱导愤怒：他们首先描述了袭击事件让其愤怒的原因，然后感受媒体对其他国家庆祝袭击事件的报道。结果表明，恐惧组的受访者倾向于认为未来会发生恐怖袭击事件的风险较高，而愤怒组的受访者则认为未来会发生恐怖袭击事件的风险较低。两种消极情绪之间的差异表明，情绪的影响可能会因个体的情绪状态和需要判断的事件的情绪效价而有所不同。

另一个例子是科恩－查拉什（Cohen-Charash）等人的研究，在该研究中，他分析了关于股市投资者情绪波动的报纸报道（通过对交易者情绪相关的新闻文章中情绪词汇的使用进行分析）与纳斯达克（NASDAQ）价格波动之间的关系。他们的分析显示，开盘时斯达克的股票价格反映了交易员前一天报告的情绪。如果某一天交易者报告的情绪良好，那么第二天早上交易所开盘时纳斯达克的股票价格就会上涨，而如果交易者报告的情绪不佳，那么该价格就会下跌（在 26 个国家发现的晴天数与股票回报率之间的正相关）。

总之，大量研究文献表明，情绪会影响个体的概率判断。研究人员也可以通过更多的定性判断观察到这种情绪者效应，如道德判断（Landy & Goodwin，2015）。在情绪性和中性状态下个体会做出不同的判断。情绪可能会导致个体高估或低估某些事件发生的概率。这些情绪驱动的估计偏差可以在事件本身具有情绪效价的情况下被放大或缩小，同时这些情绪效价可能与做判断的人当前的情绪状态一致或不一致。

概率判断在我们的决策中至关重要。我们将在下一节中看到，正如情绪对判断有直接或间接的影响一样，情绪也会影响个体做出的决策。

6.3　情绪和决策

许多研究表明，决策受到情绪积极性和消极性的影响。研究人员已经在各种决策任务中对悲伤、厌恶、喜悦和愤怒等多种情绪对决策的影响进行了检验。结果表明，情绪会在广泛的、不同的环境中影响个体做出决策，这些影响因情绪和任务的不同而不同（Keltner，1995；Phelps et al.，2014；Västfjäll et al.，2016；Västfjäll & Slovic，2013）。我们将首先通过介绍积极情绪对决策影响的研究来阐述这些结果，然后通过介绍消极情绪对决策影响的研究继续论述。

6.3.1 积极情绪和决策

许多研究表明，当感受到积极情绪时，我们往往会做出风险较小的决定。例如，伊森（Isen）和杰瓦（Geva）在诱导积极情绪和控制条件下对被试进行了测试（Isen and Geva，1987；see also Cheung & Mikels，2011；Gigerenzer，2007；Gosling et al.，2020；Isen & Patrick，1983；Mailliez et al.，2020；Miu & Crişan，2011）。在他们的研究中，当被试到达实验室参加实验时，处于积极情绪状态的被试会收到一袋装饰过的糖果，以感谢他们参与实验，而对照组则没有收到任何东西。接着研究人员邀请被试玩轮盘赌游戏。被试会得到 10 个扑克筹码，被试在 3 种风险条件的其中一种之下接受测试。在低风险条件下，被试可以在一轮中只下注 1 个筹码，在中等风险条件下下注 5 个筹码，在高风险条件下下注 10 个筹码。被试被告知，如果他们赢了（即他们在一轮中选中了中奖号码），他们将赢得下注的金额（即在低风险、中风险和高风险条件下分别赢 1、5 或 10 个代币）。但如果输了，他们就会失去下注的金额。被试（在心理学导论课上注册的本科生）被警告，输掉的筹码将从他们参与实验获得的学分中扣除（这是课程的必修部分）。然而，如果筹码数量增加，他们也将获得奖励。一旦向被试提供了这些信息，研究人员就会要求被试说明他们愿意为特定数量的筹码下注的风险有多大，即在 0（没有获胜的机会）到 1（确定必胜）的范围内，以 0.1 为间隔。例如，一名被试说，至少有 4/10 的获胜机会，他才会参加比赛，则其概率值为 0.4，而另一名被试可能会说，他只有在 8/10 的获胜机会时才会参加比赛，则其概率值为 0.8。请注意，高概率值（例如，0.8）意味着被试希望几乎肯定会赢得比赛，而低概率值（例如，0.3）则表明被试愿意冒更大的风险（因为他们即使在相对较低的获胜概率下也会参加比赛）。

结果清楚地表明，当赌注较高时，被试在积极情绪条件下比在中性情绪条件下需要更大的获胜概率才会参与游戏，而当赌注较低时，情况正好相反（见图 6-4）。由于潜在损失 / 收益较高（5 或 10 个筹码），被试表示，在积极情绪状态下，他们只有在至少有 65% 的概率获胜的情况下才会下注，而在中性情绪状态下，至少有 52% 的概率获胜的情况下他们才会下注。然而，当潜在损失 / 收益很小（1 个代币）时，处于积极情绪状态的被试需要 53% 的获胜概率才会下注，而处于中性情绪状态的被试下注的平均获胜概率为 59%。换句话说，在风险较高的情况下，在积极情绪状态下被试规避风险的行为多于中性情绪条件下被试规避风险的行为，而在风险较低的情况下，积极情绪状态下被试规避风险的行为则少于中性情绪条件下被试规避风险的行为。伊森和杰瓦对该结果进行了解释，他们提出了维持情绪状态的假设，即处于积极情绪状态的被试会有维持该情绪状态的目的，因此会避免可能降低甚至消除这种情绪状态的风险。

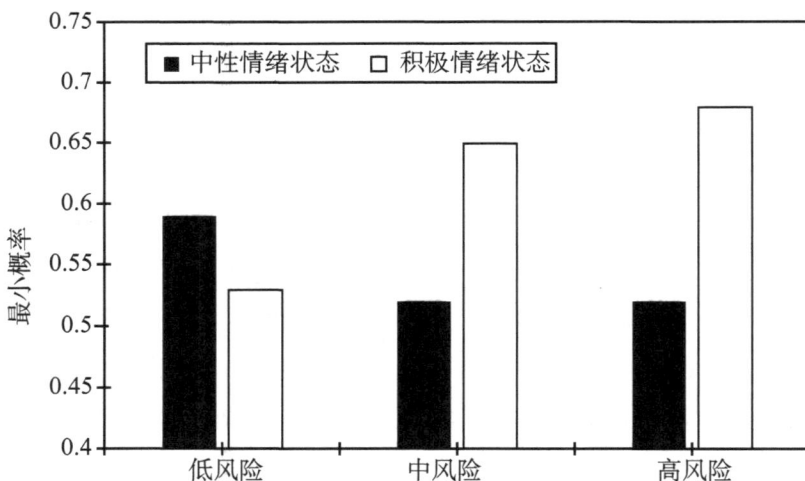

图 6-4　积极情绪和冒险

6.3.2　负面情绪与决策

许多研究表明，在压力的影响下，个体的决策会发生改变（Lighthall et al., 2009；Otto et al., 2013；Pabst et al., 2013；Porcelli & Delgado,

2009；Preston et al. 2007；Schwabe & Wolf，2009；Vinkers et al.，2013；von Dawans et al.，2012；Youssef et al.，2012；for effects specific to fear，see the meta-analysis by Wake et al.，2020）。总的来说，这些研究表明，在压力状态下，个体倾向于从一种基于深度信息加工的、相对系统的、基于成本效益分析的、拥有明确且确定目标的认知操作模式，转向一种更直观、更具启发性的模式，这种模式基于习惯性（尽管不一定更合适）的选择。因此，个体可能会做出利益较小但更确定的选择，或者做出更多使其损失利益的选择。

例如，波尔切利（Porcelli）和德尔加多（Delgado）让被试参与一个游戏，在这个游戏中，被试必须在两次赌博中做出选择，其中一次赌博的风险较另一次高（从某种意义上说，在给定实验中获胜 / 失败的概率较低，尽管多个实验的总体结果或预期值是相同的）。赌博的结果主要有两种：增益或亏损。在亏损的情况下，被试必须在"赌博 1：80% 的概率输掉 0.75 美元"和"赌博 2：20% 的概率输掉 3 美元"之间做出选择。在增益情况中，被试可以在"赌博 1：80% 的概率赢 0.75 美元"和"赌博 2：20% 的概率赢 3 美元"之间做出选择。在另一组赌博中，在亏损的情况下，被试可以在"赌博 1：60% 的概率损失 1 美元"和"赌博 2：40% 的概率损失 1.5 美元"之间做出选择。在收益情况中，他们可以在"赌博 1：60% 概率赢得 1 美元"和"赌博 2：40% 概率赢得 1.5 美元"之间做出选择。每名被试进行了 160 次实验，增益和亏损情况随机交替。他们的目标是在所有实验中增益最大化。实验的一半是在压力条件下进行的，一半是在无压力对照条件下进行的。在压力条件下，被试必须将手浸入冷水（4℃）中两分钟，而在对照条件下，他们将手浸入室温水（25℃）中两分钟。之前的研究已经证实，这种被称为冷压痛任务的过程会给被试带来压力。波尔切利和德尔加多还通过测量皮肤电来检查被试的压力水平。其中，皮肤电是压力的良好指标。研究人员分析了在压力和对照条件下，以及在成功和失败的版本中，"风险"选择（低概率赌注）的比例。

结果显示，压力会引起反射效应增强，就是使亏损概率最小化，使增益概率最大化的趋势（见图 6-5）。在增益实验中，被试在压力条件下选择的赌注明显少于对照条件下选择的赌注，这样的赌注获得比对照组更高增益的概率较低。因此，压力似乎会导致被试选择最大化收益机会，而不管其增益大小。在亏损实验中，情况正好相反：与对照组相比，被试在压力条件下更倾向于选择概率较低、亏损较高的选项。因此，压力似乎会促使人们努力将亏损的可能性降到最低，即使这意味着要冒更大亏损的风险。

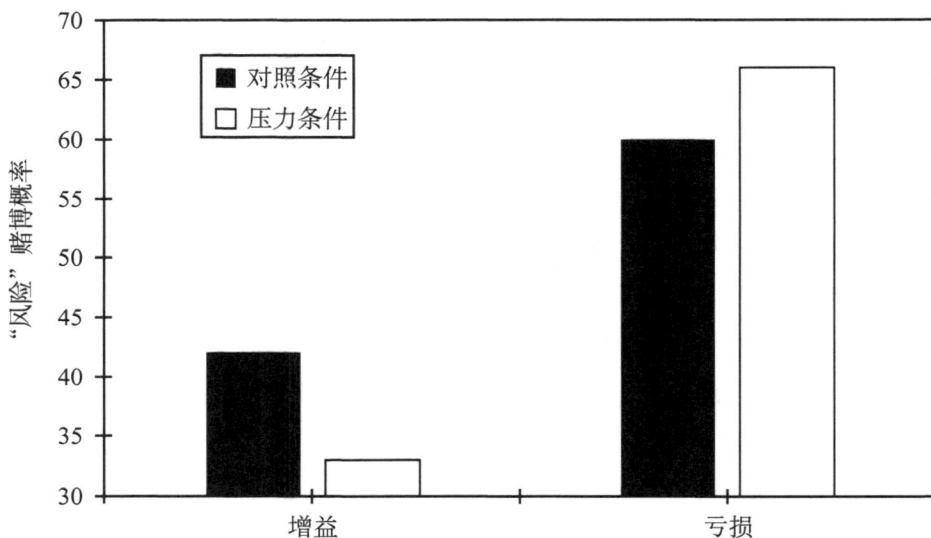

图 6-5　压力和冒险

压力会加剧决策过程中常见的认知偏差。在压力条件下，个体会采用自动信息处理，而不是进行深思熟虑的深度信息处理。此前的许多研究已经表明，在这种情况下，大脑默认选择的是增益概率最高、亏损概率最低的选项（Masicampo & Baumeister，2008）。压力只会放大这些认知偏差。根据这一假设，在词汇再认任务中，波尔切利和德尔加多发现被试在压力条件下的反应更快：压力会导致被试采取浅层但耗时更少的处理策略，以便更快地完成任务。

6.3.3 悲伤、焦虑和决策

拉古纳坦（Raghunathan）和法姆（Pham）就悲伤和焦虑等负面情绪如何影响冒险做了一系列实验。研究人员让被试从阅读一个剧本开始，要求他们尽可能细致地想象自己经历该场景，并尽可能产生强烈的情绪体验。研究预测，这些情景会引发悲伤（如父母突然去世）、焦虑（如因怀疑自己患有癌症而去就医）等情绪，或者并不能引发情绪（如对一个叫帕特的人描述日常生活事件）。在第一个实验中，被试必须在两种赌博中选择他们认为"更有吸引力"的一种，确定在必须选的情况下，他们会选择哪一种：（1）赌博A：赢5美元的概率为6/10；（2）赌博B：赢10美元的概率为3/10。请注意，赌博B的风险更高（从获得回报的概率较低这种意义上说），但获胜的预期收益较高。在第二个实验中，被试必须从两份工作中选择他们喜欢的那一份，如下所示：（1）工作A：高薪、低工作保障；（2）工作B：平均工资，高工作保障。请注意，这里的选择之一——工作A——是风险最大的（工作保障较低），但在短期内预期收益最高。

结果清楚地表明，首先阅读引发悲伤的剧本的个体倾向于选择风险更高的选项（收益最高），而激活焦虑的个体倾向于选择更安全的选项（收益较低）（见图6-6）。拉古纳坦和法姆还要求被试指出在做出决定时他们最看重什么——两个职位之间的工资差异还是工作保障的差异。焦虑的人更重视工作安全感，而悲伤的人则更重视薪水。这些发现符合"情绪修复"假说（Schaller & Cialdini，1990；Zillmann，1988）。根据该假说，处于消极情绪中的个体更偏好能改善其情绪状态的选择（例如，一个悲伤的个体因没有什么可失去的，所以会选择能带来最大潜在收益的选项；一个处于焦虑状态的个体则无论相关收益如何，都会因为一个更安全的选项而感觉更好）。但有研究人员认为，从追求情绪特定目标方面入手提出假设可以更容易理解实验结果（Schwarz & Clore，1988，1983）。根据这一假设，每种情绪都会触发一个特定的目标或目的。例如，他们认为焦虑可能会导致个体追求减少不确定性的目标（这可能是一笔较小但更可靠的收益），而悲伤可能会让个体希望尽可能多地增加幸福感（通过更高的收益实现这一目标是最好的方法）。为了检验这一假设，在第三个实验中，研究人员重复了第一个实验的方案（在诱导悲伤或焦虑后，在两次赌博中做出选择）。拉古纳坦和法姆发现，情绪低落的个体只有在要求他们为自己选择这两种赌注时才会表现出这种风险偏好（Yang et al., 2018；Zhao et al., 2016）——如果要求他们代表其他人选择，这种偏好就会消失。换句话说，当个体的目标是为自己选择还是为他人选择时，选择的结果也会存在差异（Forgas, 1991）。

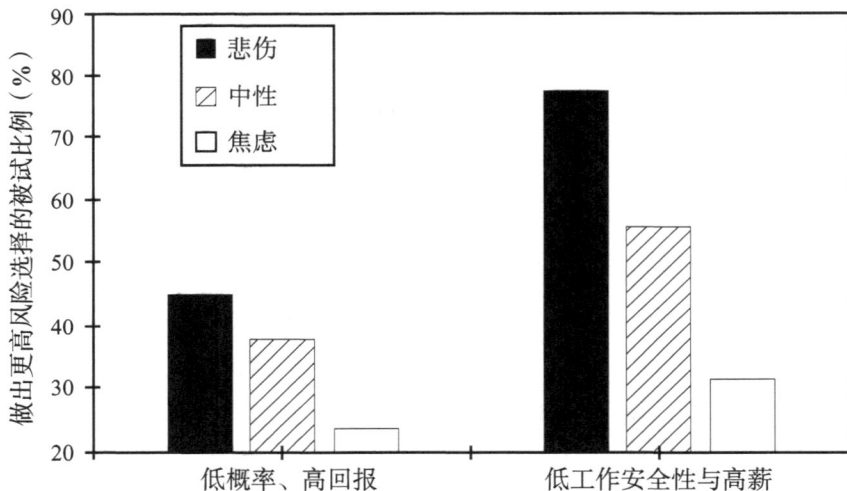

图 6-6　情绪和风险

6.3.4　厌恶与决策

当个体处于令人厌恶的境地时，会做出什么样的决策？莫雷蒂和狄·佩莱格里诺（Moretti and di Pellegrino, 2010）在一项研究中调查了这个问题。他们让被试玩所谓的最后通牒游戏。在这个游戏中，一个玩家（提议者）提出一种方法，在他们和另一个玩家（响应者）之间分配预先设定的金额，然后由后者决定是否接受提议的分割。例如，如果有 10 欧元可在两者之间分配，那么提议人可能会提出自己拿 6 欧元，并给响应者 4 欧元。如果响应者接受，那么每个人分别收到提议的金额。如果响应者拒绝，那么两个玩家都不会收到任何东西。响应者通常会拒绝低报价（低于总额的 20%）。因此，如果分摊 10 欧元，提议者必须提供至少 2 欧元，以使响应者接受（Henrich et al.，2006；Knoch et al.，2006）。莫雷蒂和狄·佩莱格里诺想知道这种现象（这种现象通常被理解为相对平等偏好，即强烈互惠或互惠正义）是否受到情绪环境的影响。在他们的研究中，每个被试都扮演了 12 次响应者的角色，12 个不同的匿名提议者是与研究人员合作的演员（配合研究人员进行实验操纵的假被试）。在 12 轮中，每个被试收到 6 次拆分的 2 个报价（提议者金额：响应者金额）：9 欧元：1 欧元，8 欧元：2 欧元，7 欧元：3 欧元，6 欧元：4 欧元，5 欧元：5 欧元，4 欧元：6 欧元。在玩游戏之前，被试在 3 种情绪状态中的 1 种中看到了 13 张图片。这些图片在一种情况下引发厌恶（如呕吐、变质的食物），在另一种情况下引发悲伤（如葬礼场景、人们哭泣的场景），而在第三种情况下，他们情绪中立（如风景、动物）。

图 6-7 显示了拒绝至少 50% 提议的被试比例（见图 6-7a）和拒绝不公平分配（即 1 欧元～ 3 欧元的报价）的被试比例（见图 6-7b）。数据显示，厌恶状态下拒绝至少 50% 提议的被试人数远多于悲伤状态下的被试人数，而悲伤状态下的被试人数则多于中性状态下的被试人数。但厌恶与拒绝并非线性关系，也独立于提议本身的公平性：厌恶条件下的被试与悲伤和中立条件下的被试相比，极少接受不公平的提议（1 欧元～ 3 欧元：分别为 16%、54% 和 59%）。因此，厌恶增加了强烈的互惠或互惠性正义。研究人员还记录了与每一次提议相关的不公平感。厌恶条件下的被试比其他两种条件下的被试明显表现出更强的不公平感（见图 6-7c）。换句话说，厌恶的激活明显加剧了最后通牒游戏中的不公平行为相关的情绪反应（及随后的决定）。

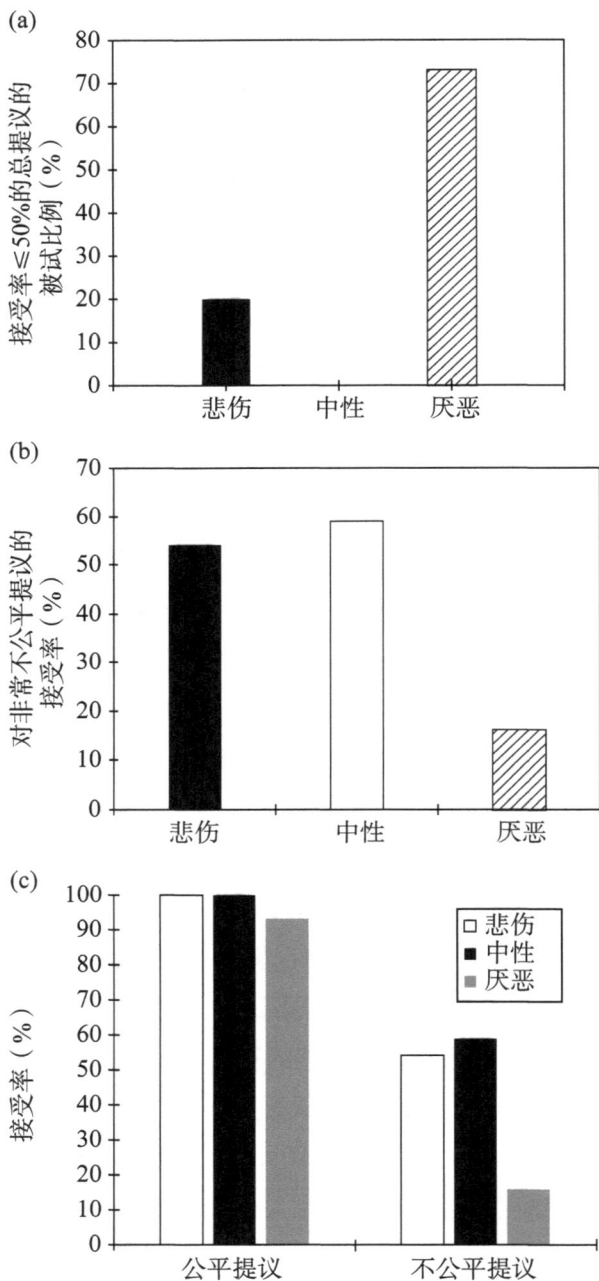

图 6-7　负面情绪、公平性和决策

这种结果模式已在多项研究中得到验证（Andrade & Ariely，2009；Ariely & Loewenstein，2006；Ford & Merchant，2010；Hanley et al.，2016；Harlé & Sanfey，2007；Lerner et al.，2004）。以哈尔（Harlé）和桑菲（Sanfey）的研究为例，在该研究中，他们让被试在悲伤、愉悦或中性情绪状态下参与最后通牒游戏。研究人员通过让被试观看已知会诱导悲伤、愉悦情绪或不会诱导情绪的电影片段来激活这些情绪。不公平提议的拒绝率在悲伤条件下显著高于其他两种条件下的（在其他两种条件下拒绝率相等）（见图 6-8）。当哈

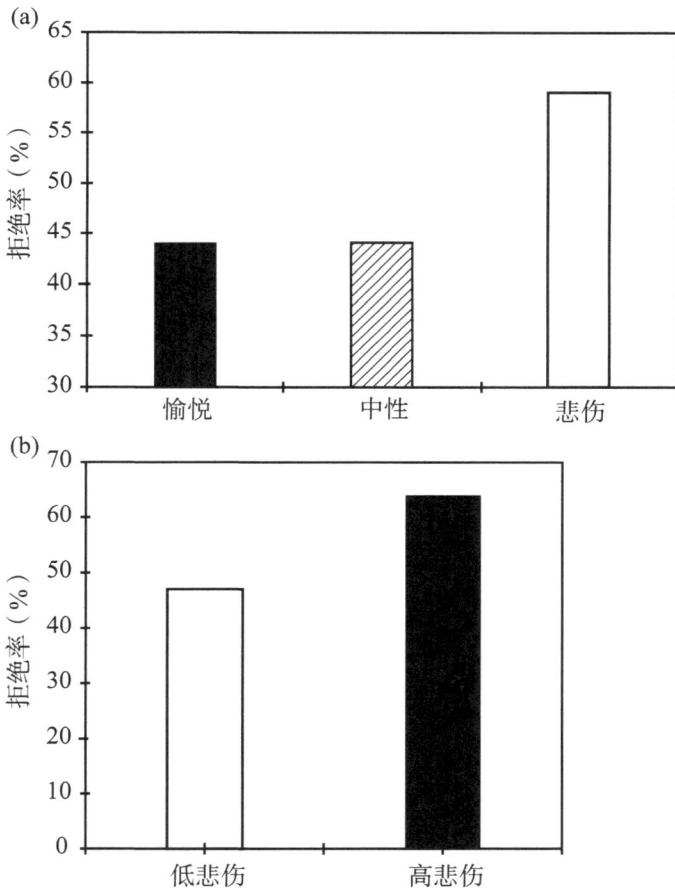

图 6-8　情绪与最后通牒游戏

尔和桑菲比较不同悲伤程度的被试拒绝不公平提议的比例时，他们发现悲伤程度和拒绝率之间存在显著相关性：被试越悲伤，越可能拒绝不公平提议。请注意，不管他们的情绪状态如何，超过97%的被试接受了公平的出价（即提议者在10美元中给了接收者4美元或5美元），排除了悲伤状态下的被试普遍存在拒绝偏差的假设。

6.3.5 无意识情绪和决策

情绪是否需要有意识地被感知才能影响我们的决定？实证研究的结果表明答案是否定的。例如，温凯尔曼（Winkielman）等人研究了阈下激活的情绪能否改变人们的决定。他们要求被试在倒出和饮用自己选择的饮料之前，从0（完全不渴）到11（非常渴）对自己的口渴程度进行评分。饮料的甜度、颜色和风味各不相同。他们还要求被试根据一些特征（美味度、解渴能力等）对饮料本身进行评价。但在执行这些任务之前，被试执行了一项性别分类任务：在两个阶段中，研究人员在每一个阶段向他们呈现了一系列男性和女性面孔，持续400毫秒，被试需要报告每张面孔是男性还是女性。在基线阶段，在执行饮料任务之前，被试在8张中性面孔上完成这项任务。在测试阶段，被试也看到了8张中性面孔，但在他们不知情的情况下，在每一张中性面孔呈现之前，阈下呈现了另一张面孔（持续16毫秒）。这张阈下呈现的面孔可以是中性的、快乐的或愤怒的（每个被试只看到一种阈下表情）。在第二组实验之后，被试再次完成了饮料任务。通过额外的测试，研究人员证实了被试没有意识到这些阈下呈现的面孔。然后，他们观察被试倒出和喝下的饮料量及其报告的口渴程度，以确定这是否会受阈下呈现的情绪化或中性面孔影响。

与中性面孔条件下的被试相比，非常口渴的被试在阈下呈现愤怒表情后饮用量较少，而在阈下呈现快乐表情后饮用量较多（见图6-9）。虽然在不同的阈下启动条件下，口渴程度较低时测得的平均容量不同，但这些差异并不显著。阈下触发的情绪状态显然能够影响口渴被试的行为。这些数据表明，个体没有意识到的情绪也会影响其决策（Liu et al.，2014；Skandrani-Marzouki & Marzouki，2010）。

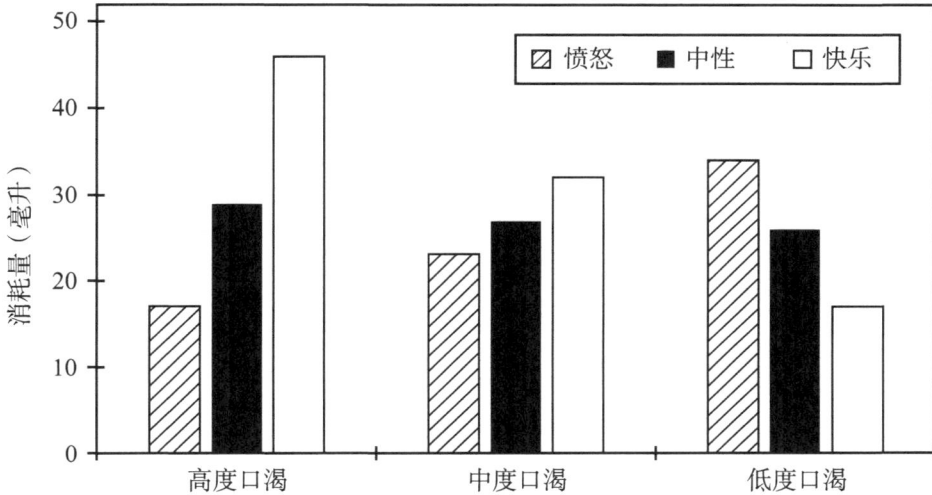

图 6-9　无意识情绪和决策

6.3.6　情绪与决策：情绪充与决策模型

勒纳等人提出了一个决策的通用模型，在这个模型中，他们将情绪融入了传统方法（而不是简单包含进去）。图 6-10 显示了他们的情绪充与决策（Emotion-Imbued Choice，EIC）模型。该模型做出了三个重要假设：首先，决策者必须在同一时刻在多个选项之间做出选择，而不能寻求更多信息，也不能确定当时可用选项之外的其他选项；其次，该模型在做出决策时停止，不包括所选选项实际引发的后果和感受（仅包括预期后果）；最后，尽管该模型包含生理方面的内容，但它并不能用来解释反射性（本能）决策反应（例如，对突然出现的响亮声音做出往后跳或僵住的反应）。

EIC 模型结合了以前的决策模型。在该模型中，决策者会对每个选项的

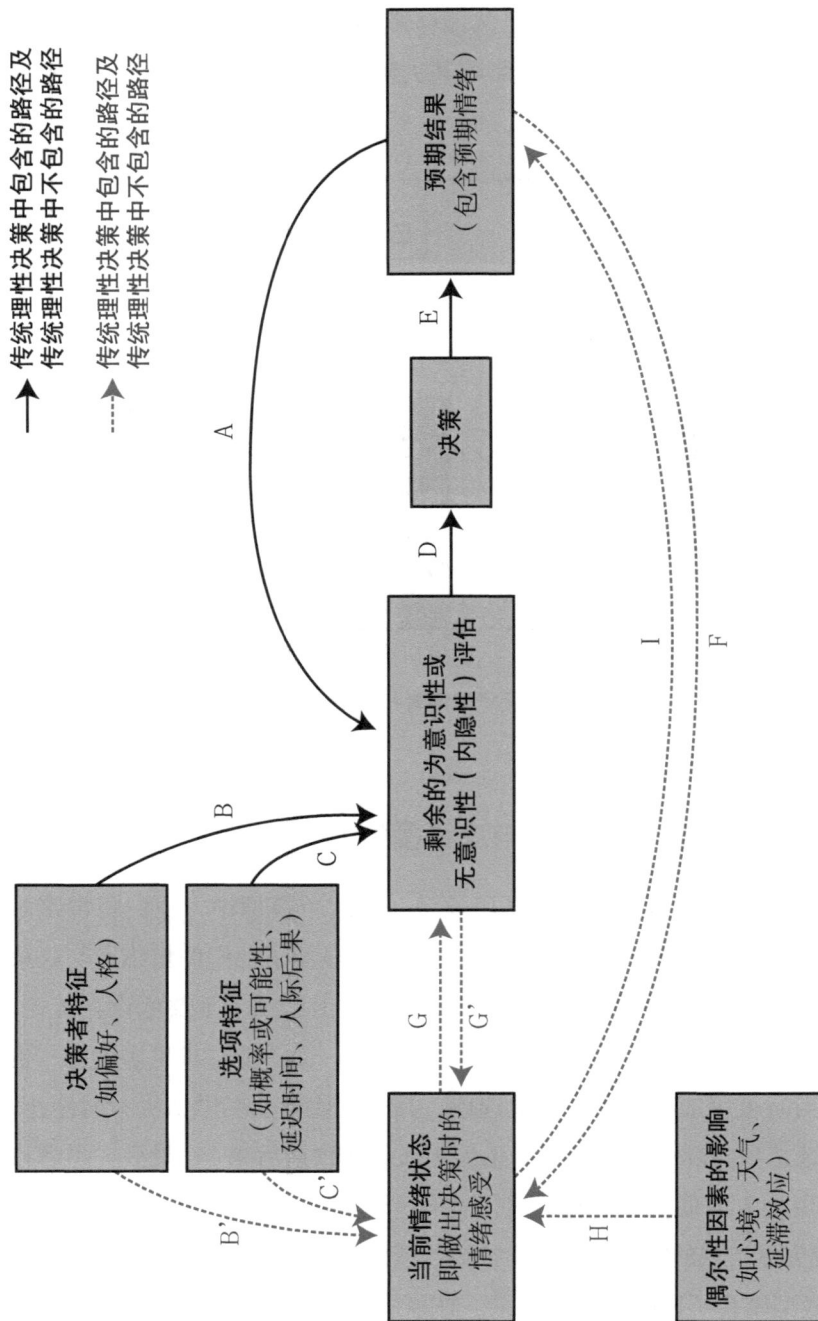

图 6-10　EIC 决策模型

主观价值和概率、时间表（一些选项会立即产生结果，而另一些选项的结果可能会延迟出现）及决策者的个人特征（例如，高度厌恶风险的人会做出较少的风险决策）进行编码。决策者会综合所有这些因素来评估每个选项，并选择主观价值最高的选项。情绪可以改变决策者赋予每个选项的主观价值（或效用），并可以通过改变个体的评估策略（启发式与分析性）或目标（例如，快速决策与尽可能做出最佳决策）来实现这一点。EIC 模型还具体说明了情绪**如何**影响个体做出决策时激活的评估机制。首先，情绪会通过影响偏好（或主观效用或个人价值）评估过程，特别是通过改变决策者认为自己在做出决策后会感受到的情绪（如后悔或满意）来做到这一点。换句话说，情绪是决策者在做决策时考虑的信息。其次，情绪可以通过不同的情绪来源影响决策。其中一些来源被认为是必不可少的。这些来源涉及与决策本身相关的情绪，尤其是决策者自身的特征，以及选项的特征。还有一些来源被称为偶然性的信息来源，这些来源与决策者的情绪状态有关。这种情绪状态（例如，决策者在做出决策时的心境或天气）不一定与决策或选项有关。

这个模型有很多优点。例如，它将情绪整合到决策中，并具体说明了情绪如何影响决策和决策的过程。毫无疑问，随着对决策及情绪对决策的影响的了解不断加深，该模型还将得到进一步发展。

总之，许多研究已经发现，情绪会影响决策及个体做出决定的机制。当悲伤时，个体可能会因此做出风险更大的决定；而当焦虑时，个体可能会做出相反的决定；当感到悲伤甚至厌恶时，个体可能更倾向于拒绝不公平的决定。此外，重要的是，无论我们是否意识到情绪的存在，情绪都可以影响我们的决定。情绪不仅影响我们做出决定的类型，而且会影响可能支配这些决定的偏见。还有一点也非常重要，那就是现有研究已经表明，具有相同效价的不同情绪可以对决策产生不同的影响。在实验室研究的所有这些情绪对决策的影响也存在于日常生活中（Garland et al.，2010；Mikels et al.，2011；Quoidbach，Sugitani et al.，2019；Quoidbach，Taquet et al.，2019）。勒纳及其同事的理论强调了一个事实，即情绪可以通过多种机制影响决策：从改变个体的评估（主观效用和可能性）机制，到评估不同选择的预期结果（在情绪或其他项目方面）。

6.4　情绪和推理

推理使我们能理解周围的世界，与他人的关系，甚至我们自己的生活。心理学家试图确定推理——无论是演绎推理（通过将逻辑规则应用于前提来得出真实有效的结论）、归纳推理（根据特定的例子揭示规则）还是其他类型的推理——是否受情绪的影响。

与其他认知功能一样，实证研究表明，推理通常会（但并非总是）受情绪的影响。在某些情况下，个体的推理能力会被情绪（无论是积极的还是消极的）扰乱，而在另一些情况下，个体的推理能力会得到提高。这些情绪效应取决于推理任务的类型、推理中的刺激或情景的类型，当然还有我们推理时体验到的情绪。这些情绪效应可以用推理过程中激活的心理机制（或策略）的变化来解释（Blanchette，2013；Blanchette & Richards，2010；Forgas & Koch，2013）。本节将首先证实情绪干扰推理能力的研究结果，然后看一看证实情绪有助于更好地推理的研究结果。

6.4.1　情绪对推理的有害影响

各种实验研究表明，情绪会对我们的推理能力产生负面影响。举一个例子，布兰切特和理查兹在研究中比较了被试在不同情绪条件下陈述逻辑推理任务中的表现（例如，"如果 A，那么 B。A 是真的。B 是真的吗"）。这些陈述既可以是中性的（例如，"如果一个人是演员，那么他是外向的"），也可以是情绪性的（例如，"如果有危险，那么他会感到紧张"）。情绪性陈述包含悲伤、快乐和焦虑三种情绪。每个条件陈述都附有一系列四对小前提和一个问题（例如，"如果有危险，那么一个人会感到紧张。安妮处于危险的境地。她感到紧张吗"）。研究人员要求被试阅读这些陈述，并用"是""否"或"可能"回答每个问题。推理中的结论以随机顺序呈现，要么是明确的否定（例如，"盖尔不紧张"），要么是替代情景（例如，"盖尔在微笑"）。每个条件陈述的四个小前提对应于条件陈述的四种推理类型（前两种有效，后两种谬误）：肯定前件、否定后件、否定前件和肯定后件。

一般来说，被试在情绪性陈述中比在中性陈述中更倾向于使用谬误推理（否认前件，肯定后件，见图 6-11）。在有效的推理模式（肯定前件和否定后件）下，陈述的情绪性内容不会影响推理表现。

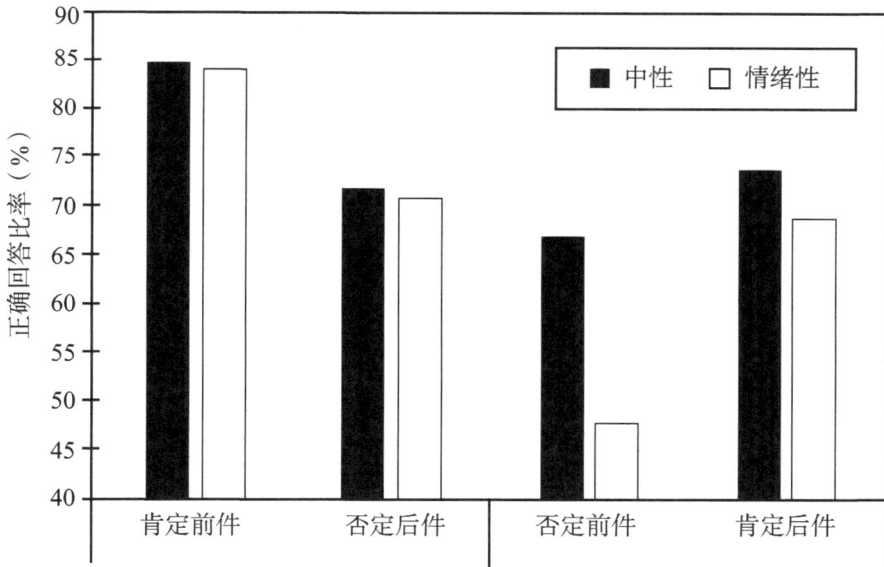

图 6-11 条件推理和情绪

注：在中性和情绪性状态下，对条件陈述的四种推理的平均正确回答率。情绪提升了错误推理的比例（否认前件和肯定后件），但不影响有效推理的比例。

研究人员分析了在不同情绪条件下的正确答案："是"（肯定前件陈述）、"否"（否定后件陈述）和"可能"（否定先件和肯定后件）。他们发现，对涉及有效的否定后件（及在较小程度上肯定前件）的陈述，与其他情绪性陈述相比，被试在焦虑性陈述中表现更好。在肯定后件的情况下，两种情绪性条件在推理方面没有差异，但在否认前件方面（涉及焦虑性陈述的表现优于涉及幸福的陈述）有轻微不同。

研究人员指出，在第一个实验中，这些陈述不仅在表达的情绪上不同，而且在语义内容上也不同。因此，目前还不完全清楚不同情绪状态表现的下降在多大程度上是由陈述诱导的情绪造成的，在多大程度上是由语义内容的差异造成的。因此，研究人员决定进行第二次实验。在该实验中，他们保持语义内容不变，只改变情绪内容。为了做到这一点，他们使用条件反射程序在相同内容和积极或消极（或中性）情绪之间建立联系。他们再次在实验中发现，与中性陈述相比，被试对情绪性陈述的推理表现更差。

研究人员发现了情绪对推理的负面影响，并且这种负面影响并不局限在对推理陈述的情绪性进行操控的实验中。研究人员在使用情绪诱导程序的实验中也观察到了这种负面影响。例如，奥克斯福特（Oaksford）等人在给被试看了一部七分钟的诱导情绪的电影后，让他们执行推理任务。在他们的研究中，被试被随机分配到以下四种情况当中：（1）积极情绪（被试观看喜剧电影片段）；（2）消极情绪（被试观看了一段关于压力的纪录片片段）；（3）中性情绪状态（被试观看了 BBC 自然纪录片的片段）；（4）对照条件（被试在推理任务之前没有看任何电影）。研究人员使用情绪问卷检查了情绪诱导程序是否有效（例如，观看喜剧电影的被试比观看关于压力的纪录片的被试报告的情绪更快乐）。观看完电影片段后，被试将执行演绎推理任务：沃森选择任务（Wason selection task）。

在奥克斯福特等人使用的任务版本中，被试阅读以下指导语。

你是菲律宾首都马尼拉国际机场的移民官员。在你需要检查的文件中有一张名为 H 表的表格。该表格的一面表明乘客是否正在入境或中转，而表格的另一面列出了热带疾病的名称。你必须确保，如果表格的一面写着入境，另一面的疾病列表中就包括霍乱。以下哪种表格你需要翻过来检查？只指出那些你需要确认的。

被试收到四张卡片（见图6-12）。其中一张卡片的正面写着"入境"，第二张卡片的正面写着"中转"。另外两张卡片分别显示了一系列疾病，一张包括霍乱，另一张没有。

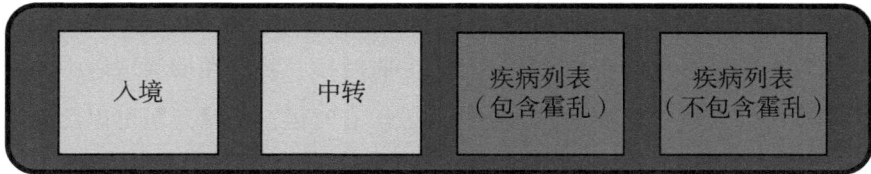

图 6-12　奥克斯福特等人在研究情绪对推理的影响时使用的四张卡片

研究发现，在情绪状态下，翻转正确卡片来测试规则（"入境"＋疾病列表中无霍乱）的人数少于在中性和对照状态下的人数。积极情绪状态下的人数少于消极情绪状态下的人数。例如，在所有接受测试的被试中，五名中性组被试和六名对照组被试翻转的表格组合是正确的，而积极情绪状态下只有一名被试正确，在消极情绪状态下正确的只有三名被试。在积极情绪状态下，九名被试将"入境"和包括霍乱在内的列表（显示出确认偏差）的组合进行了翻转，而在消极情绪状态下为四名，在中性和对照状态下各为三名。换句话说，当被试在推理时感受到情绪，他们的演绎推理能力就会下降。积极情绪往往会比消极情绪对推理产生更大的负面影响。荣格（Jung）等人在使用另一种情绪诱导程序的相同任务中发现了类似的结果（在完成任务之前，对被试进行了智商测试，并收到了对其表现的积极、消极或中性反馈）。他们发现，那些被诱导进入消极情绪（反馈暗示失败）的被试在推理任务中的表现不如那些被诱导进入积极情绪（反馈暗示成功）的被试，而那些被诱导进入积极情绪（反馈暗示成功）的被试在推理任务中的表现又不如那些接受中性反馈的被试（研究人员在条件推理任务中发现了相同的结果）。

这种情绪的负面影响，既源于陈述的情绪内容，也源于实验诱导的情绪状态，这一点已经被多次证明（Blanchette，2006；Blanchette & Leese，2011；Channon & Baker，1994；Melton，1995；Radenhausen & Anker，

1988；Trémolière et al.，2018；Trémolière & Djeriouat，2016；Viau-Quesnel et al.，2019）。

6.4.2　情绪对推理的积极影响

情绪并不总是扰乱我们的推理能力。有时候，我们在情绪情境中的推理能力和在中性情境中的推理能力一样有效。有时候，情绪甚至可以帮助我们更有效地推理。

布兰切特和坎贝尔比较了被试在三段论推理任务中的表现。他们使用的三段论由三种类型的陈述组成，即"全部 A 是 B，一些 B 是 C，一些 A 是 C"。在实验中，他们要求被试说明结论是否符合这两个前提。被试是经历过各种战争的退伍军人，其中一些人在战斗中有过强烈的情绪体验。在不同的条件下，三段论由三种陈述组成：一般情绪性陈述、战斗相关情绪性陈述和中性情绪陈述。三段论要么有效，要么无效。有些结论可信，有些结论令人难以置信（见表 6-1）。

表 6-1　布兰切特和坎贝尔使用的三段论示例

有效性	可信	不可信
战斗相关情绪性陈述		
有效	有些化学武器用于战争	有些化学武器很容易制造
战争中使用的所有东西都是危险的	所有容易产生的东西都是无害的	
有些化学武器是危险的	有些化学武器是无害的	
无效	一些儿童伤亡是战争不可避免的一部分	一些儿童伤亡是战争的一部分
战争的所有预期部分都是经过深思熟虑的。 战争的所有预期部分都令人沮丧		

（续表）

有效性	可信	不可信
一些儿童伤亡不是故意的	一些儿童伤亡并不令人沮丧	
一般情绪性陈述		
有效	有些恋童癖是牧师	有些恋童癖是牧师
所有牧师都是变态	所有牧师都是高尚的	
一些恋童癖是变态	有些恋童癖是高尚的	
无效	有些癌症是遗传性的	有些癌症是遗传性的
所有遗传性疾病都是致命的	所有遗传性疾病都会引起疼痛	
有些癌症不是致命的	有些癌症不会引起疼痛	
中性情绪陈述		
有效	有些茶是天然物质	有些茶是天然物质
所有的天然物质都是无害的	所有的天然物质都是固体	
有些茶是无害的	有些茶是固体	
无效	有些房子很现代	有些房子很现代
所有现代事物都是灰色的	所有现代的东西都是人造的	
有些房子不是灰色的	有些房子不是人造的	

　　结果显示，除了可信度和有效性的影响，这组被试在战斗相关情绪性陈述（成功率为56%）和一般情绪性陈述（成功率为54%）方面的表现优于中性情绪陈述（成功率为46%）。请注意，这种在情绪情境中推理能力的提高并不是退伍军人特有的。研究人员在许多人群中都发现了相同的结果（Blanchette et al., 2007；Blanchette et al., 2008；Caparos & Blanchette, 2016；Goel & Vartanian, 2011；Johnson-Laird et al. 2006）。

6.4.3 情绪和推理：机制是什么

情绪有时会提高推理能力，有时会破坏推理能力。因此，问题是情绪如何（即通过什么机制）在某些条件下阻碍推理，而在其他条件下促进推理。概括地说，情绪通过什么机制影响人们的推理，无论是积极的影响还是消极的影响？伊莎贝尔·布兰切特（Isabelle Blanchette）及其合作者提出的一个假设是，当情绪与手头的任务相关时，它会提高推理能力，当情绪与手头的任务无关时，它会破坏推理能力。当一种情绪与给定的推理任务相关时，它会使被试激活有效的推理机制，并适当地对之加以运用。然而，不相关的情绪会阻碍被试激活和／或正确使用这些推理机制。布兰切特及其合作者已经报道了许多支持这一相关性假说的发现。

例如，布兰切特等人让 54 名被试对条件性陈述（例如，"如果你饿了，那么你会吃东西"）执行推理任务。条件性陈述伴随着有效的推理方式［肯定前件（例如，"萨利饿了，所以她在吃"）或否定后件（例如，"萨利不吃，所以她不饿"）］，以及无效的推理方式［否定前因（例如，"萨利不饿，所以她不吃"）及肯定后因（例如，"莎莉正在吃东西，所以她饿了"）］。被试需要说明，根据前提条件，结论是否必要且合乎逻辑（有效）。研究人员将大前提（条件陈述）和图片一起呈现 10 秒钟，然后是小前提和结论的四种组合，一次一个，随机顺序，直到被试回答"是"或"否"。与大前提一起出现的图片要么情绪性且相关（一个饥饿的人的图片），要么情绪性且无关（一个悲伤的人的图片），要么中立且相关（一张汉堡的图片），要么中立且无关（一张海豚的图片）。研究发现，被试对情绪性图片的推理能力较差，但只表现在内容不相关时（见图 6-13）。当图片的内容与条件性陈述的内容相关时，情绪性图片和中性图片两种条件下的推理任务的成功率相当。当情绪被相关内容诱导时，他们的表现要比被无关内容诱导时明显更好。

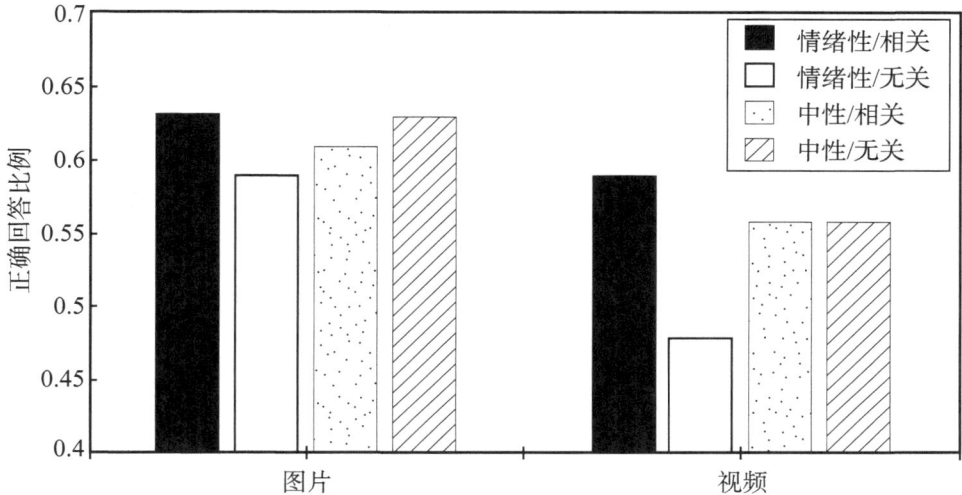

图 6-13 情绪、相关性和推理

　　在这里，我们再次看到情绪对推理的干扰作用。但我们也看到，当情绪和推理对相关的语义内容产生影响时，双方不会互相干扰。换句话说，当我们需要推理的内容与我们当前情绪状态关注的内容脱节时，情绪会对推理产生负面影响。在本研究中，这种干扰可能是因为情绪图片吸引了被试对相关概念的注意（即不相关的情绪图片吸引了被试的注意，从而驱动了加工资源的分配，以处理与任务不相关的语义内容）。在同一研究中的另一个实验中，研究人员使用视频片段诱导情绪，再一次验证了相关性在情绪和推理关系中的调节作用。事实上，这种调节作用已经被许多研究人员通过各种研究方法进行了多次验证（Blanchette et al.，2007，2016；Blanchette & Caparos，2013；Caparos et al.，2018；Prehn & van der Meer，2013）。

　　总而言之，虽然认知心理学关于情绪如何影响推理的研究主要集中在演绎推理上，而且大多数研究都使用了判断或验证任务，但这些结论很容易推广到其他形式的推理和不同类型的任务（如生产任务）上。结果表明，在不同的情绪下，个体的推理有时会受到阻碍，有时会得到改善。本文也揭示了情绪提高或降低推理表现的不同条件。当情绪确实影响我们的推理能力时，无论是积极的还是消极的影响，都会以两种不同的方式影响我们的推理能力。首先，情绪可能会扰乱或促进推理机制的激活和应用。例如，情绪可能会阻止或支持个体对某些前提所描述的情况构建更精确的心理表征，或者采用合适的证伪策略来测试规则的准确性。其次，情绪可能会增加或减少一般认知机制的有效性，这对推理至关重要。例如，在这种情况下，情绪可能会引导个体关注（或不关注）情境或陈述的相关维度。或者，情绪可能会垄断个体的工作记忆资源，使之无法对一组前提条件保持清晰和精确的表征。相关性（相当于注意和记忆中的情绪一致性效应的推理）是导致情绪在推理中产生有益影响的关键机制之一。当情绪与手头的任务相关时，这种机制使情绪能改善个体在推理上的表现。

6.5　结论

　　心理学家在判断、决策和推理方面提出的问题与他们在注意和记忆方面提出的问题相同。一般来说，他们试图确定情绪是否会影响个体在判断、决策和推理上的表现，如果是，那么情绪以何种方式、在何种条件下及通过何种机制产生影响。

　　在本章中，我们已经看到情绪可以对个体在判断、决策和推理任务中的认知表现产生积极或消极的影响。与情绪相关的估计偏差会使个体高估或低估某些事件的概率，做出的决定有时违背个体的利益、有时符合个体的最佳利益，有时让推理更快更准确、有时又使推理更糟糕。在这三个领域中，情绪对认知表现的影响不仅取决于情绪的特征，如其效价（积极与消极）和类型（厌恶与悲伤），而且取决于任务的特征（如复杂性）。

　　在这三个领域中，当情绪与手头的任务相关时，情绪会提高个体的认知能力。这种相关性以两种方式促进了认知表现。首先，它引导个体更有效地执行特定任务机制。其次，它有助于一般认知机制的激活和执行，这对成功完成任务至关重要。例如，当强奸受害者必须对涉及强奸的情况进行推理时，他们会调动注意，使其能够专注于该情况的相关方面，从而避免被不相关的方面分散注意力。他们能够在工作记忆中构建更清晰、更精确的情境表征，在这个过程中，他们可能借助了过去强奸经历后存储的认知表征（Blanchette & Caparos，2013；Caparos et al.，2018）。此外，他们将更有效地调动演绎推理机制（应用逻辑规则，构建清晰、准确的情境心理表征操纵、改变规则）。在做出判断、评估不同事件的概率及其相对主观重要性或在决策任务中在几种可能性中做出选择时，情况也是如此。

在每一个领域，情绪通过一般机制（例如，一般认知机制，即注意、抑制和工作记忆中情境信息的积极维持，以及将情境信息与长时记忆中存储的信息联系起来）和相关领域的特异性机制来影响人们的认知表现（例如，在判断中评估概率，在决策中评估每个选项的风险，在推理中进行推断）。情绪类型和情绪唤醒水平不仅可以调节情绪对认知表现的影响，而且可以调节导致这种影响的机制。

第 7 章

情绪、判断、决策和推理：个体差异、衰老和精神障碍

与注意和记忆一样，许多研究试图确定个体差异、衰老和精神障碍如何调节情绪对高级认知活动（如判断、决策和推理）的影响。在这里，这项研究有两个目标。首先是确定情绪对认知表现的影响如何随个体特征、衰老和精神病理障碍等参数的变化而变化。其次是了解这些调节的机制。与其他认知功能一样，个体差异、衰老和精神障碍调节情绪对判断、决策和推理的影响方式揭示了其相关机制。在本章中，首先，我们将观察个体之间在情绪对判断、决策和推理的影响方面的差异。其次，我们将探讨这些影响是如何随着年龄的增长而变化的。最后，我们将阐述某些精神障碍之间的差异。

7.1 情绪、判断、决策和推理：个体差异

7.1.1 情绪和判断

许多研究都很重视情绪对判断的影响的个体差异。例如，科乌诺（Kveron）给具有不同特质焦虑水平的被试呈现了两类词汇：中性词汇及描述身体威胁的词汇。每个词汇呈现三秒，呈现次数可能是两次、五次，也可能是八次。然后，被试会依次看到这些词汇，以及一些根本没有被呈现的词

汇，被试需要报告每个词汇被呈现了多少次。科乌诺根据特质焦虑测试的结果（高或低）将被试分为两类。研究发现，焦虑程度较高的被试比焦虑程度较低的被试对威胁性词汇（包括只出现过两次或根本没有出现的词）出现频率的估计更高（见图 7-1）。这并不是由焦虑个体的一般频率估计偏差造成的，因为这两组人对中性词汇出现频率的估计大体相当（Constans，2001；de Visser et al.，2010；Maner & Schmidt，2006；Wischniewski et al.，2009）。

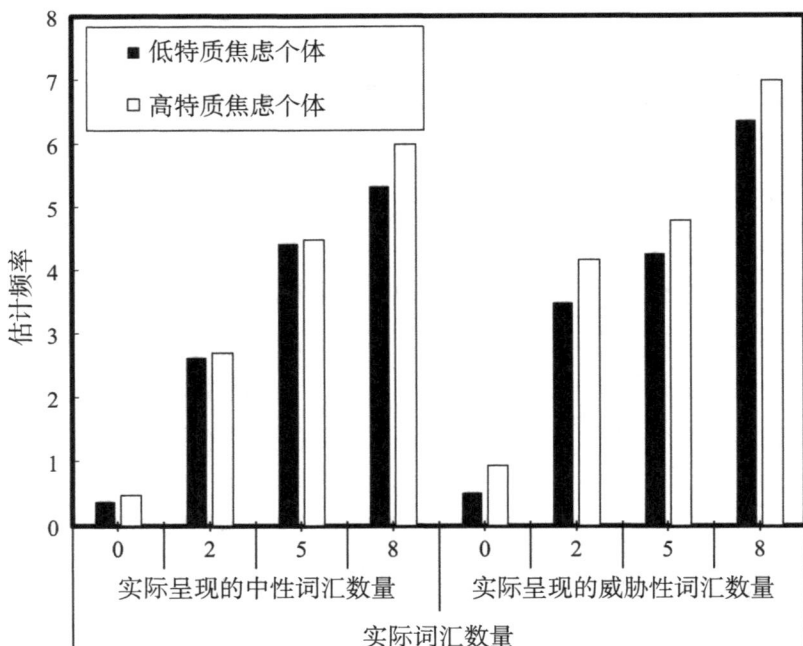

图 7-1　特质焦虑和判断的个体差异

另一个例子是马纳（Maner）和盖伦德（Gerend）的研究。他们根据被试在问卷上的得分建立了被试的情绪档案。他们使用的问卷评估了被试在恐惧和好奇情绪上的总体倾向（或特质）。在恐惧调查表 II（Berstein & Allen，1969）中，个体对想到不同事件（伴侣去世、第一次遇见某人、被批评和看到蛇）时所体验的恐惧程度进行评分，评分为 1（"无恐惧"）到 5（"极度恐惧"）。在斯皮尔伯格（Spielberger）等人关于特质性好奇的问卷调查中，个体对不同的条目（例如，"我想要探索环境""我觉得好奇"）适用于对他们自身的程度进行评分，评分范围为 1（"几乎从不"）到 5（"几乎总是"）。马纳和盖伦德的研究结果表明，高特质性恐惧与认为消极事件更有可能发生有关，而高特质性好奇则与认为积极事件更有可能发生有关（Bagneux et al.，2012；Bartlett & DeSteno，2006；Campos & Keltner，2014；Cavanaugh et al. 2007；Han et al.，2007；Horberg et al.，2011；Lerner & Keltner，2001；Lerner & Tiedens，2006；Valdesolo & Graham，2014；Williams & DeSteno，2008；Yates，2007）。

7.1.2　情绪和决策

与判断一样，情绪对决策的影响也存在相当大的个体差异（Hartley & Phelps，2012；Lerner et al.，2015）。

例如，焦尔杰塔（Giorgetta）等人比较了被诊断患有焦虑障碍的被试（基于 DSM-IV 标准）和对照组的风险偏好。被试需要在两种赌注中进行选择，一种是安全的，另一种是有风险的。研究人员在不同的实验中使用了两对赌局，每一对赌局产生增益或亏损的概率相等。第一对由对称赌局组成：被试可能赢或输 5 分（安全赌注）或 25 分（风险赌注）。另一对赌局为非对称赌局，包含两次不对称赌局：被试会在获得 10 分的情况下输掉 5 分，或者在可能获得 25 分的情况下输掉 20 分。在第一组赌局中，预期收益为 0，而在另一组中为正（2.5 分）。

结果清楚地表明，焦虑组被试选择风险赌注的概率远低于对照组被试的概率，无论预期增益如何（见图 7-2）。换句话说，这些数据表明，焦虑的被试比不焦虑的被试更厌恶风险（倾向于做出风险更小的决策）（Grecucci et al.，2013；Lauriola & Levin，2001；Smith et al.，2016）。

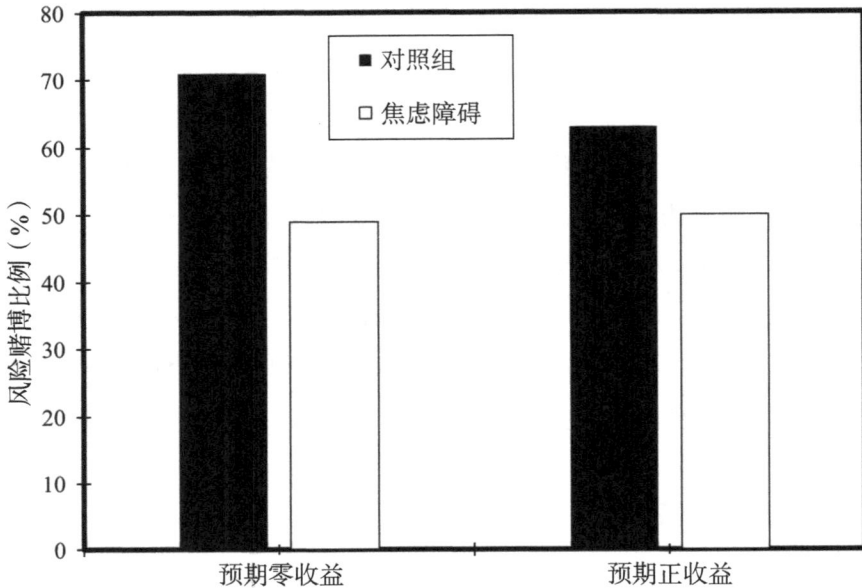

图 7-2　焦虑和决策

　　伊普（Yip）和科特（Côté）调查了情绪智力是否会调节情绪对认知的影响。情绪智力是由许多心理学家提出的一个概念（Goleman，1995；Salovey & Mayer，1990）。它指的是所有使个人能准确、精确地评估和表达情绪（包括自己和他人的情绪），调节情绪，并利用情绪来激励、计划和指导自己生活的技巧。在情绪智力的各个维度中，伊普和科特专门研究了情绪理解能力的作用。

　　伊普和科特在一个实验中让 108 名被试完成了一个广泛使用的、包含 32 个条目的情绪智力测试（Mayer-Salovey-Caruso Emotional Intelligence Test，MSCEIT：Mayer et al.，2002），该测试评估了个体对情绪的理解能力。例如，一些条目描述了诱导情绪的情况，被试必须说出每种情况可能会引发其哪种情绪。其他条目要求被试确定在单一情况下会产生什么样的情绪。研究人员根据被试在 MSCEIT 上的得分将他们分为两组：高情绪理解能力组和低情绪理解能力组。为了对决策进行评估，研究人员分配给被试一项赌博任务，要求他们在两次赌博中进行选择：赌博 A（更安全），被试有 100%

的概率赢 1 美元；赌博 B（风险更高），被试有 10% 的概率赢 10 美元，有 90% 的概率赢 0 美元。最后，被试分别在两种条件下接受测试：激活焦虑的条件或不引发焦虑的对照条件。在焦虑条件下，被试有 60 秒的时间准备一篇演讲，解释他们为什么是一个好的工作候选人，而在对照条件下的被试准备了一份购物清单。研究人员还告诉焦虑条件下的被试，他们的演讲将被拍摄下来，展示给正在该大学参加一项关于学术和社会地位研究的同龄人。结果清楚地表明，在焦虑状态下，情绪理解能力更强的被试更有可能选择风险更高的选项（见图 7-3）。然而，在对照组中，情绪理解程度较高或较低的被试在冒险方面没有差异。换句话说，情绪理解能力可以调节焦虑诱导情境中的冒险行为：情绪理解能力较差的被试在这种情境中承担的风险较小。

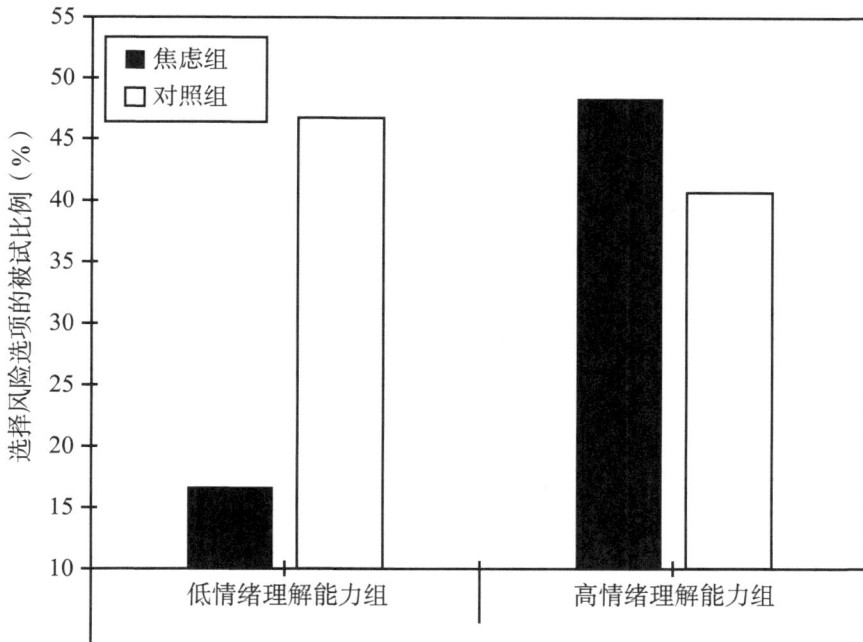

图 7-3　情绪智力和决策

研究人员提出，情绪理解能让个体识别焦虑的来源，意识到焦虑与手头的任务无关，从而使他们在执行认知任务时能更好地脱离焦虑，不受其影响。

伊普和科特随后加入一些有趣的变化复制了相同的实验，以检验所提出的机制的合理性。在实验中，被试要么阅读一条信息，注意被吸引到他们的焦虑源（意识状态），要么不阅读（无意识状态）。有意识且伴有焦虑的被试读到，他们"可能会感到焦虑，因为人们在准备演讲时经常感到焦虑。"有意识但情绪中性的被试必须准备一份购物清单，他们读到"可能感觉不到情绪，因为人们在心里准备购物清单时通常感觉不到情绪。"在每种情绪状态的无意识版本中，被试没有阅读任何关于焦虑（或焦虑缺失）的评论。研究人员通过向被试提供有关流感危险性的信息，并询问他们是否愿意被列入流感疫苗接种诊所的名单，来评估他们的冒险行为（考虑到流感的危险性和疫苗提供的保护，不注册是风险更高的选择）。结果显示，当被试的注意被吸引到与他们的焦虑无关的来源时，情绪理解力较低的被试受焦虑的影响并不显著：他们的冒险行为与没有诱导焦虑的控制条件下的冒险行为相当，也与情绪理解力较高的被试的冒险行为相当（见图7-4）。

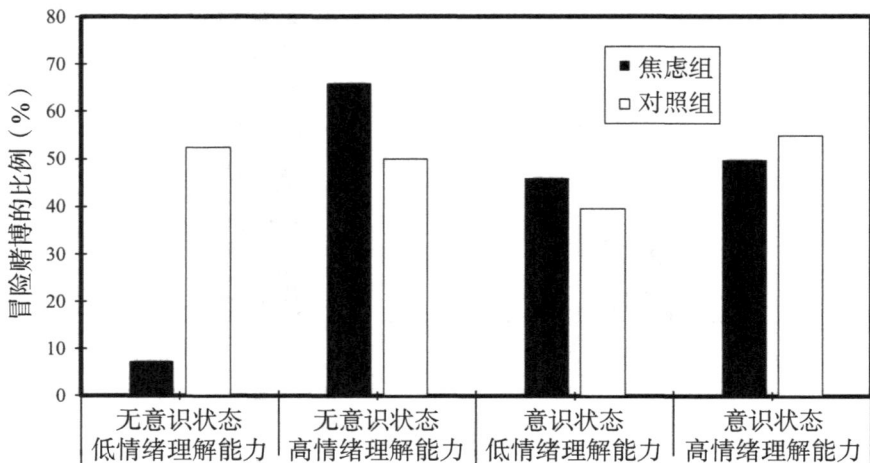

图7-4 意识、情绪智力和决策

总之，决策过程中存在个体差异。一些具有特定特征（如高度焦虑）的个体会比其他人做出更少的风险决策。了解个体特征放大某些行为的机制可以让研究人员操纵影响这些机制的因素，从而调节这些特征的作用，正如伊普和科特在他们的第二个实验中证实的。通过操纵识别焦虑源的机制，伊普和科特能够让焦虑的被试在做出决策时较少受到焦虑的影响。

7.1.3　情绪和推理

与判断和决策一样，情绪对推理的影响受到各种个性特征的调节。

莱昂和雷维尔（Leon and Revelle，1985）的一项研究强调了这种调节方式，他们让处于不同焦虑水平的被试完成马尔霍兰等人（Mulholland et al.，1980）开发的几何类比推理任务。在这项任务中，被试会看到 100 个项目，如图 7-5 所示。每一项都由一系列 A:B:C:D 形式的类比组成（"A 对 B 就像 C 对 D"）。A、B、C 和 D 都由 1—3 个几何形状组成，对这些几何形状应用 1—3 个变换（从 A 导出 B，从 C 导出 D）。A 和 B 由相同的形状制成，C 和 D 也一样，但两对中的形状不同。被试的任务是指出每个类比正确（即用于将 A 转换为 B 的规则是否与用于将 C 转换为 D 的规则相同）还是错误（即在这两种情况下应用的转换规则不同）。根据每个条目（A—D）中包含的形状数（1、2 或 3）及每对两个条目之间应用于每个形状的变换数（0、1 或 2），这些条目的难度有所不同。因此被试看到了 9 个难度级别的条目，从最简单到最困难。他们要么在压力条件下完成测试，要么在放松条件下完成测试。在压力条件下，被试被告知该任务类似于智力测试，对每个条目做出反应的时间有限。在放松条件下，被试被告知任务是新的，其中有些条目比较难，研究的目的是确定哪些条目比较难。研究人员邀请被试花时间回复每一个项目。最后，每位被试需要参加一项测试，以评估他们当时的焦虑程度（Spielberger et al.，1970），以便研究人员对高焦虑和低焦虑被试的表现进行比较。

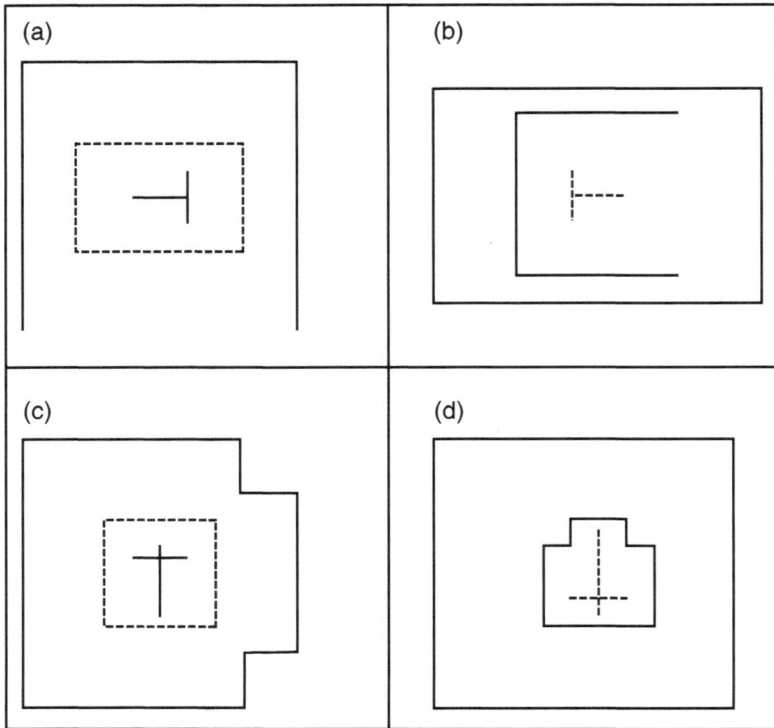

图 7-5　莱昂和雷维尔使用的示例项目

　　简单、中等难度和高难度条目的结果（见图 7-6）揭示了压力的一般影响：被试在压力条件下犯的错误更多。更有趣的是，压力对焦虑的被试有更大的影响，尤其是在一些更难的问题上。在最简单的条目上，两组犯的错误相对较少，并且没有差异，但在中等难度和高难度的条目上，越焦虑的被试犯的错误就越多。换句话说，被试越焦虑，压力情境引发的情绪对其越不利，特别是在最难的问题上。压力情境引发的焦虑会占用类比推理所需的一些加工资源，并且被试越焦虑，占用的加工资源也越多。研究人员还发现，压力导致被试反应更快，这可能意味着被试在压力下会匆忙地完成任务，而很少花时间去分析问题的特征，构建清晰准确的心理表征，以便能够从可用的元素中做出正确的推断（Channon & Baker，1994）。

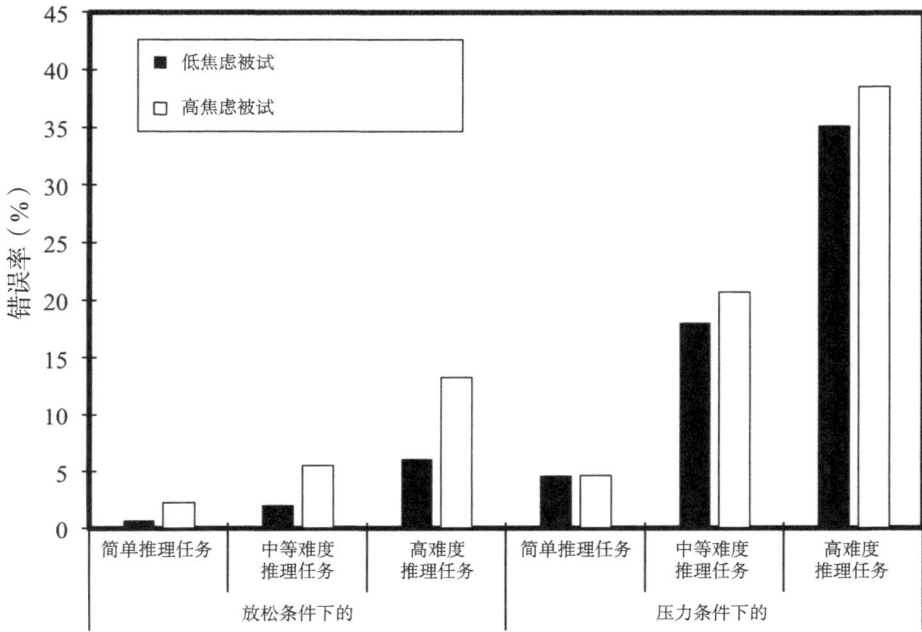

图 7-6　压力、焦虑和推理

个体差异会放大情绪对推理的不利影响。但是，情绪对推理的积极影响也存在个体差异。卡帕罗斯和布兰切特的一项研究解释了这些差异（Caparos and Blanchette，2016；see also Blanchette & Nougarou，2017；Forest & Blanchette，2018；Gosselin & Blanchette，2018；Markovits et al.，2018）。在他们的研究中，被试需要完成一个条件推理任务。刺激是有效或无效的三段论，其内容如下：

a. 中性："没有女人是教师。有些研究人员是女性。因此，一些研究人员不是教师。"

b. 一般情绪性的："没有医生是精神疾病患者。有些杀手是精神疾病患者。因此，一些杀手不是医生。"

c. 情绪性的，特别是与性虐待相关的："没有性虐待受害者是恋童癖者。一些强奸犯是性虐待受害者。因此，所有强奸犯都是恋童癖者。"

d. 情绪性的，特别是与车祸有关的："没有罪犯是司机。有些累犯是司机。因此，所有累犯都是罪犯。"

被试包括遭受过性虐待的人和／或经历过一次或多次车祸的人，以及两者都没有经历过的对照组。

结果表明，相对于对照陈述和对照组被试，当情绪性陈述与被试之前的经历相匹配时，其推理表现最好。因此，经历过性虐待的被试在关于性虐待的三段论方面比没有经历过此类虐待的对照组被试表现更好。两组被试在与车祸有关，或者与性虐待或车祸无关的一般情绪内容三段论之间没有差异。同样，与从未发生过事故的被试相比，经历过一次或多次车祸的被试对事故相关陈述的推理能力更强，而两组被试对与性虐待或一般情绪性内容相关的三段论推理能力相同。换句话说，与布兰切特的相关性假设一致，当被试必须推理的陈述的情绪性内容与被试自身的情绪体验相关时，其推理表现更好。

总之，与判断和决策一样，情绪对推理的影响也存在相当大的个体差异。这些个体差异有时可能非常大，可能会起到干扰或调节情绪的作用。例如，在给定实验条件下，如果情绪改善了一半被试的表现，而降低了另一半被试的表现，那么结果将会显示情绪对推理（或者实际上，对任何其他认知任务）没有影响。因此，在分析和解释有关这些影响的结果时，将个体差异考虑在内很重要。

7.1.4 个体差异：结论

无论是在判断、决策还是推理方面，情绪对认知表现的影响存在着相当大的个体差异：情绪对某些人的影响比对其他人的影响更大。例如，在判断和决策方面，研究结果表明，越焦虑的人越不愿意冒险，越认为负面事件更有可能发生。这些个体差异本身可能受某些变量的影响（例如，如果个体意识到焦虑的来源，个体差异对焦虑的影响可能会降低或消失）。结果表明，在任何情况下，当我们试图了解特定机制如何在不同的个体中以不同的方式被调动，以及情绪如何因此产生各种程度的积极或消极影响时，将这些个体差异考虑在内非常重要。

关于推理的研究还揭示了大量阐明情绪作用的效应。例如，推理任务越难，被试越焦虑，他们在压力条件下所犯错误就越多（Leon & Revelle，1985），这一事实表明，特定的个人性格或特征会放大情绪的消极影响。正如我们所看到的，当一个陈述或情境的情绪内容与被试曾经经历过的情绪信息或情境相关时，他们对该情境的推理可能不仅与对中性和抽象陈述的推理一样有效，有时甚至更好（Caparos & Blanchette，2016）。因此，在某些情况下，情绪可以对推理产生积极的影响。

一般来说，要使情绪在高级认知任务中产生积极的作用，三个要素必须协调一致：（1）语义内容；（2）当前情绪；（3）情感历史（个体对特定情绪性内容的熟悉程度）。如果这三个因素不一致，情绪会对认知表现产生消极影响。因为由陈述或情境的语义内容引发的情感反应要与过去经历的情感一致（或者与之前经历的情绪相关），所以，对个体来讲，情绪内容的相关性非常重要，甚至这可能就是在情绪对判断、决策和推理的影响中出现诸多个体差异的主要原因之一。在推理中，当这种一致性发生时，个体可以激活和执行推理程序（如演绎推理、证伪策略）。同时这种一致性也使个体能够对情境形成更加清晰、更加精确的表征。认知心理学的研究表明，这两个组成部分对有效推理都至关重要。但相关性的重要性并不局限于推理，它也会影响我们的判断和决策。事实上，这种相关性似乎是许多任务中涉及的认知功能的一般原则，无论这些任务是否在情绪状态下执行（Wilson & Sperber，2012）。

7.2 情绪与决策：衰老

到目前为止，很少有研究探讨情绪对判断或推理的影响是如何随着年龄的增长而变化的。但相对而言，在衰老如何影响情绪对决策的影响方面，已经有了较多的研究。因此，本节将特别关注决策方面。

我们知道，随着年龄的增长，个体的决策也会发生变化（see Del Missier et al.，2015；Hess et al.，2015；Löckenhoff & Carstensen，2007；Mata et al.，2011；Wiesiolek et al.，2014，for reviews or meta-analyses）。例如，在某些情况下，衰老可能会使老年人比年轻人做出风险更小的决定。还有，当在多个选项之间做出选择时，老年人可能会较少考虑每个选项的相关信息。我们感兴趣的问题是，情绪是否会影响老年人的决策，以及（如果是）这种影响在年轻人和老年人中是否存在差异。大量研究告诉我们，这两个问题的答案都是肯定的（Liebherr et al.，2017；Mikels et al.，2015）。事实上，情绪对决策的影响有时甚至可以完全改变衰老对选择能力的影响。那么接下来的问题就是，不同年龄组的情绪效应是通过不同的机制来解释，还是通过相同机制中与年龄相关的功能的变化来解释。在这里，我们首先来看一下情绪在某些情况下如何改善老年人的决策，以及在另一些情况下如何阻碍其决策。然后我们再探讨随着年龄的增长，情绪如何调节冒险行为的变化。

7.2.1 情绪可以改善或影响老年人的决策

迈克尔斯（Mikels）及其合作者在 2010 年让年轻被试和老年被试在两种与健康相关的选项（例如，医生、医疗保健计划）中进行选择。每个选项的信息都显示在电脑屏幕上。在一种情况下（信息聚焦条件），研究人员指导被试注意每个选项的特征；在另一种情况下（情绪聚焦条件），则指导被试关注自己对每个选项的情绪反应和感受。与前两种情况不同，在对照条件下，研究人员没有指导被试关注选项的任何特定方面。对于每个选择，两个选项中的每一个都有相同数量的属性，介于 1 到 4。因此，这些选项组合可以包含较多属性（6 或 8）或较少属性（2 或 4），从而使选择变得更复杂或更简单。

　　与对照组相比，当年轻被试关注不同选项的属性或与每个选项相关的情绪时，他们的决策会有所改善（见图 7-7）。老年被试在关注每个选项的属性时较少选择最佳的选项，而在关注与每个选项相关的情绪或在对照条件下，则会经常选择最佳选项。换句话说，和年轻人一样，当老年被试需要做出决策时，情绪可以改善表现。对于相同的决策，在相同的信息下，老年人往往会在关注对选项的印象和情绪时做出最佳决策，而不是在关注选项的详细特征时。

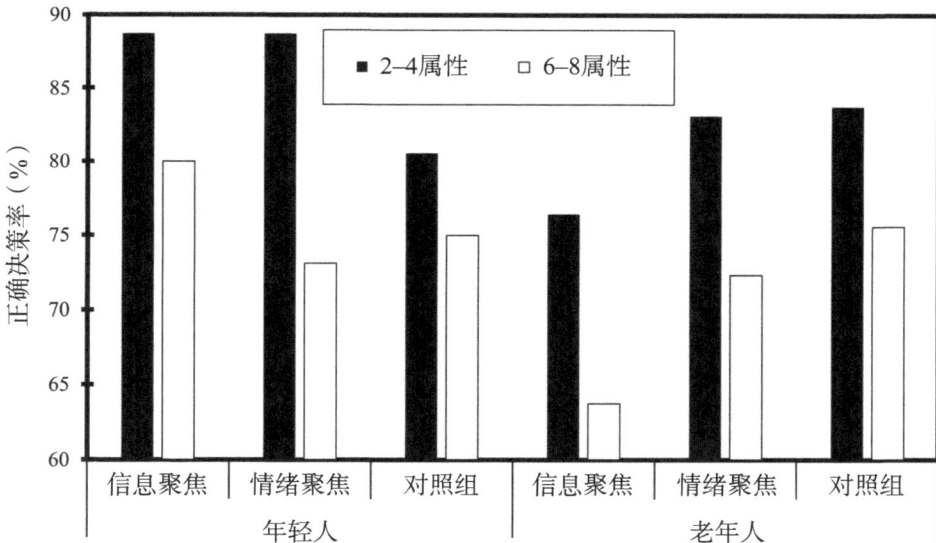

图 7-7　年龄、情绪和决策

　　许多研究发现，老年人的情绪决策能力有所提高（Bruine de Bruin，2017；Bruine de Bruin et al.，2012，2020；Carpenter et al.，2013；Eberhardt et al.，2019；Isaacowitz & Choi，2012；Kim et al.，2008；Shamaskin et al.，2010；Strough et al.，2008，2011，2015）。但值得注意的是，如同年轻人一样，情绪并不总能改善老年人的决策。在某些情况下，情绪会阻止老年人做出最佳决策（Chou et al.，2007；Mikels et al.，2013；von Helversen & Mata，

2012）。冯·哈维森（von Helversen）和马塔（Mata）在2012年的一项研究表明了这一点，在该研究中，他们调查了在消费品选择任务中积极心境和情绪与决策之间的关系。在他们的任务中，被试看到多个给定项目的报价。他们的目标是找到每种商品的最低价格。报价以随机顺序出现（即不是系统性的升序或降序）。每一个报价出现时，被试必须表明他们是否接受该报价。如果他们拒绝，该报价就会过期（他们以后也无法回到这个报价），研究人员会向他们呈现另一个报价，最多40个报价。如果被试在达到这个选择数量上限之前没有选择报价，他们就会被迫接受最后一个报价，不管价格如何。研究人员分析了被试选择的报价与最佳报价的平均接近程度，以及他们在接受报价之前查看的报价次数（数字越高，被试拒绝的报价越多，在做出决定之前寻求的信息就越多）。老年被试在这两个指标上的表现都较差（见表7-1）：与年轻被试相比，他们寻求的信息更少，选择的价格更高。这种效应复制了关于衰老对决策影响的各种研究中报告的一般效应（Hess et al.，2015；Mata et al.，2007，2010，2015）。但最有趣的结果是，研究人员仅在老年被试中发现拒绝价格的次数（即在做出决定之前寻求的信息量）和积极情绪（使用PANAS测量每个被试的情绪）之间存在显著相关（r=−0.46）。在老年被试中，他们在实验时感觉越好，在做出决定之前寻求的信息就越少。在第二个实验中，研究人员使用积极（或中性）的图片诱导被试的积极（或中性）情绪。统计模型显示，积极情绪使被试在做出决定时采用了不那么严格的标准（或较低的信息阈值）。

表 7-1　积极的情绪和决策

	年轻被试	老年被试
任务表现	5.18	6.61
查看的报价数量	18.61	15.90
积极情绪和任务表现之间的相关	0.17(ns)	0.14(ns)
积极情绪与查看的报价次数之间的相关	−0.05	−0.46*

注：ns= 不显著。*p<0.05。

7.2.2　情绪会影响老年人的冒险行为

年轻人和老年人的情绪对决策的影响可能会随着情绪效价的不同而发生变化（Chou et al.，2007；Denburg et al.，2006；Löckenhoff & Carstensen，2007；Mata et al.，2011；Mather et al.，2005）。例如，周（Chou）等人在2007年发现，年轻人在消极情绪下更愿意承担风险，而老年人在积极情绪下更愿意承担风险。他们在三种条件下对年轻被试和老年被试进行了测试。被试首先观看一部会诱导消极、中性或积极情绪的电影，然后完成一项决策任务。他们阅读了如下剧本。

李先生是一名工程师，大学毕业后在一家大公司工作了五年。退休后，他能得到一份稳定、有保障的工作，薪水虽然微薄，但也足够用，而且有退休福利。从现在到退休，他的薪水不太可能有多大的增长。一次偶然的机会，一家小公司给了他一份工作。如果他接受这份工作机会，他的薪水就会更高，如果公司在市场竞争中幸存下来，他可能会获得一份股权。然而，该公司是一家前途未卜的新公司，没有人能保证该公司可以在激烈的市场竞争中生存下来。

被试在三张不同的量表上做出应答（例如，在 -5 到 +5 的范围内评估他们接受工作的意愿），以使研究人员能够确定被试在每个决策中愿意承担的风险水平。结果显示，年轻被试在消极情绪条件下降低了决策的风险，在中性和积极情绪条件下，他们的决策风险水平相当（见图 7-8）。相比之下，老年被试在消极情绪条件下的决策风险水平显著降低，而在积极情绪条件下的决策风险水平显著增加。

这些结果可以用福加斯（Forgas）在 1994 年和 1995 年提出的假设来解释。福加斯的情感渗透模型（Affect Infusion Model，AIM）表明，在积极情绪状态下，老年人会承担更多风险，因为他们对信息的加工更肤浅，更关注积极信息，从而削弱了感知到的风险。然而，在消极情绪状态下，年轻人和老年人都会更深入地处理风险及其负面后果。

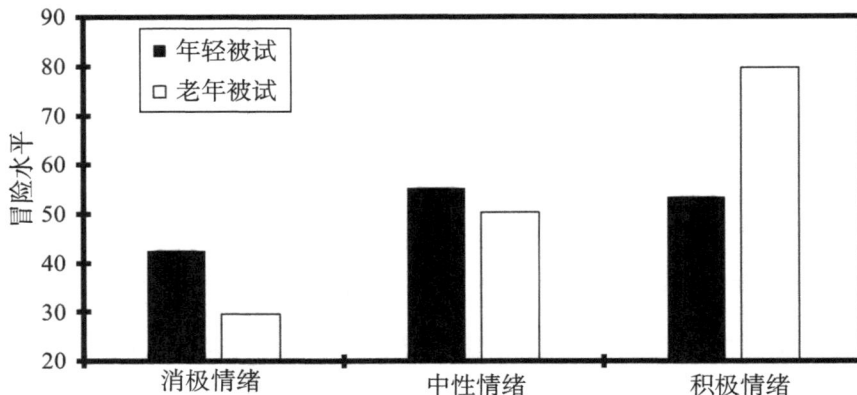

图 7-8　**情绪和冒险**

许多研究发现，积极情绪和消极情绪对年轻被试与老年被试的决策存在不同的影响（Denburg et al.，2006；Depping & Freund，2011；Mather et al.，2012；Mikels & Reeds，2009；Samanez-Larkin et al.，2007，2010）。例如，有项研究发现，对年轻的被试来说，在错过某个可能带来积极后果的风险选择之后预期产生的负面情绪（后悔）越强烈，他们越倾向于选择该选项。对老年被试来说，某个风险选项预期带来的积极情绪（幸福感）越多，他们就越有可能接受该选项。

7.2.3　衰老、情绪和决策：结论

我们在这里可以看到，不管是年轻人还是老年人，他们的情绪都会对决策产生影响。在某些情况下，情绪会影响老年人的决策（从而降低年轻人和老年人之间常见的决策表现差异）。这在一定程度上是因为情绪可以为关键机制提供支持（例如，构建每个选择特征的精确表征，并将其保留在工作记忆中）。当选择本身是潜在的情绪来源时，这种改善尤其明显。对那些必须在情绪状态下做出的决定，情况也是如此，即使决定本身不一定会产生情绪性后果，但情绪也会对老年人的决策产生消极影响。这些消极影响可能源于

这样一个事实：在情绪的影响下，老年被试更容易对决策感到满意，从而只寻求较少的信息或只对少量信息进行处理就会做出决策。

情绪会影响老年人的决策过程，包含从最简单到最复杂，从最琐碎到最重要，从最安全到最危险的各种决策。例如，积极情绪会增加老年人的风险承担，因为这些积极情绪会让其对每个选项的信息处理变得更肤浅，从而对风险决策的积极方面产生更积极的认知（与年轻人相比）。当被试必须在具有情绪效价的选项之间进行选择时，或者当他们经历不同的情绪时，以及在被试预期做出决定后可能感受到的情绪时，都会观察到这种效应。一般来说，年轻人和老年人都会根据自己的情绪状态或与选项相关的情绪做出截然不同的决策。因此，当我们试图理解决策如何随着年龄的增长而演变时，考虑情绪是至关重要的。

7.3 情绪、决策和推理：精神障碍

许多对各种患有精神障碍的被试的研究表明，精神障碍与情绪对决策和推理的影响的差异有关。正如我们将在本节中看到的，在不同的精神障碍中，情绪会影响决策和推理涉及的不同机制。

7.3.1 情绪与决策

大量研究在试图确定，被诊断为患有不同精神障碍的个体是如何决策的（Damasio，1994；Grupe，2017；Hartley & Phelps，2012，2012；Paulus & Yu，2012）。研究表明，精神障碍破坏了决策中的两个关键机制：对可能性的评估及对不同选择的主观价值的评估。因此，患有严重焦虑障碍的被试似乎对不确定性的容忍度较低（Dugas et al.，1998），倾向于承担较小的风险，对选择的负面后果更为敏感（Lorian & Grisham，2010；Maner & Schmidt，

2006），更倾向于选择长期损失较高的期权（例如，de Visser et al.，2010；Miu et al.，2008）。抑郁个体的奖励反应会减弱，在如艾奥瓦赌博任务（Iowa Gambling Task）等均衡冒险任务中表现较差，并且更加优柔寡断（Elliott et al. 1996；Eshel & Roiser，2010；Pizzagalli，2011；Pizzagalli et al.，2005）。被诊断为强迫症的个体也有决策困难（Sachdev & Malhi，2005），处于抑郁期的双相情感障碍患者选择最有可能的结果的频率较低，而处于躁狂期的患者往往会做出次优的决定（Adida et al.，2008；Murphy et al. 2001；Yechiam et al.，2008）。不管怎样，精神障碍改变了处理可能性和评估不同选择的主观价值的机制。

米勒（Mueller）等人在 2010 年的研究就是一个很好的例子，他们对被诊断为焦虑障碍的个体的决策进行了调查研究。为此，他们使用了艾奥瓦赌博任务（Bechara et al.，1994），该任务在临床人群和普通人群的决策研究中都得到了广泛应用。在这项任务中，被试会看到四堆卡牌（纸质卡牌或在电脑屏幕上显示）。在每次实验中，被试必须从其中一堆卡牌中抽出一张。游戏的目的是尽可能多地赚钱。每一张牌的总和由一个固定的正数（例如，A 堆中的牌会产生 100 美元）和一个可变的负数产生。其中两个牌堆（如 A 和 B）中的卡牌的正数较大，但总体而言，这些牌堆会导致金钱损失。因此，从这两堆卡牌中抽取一张牌是有风险的。其他两堆卡牌（如 C 和 D）上的固定正数很小（如 50 美元），但可变负数按比例更小，总的来说这两堆卡牌会带来收益。随着游戏的进行，被试必须学会避免损失（即避免抽取 A 和 B 堆卡牌中的牌），并从产生收益的牌堆（C 和 D）中做出选择。在这项任务中，大多数没有被诊断为精神障碍的被试开始是从所有四堆卡牌中抽取，并在抽出 40 ~ 50 张卡牌后计算出哪些卡牌会产生收益，哪些卡牌会带来损失。

米勒等人在 2010 年比较了对照组和被诊断为焦虑障碍（使用 GAD-IV 等量表做出的诊断）的被试在这项任务中的冒险行为。如上所述，被试完成了任务的标准版本（即 A 堆和 B 堆中的卡牌可能产生的金额为 100 美元，C 堆和 D 堆中中奖卡的金额为 50 美元，四堆卡牌中的负金额各有不同）。在连续 10 次挑选中，A 堆和 B 堆中每张卡牌的金额为 100 美元，负金额总计为 1 250 美元。在 C 堆和 D 堆中，每张卡牌的金额为 50 美元，负金额总计为 250 美元。因此，A 堆和 B 堆中的每一系列 10 张卡牌的损失为 250 美元 [（10×100 美元）–1250 美元]，而 C 堆和 D 堆中的每一系列 10 张卡牌都会获得 250 美元的收益 [（10×50 美元）–250 美元]。研究人员还测试了一个修改版本，其中在两个不利组合（G 和 H）的牌堆中，10 张卡牌中分别包含 50 美元的固定成本和总计 250 美元的可变收益，而两个有利组合（E 和 F）中，10 张卡牌中分别包含 100 美元的固定成本和总计 1250 美元的可变收益。

结果显示，与对照组相比，焦虑组被试对损失的结果更敏感，从有利的牌堆中抽出更多的卡牌，从不利的牌堆中抽出更少的卡牌（见图 7-9）。换句话说，焦虑的患者更快地学会了如何避免抽出带来损失的卡牌，从而通过从风险较低的牌堆中选择更多的卡牌来降低风险。

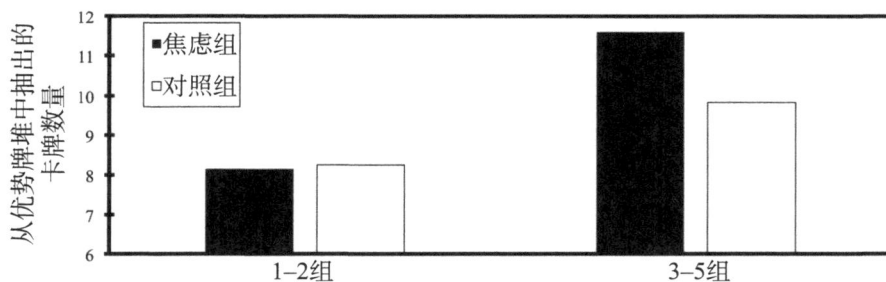

图 7-9 焦虑障碍和决策

相反，尼伦（Nielen）等人在 2002 年发布的报告称，一些被诊断为强迫症的患者 [那些在耶鲁 - 布朗强迫症量表（Yale Brown Obsessive Compulsive Scale，Y-BOCS）得高分的人：Goodman et al.，1989] 往往会比对照组承担更多的风险。正如他们在图 7-10 中的数据所示，在艾奥瓦赌博任务中，不管是在任务开始时，还是在任务结束时，强迫症被试从有风险的牌堆中抽出的卡牌要比从无风险的牌堆中抽出的卡牌多。

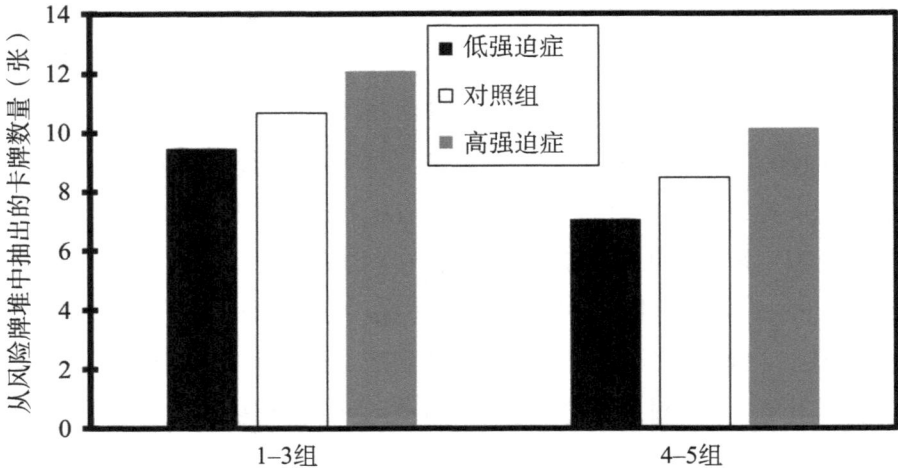

图 7-10   决策与强迫症

叶希亚姆（Yechiam）等人在 2008 年使用艾奥瓦赌博任务和认知建模，在三组被试中（双相情感障碍急性发作期的被试、被诊断为双相情感障碍但处于病情缓解期的个体和对照组被试）研究了影响决策的参数指标。他们使用期望价模型（Busemeyer & Stout，2002；Yechiam et al.，2005）比较了三个参数（因素）的作用：（1）关注收益与损失，（2）关注最近与过去的结果，（3）连续选择之间的一致性程度。如图 7-11 所示，双相情感障碍急性发作期的被试表现出非常低的选择一致性：与对照组（在较小程度上，与双相情感障碍缓解期的被试）不同，他们的决策在不同的实验中存在不稳定性变化。

简言之，在精神障碍的研究中发现，与对照组相比，一些患者（例如，患有临床严重和持久性焦虑障碍的患者）可能更厌恶风险，而其他人（例如，患有强迫症的个体）可能会更愿意冒险。认知建模强调了决策的哪些重要组成部分（例如，对得失的评估，对不同选择的主观价值的估计，或者选择的系统性）在精神障碍方面存在差异，并且强调了在特定的精神障碍中，上述哪些组成部分会随决策环境和选项条件的不同而产生变化。

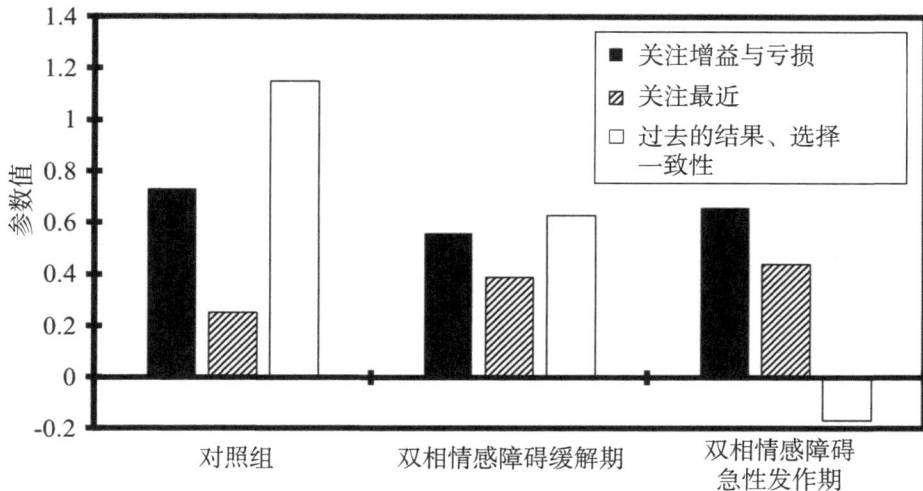

图 7-11　双相情感障碍患者（急性发作期和缓解期）
和对照组在艾奥瓦赌博任务中的决策来源

7.3.2　情绪和推理

伯利（Berle）和莫尔兹（Moulds）在 2013 年研究了抑郁障碍和对照组被试的一种被称为"侵入性推理"（Intrusion-based Reasoning）的现象。这种推理是指，被试可以从一种情景中推断出危险，这种情景会让他们或多或少地回忆起亲身经历过的创伤事件（例如，突然发出的巨响会触发人们对战争中战斗情景的记忆）。研究中被试阅读的陈述如表 7-2 所示。

研究人员要求被试在 1 到 100 的视觉模拟量表上回答以下两类问题。

1. 非自我指涉问题："这种情况有多不幸？""这种情况有多负面？""这种情况有多绝望？"

2. 自我指涉问题："这种情况表明你多没价值？""这种情况表明你多无能？"

研究人员通过将包含侵入性记忆的场景的平均分数减去不包含侵入性记

忆的场景的平均分数，得出侵入性推理分数（高分意味着推理受到侵入性记忆的显著影响）。抑郁组被试在自我指涉问题上的得分高于对照组的，但在非自我指涉问题上的得分并不比对照组的高（见图 7-12）。这种现象在抑郁组被试中被重复验证了很多次（Mihailova & Jobson，2019；Newby & Moulds，2011；Mihailova & Jobson，2019；Newby & Moulds，2011），此外，在其他许多病理学中也观察到了这一现象，如创伤后应激障碍和其他应激障碍（Baum et al.，1993；Brewin，2007；Brewin & Holmes，2003；Cheung et al.，2020；Ehring et al.，2011），社交焦虑障碍或恐怖症（Moscovitch et al.，2011；Rachman et al.，2000）和广泛性焦虑障碍（Coles & Heimberg，2002；Hirsch & Holmes，2007；Mathews，1990）。

表 7-2　伯利和莫尔兹用于研究抑郁障碍患者侵入性推理的陈述示例

陈述 1 客观中性， 无侵入性记忆	陈述 2 客观中性， 侵入性记忆	陈述 3 客观上令人悲伤， 无侵入性记忆	陈述 4 客观上令人悲伤， 侵入性记忆
正如你所说，你没有受邀参加某个聚会，而事实上你一直以为你会受到邀请。但你并没有为此感到烦恼，毕竟这种情况时有发生	正如你所说，你没有受邀参加某个聚会，而事实上你一直以为你会受到邀请。当你想到这一点时，你的脑海中浮现出了上小学时在操场上被某些人排挤在外的画面	你的朋友告诉你，你的另一个朋友在背后讲你的坏话。但是你并不担心。你的大多数朋友也不会相信，因为你知道那些事情都不是真的	你的朋友告诉你，你的另一个朋友在背后讲你的坏话。当你想到这一点时，你的脑海中浮现出了上小学时在操场上被某些人排挤在外的画面

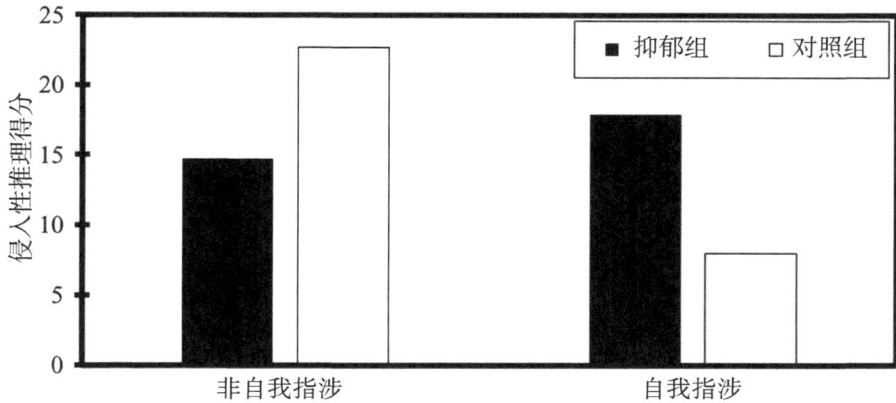

图 7-12　推理和抑郁

7.3.3　推理和决策中的精神障碍和情绪：结论

情绪不仅在总体上影响决策和推理，而且在被诊断患有不同精神疾病的个体中也以特定方式影响决策和推理。因此，正如我们看到的，焦虑障碍患者倾向于承担较少的风险（Mueller et al.，2010），而双相情感障碍躁狂期患者（Adida et al.，2008）则倾向于承担更多风险。当在自我指涉性陈述中激活侵入性记忆时，抑郁障碍患者的推理会受到情绪的干扰（Berle & Moulds，2013）。

与个体差异一样，精神障碍也会调节情绪对推理和决策的影响，因为它改变了对不同事件发生概率及其主观价值（或效用）的计算。精神障碍还会影响个体在推理时对陈述的表征，以及他们用来反驳或验证结论的策略。换句话说，现有的研究结果并不排除这样一个假设，即被诊断患有不同精神障碍的个体使用的推理和决策机制在性质上是不同的。事实上，相关数据确实证明了上述机制上的差异，特别是因为一些普遍的认知偏见（例如，对不确定性的不适感，对风险或负面结果的注意偏差）可能会在精神障碍中加剧。

第 8 章
情绪调节

当研究人员通过实验来研究情绪对认知的影响时，他们通常会比较被试在一个或多个认知任务、一个（或多个）情绪状态和一个（或多个）中性状态下的任务表现。任何任务表现上的差异（被试根据自己是否感受到某种情绪或处于情绪中立状态而以不同的方式执行任务）都表明情绪会影响认知。这引发了几个问题：在情绪情境中测试被试是否足以诱导相关情绪？旨在诱导情绪的实验操作是否会使所有被试都产生情绪？如果是这样，所有被试的情绪触发方式是否相同，强度是否相同？如果不是，为什么一些被试对诱导情绪的感受不那么强烈，他们的认知表现会不会因此也受到较小的影响？为了回答这些问题，我们需要关注一个情绪相关概念，即情绪调节（我们改变情绪的方式）。情绪可能会对个体的认知产生不同的影响，这取决于我们在执行认知任务时是否调节情绪。本章将介绍情绪调节和认知的研究。我们将从情绪调节的定义开始，并简要概述其各个方面。然后我们将阐述人们用来调节情绪的策略，以及何时使用这些策略。之后，我们将关注情绪调节的效果，即这些策略如何改变情绪体验。在本章的最后，我们将阐述情绪调节如何影响情绪和认知之间的关系。

在情绪调节和潜在机制、个体调节情绪的条件及情绪调节是否影响行为的不同方面（情绪体验、情绪的生理和行为表现、认知表现）的实证研究中，研究人员会采用简单的一般性方法。例如，研究人员会让被试使用自我报告问卷对情绪体验前后的情绪状态（或情绪）进行评分（例如，在 1 到 9 分的范围内，表明你现在的悲伤状态，1 表示悲伤程度很低，9 表示高度悲伤）。这些自我评估有时伴随着生理测量（如心率、皮肤电导、温度等）。现有研究已经表明，这些生理测量在不同的情绪状态下会有所不同。研究人员会将被试在实验条件下（指导被试调节在观看视频或观看可能引发情绪的图片时感受到的情绪）和对照条件下（未指导被试调节感受到的任何情绪）的测评估结果进行比较。这些研究表明，事实上个体确实能够改变自己的情绪。我们可以使用不同的机制（或策略）做到这一点，但是这些机制的应用和有效性会受到许多因素的影响。

8.1　何为情绪调节

8.1.1　定义

"情绪调节"一词指的是我们改变自己或他人情绪的尝试。格罗斯（Gross）在 1998 年将其定义为"个人决定他们拥有哪些情绪，何时拥有这些情绪，以及如何体验和表达这些情绪的过程"。情绪调节基于一系列自动或受控机制，这些机制允许我们对情绪是否发生、情绪的效价（积极或消极）、情绪的强度（强或弱）、情绪的持续时间（长时或短暂）、表达情绪的方式，以及情绪的状态或时机进行调整。情绪调节还允许个体改变情绪的主观体验（如愉快或不愉快），以及情绪的表达（语言的、行为的、生理的）。当我们主观评估一种情绪是好是坏（愉快或不愉快），是适当还是不适当（根据情况、目标）时，我们就会对其进行调节。改变情绪的愿望（或目标）可能是有意识的，也可能是无意识触发的。

情绪调节非常重要。许多研究表明，有效的情绪调节与良好的身心健康、更好的教育成果、更好的社会关系，以及较少的心理病理问题紧密相关（Aldao et al.，2010；Appleton et al.，2013，2014；Bonanno et al.，2004；

Cludius et al.，2020；Davis & Levine，2013；English et al.，2012；Gross & John，2003；Ivcevic & Brackett，2014；Westphal et al.，2010）。

情绪调节比通常所说的"应对"或"情绪修复"更普遍（Larsen，2000；Parkinson et al.，1996）。应对发生于个体产生消极体验并致力于减少这种体验引发的负面影响（通常比情绪持续时间更长）时。情绪修复更关注主观情绪体验的变化，而很少关注行为和其他表现（如生理上的）。

8.1.2　情绪调节的基本组成部分

情绪调节有三个重要组成部分，即目标、策略和结果（Gross，2014；McRae，2016；McRae&Gross，2020）。

目标是一个人在情绪方面正在努力或想要达到的状态。用专业术语来说，情绪目标是最终情绪状态的认知表征。举例来说，目标既可以是削弱（或消除）消极情绪（如悲伤、愤怒或焦虑），也可以是增强（或创造）积极情绪（如快乐、兴趣或爱）。所有人都想削弱消极情绪，增强积极情绪，这是完全合乎逻辑的。这甚至可能是我们情绪系统的默认选择，正如情绪调节的享乐主义假设的那样：我们的动机是减少痛苦，增加快乐或幸福（Larsen，2000；Nesse&Ellsworth，2009）。这种观点与更具工具性的观点相反（或者说互补），后者认为情绪只是一种帮助个体实现其他目标的工具，而调节情绪的动机是情绪在这个过程中扮演角色的需要（Bonno，2001；Parrott，1993；Tamir，2009）。在任何情况下，情绪调节的目标决定了个体是否会（将其作为自己的目标）改变自己的情绪状态，以及如果是，将如何改变自身情绪状态（Barrett et al.，2001；Mauss & Tamir，2014；Tamir et al.，2008，2013；Tamir & Ford，2012）。

如果削弱消极情绪、增强积极情绪是个体追求的总体性目标，那么还不清楚的一点是这个目标在情绪体验过程中是否会被系统激活，甚至是无意识地激活。有些人可能想削弱某种情绪，如愤怒，而另一些人可能不想。同一个人可能希望在某些情况下削弱某种特定的情绪，而在其他情况下使这种情绪保持不变。改变一种情绪或允许它在没有控制的情况下发生是两种不同的目标。这两种目标可以在两个感受到相同情绪（甚至情绪强度也相同）的人身上激活，也可以在同一个人身上在两个不同环境中感受相同情绪时激活。因此，为了理解人们调节情绪的机制（如果他们确实这样做），确定一个人（有意识或无意识地）追求什么样的目标很重要。情绪调节目标可能导致一种情绪的失活、活性降低、放大，甚至完全激活另一种情绪。这个目标既可能是由个人内在决定的（例如，抑制愤怒，在葬礼上抑制微笑，与朋友分享好消息），也可能是由外部环境或外部因素（例如，安抚他人的愤怒或悲伤，在睡前安抚兴奋的孩子，讲笑话逗他人笑）触发的。

情绪调节依赖于几种机制或**策略**。识别这些策略有助于理解情绪调节是如何发生的。也就是说，个体如何改变自己在特定情况下感受到的情绪？这些策略或机制可以有意识地（明确地）或无意识地（内隐性地）被激活，并以自动或受控的方式执行（Braunstein et al.，2017；Gyurak et al.，2011；Koch et al.，2018；Koole et al.，2015；Koole & Rothermund，2011；Masters，1991；Mauss et al.，2006，2007；Williams et al.，2009）。

最后，情绪调节的**结果**是情绪调节后的实际后果（例如，情绪是否改变）。这种实际后果取决于个体使用的策略，一个人可能实现也可能无法实现其想实现的改变（目标）。不同的策略在帮助个人实现情绪目标上的有效性可能存在很大差异。情绪调节策略的相对有效性（或结果）一般通过其对不同情绪指标（行为、认知、生理）的影响进行评估。

8.2 情绪调节策略

当我们发现自己在评估面临的情况或刺激时（例如，它是否危险，是否让人感到愉快），情绪就会产生。同时，情绪可以表现在不同层面上（从生理表现，如心率加快，到心理和行为层面，如主观恐惧感和身体逃避）。情绪可以在不同的时间通过不同的策略发生改变（例如，在情绪被激活之前或之后）。情绪调节策略可以定义为认知策略，即改变情绪的一个过程或一组过程。对情绪调节策略的研究已经确定了多种情绪调节策略。此外，尽管一个人可能有策略偏好，但他们不一定只使用一种策略。因此，研究人员试图确定个体使用什么策略来调节情绪，何时及多久使用一次，以及不同策略的效果如何。

8.2.1 使用哪些策略来调节情绪

人们可以根据不同的标准区分情绪调节策略。例如，研究人员可以从情绪体验处于哪个阶段（Gross，1998）、是否涉及身体行为或认知行为（Parkinson & Totterdell，1999）、是否针对某个过程（如对刺激的注意）或情绪的身体表现，情绪调节的目的是提升 / 降低与情绪相关的幸福感 / 不适感，还是改善认知表现或社会关系（Koole，2009；Tamir，2009）等对情绪调节策略进行分类。目前现有研究文献中使用最广泛的区分标准之一是由格罗斯及其同事提出的。

根据格罗斯及其同事提出的情绪调节模型（Gross，1998；Gross & Thompson；2007），一个人即使在相同的情绪刺激下也可以运用多种策略（Aldao & Nolen-Hoeksema，2013），因为情绪调节可以在多个层面上发生（见图 8-1）。在每个层面上，个体都有不同的策略可用（见表 8-1）。例如，个体可以选择进入 / 留在或避免 / 离开会引发情绪的情境（例如，如果人们害怕狗，他们就可能会避免狗在场的情况；如果脾气暴躁的邻居经常抱怨令人不快，他们就可能会避开邻居，或者可能会拜访充满活力的朋友，或者如果他们觉得愉快，就开始一次刺激之旅）。人们还可以改变其所在的环境，从而激活其想要的情绪（例如，在无聊的聚会中建议玩棋盘游戏或讲笑话）。

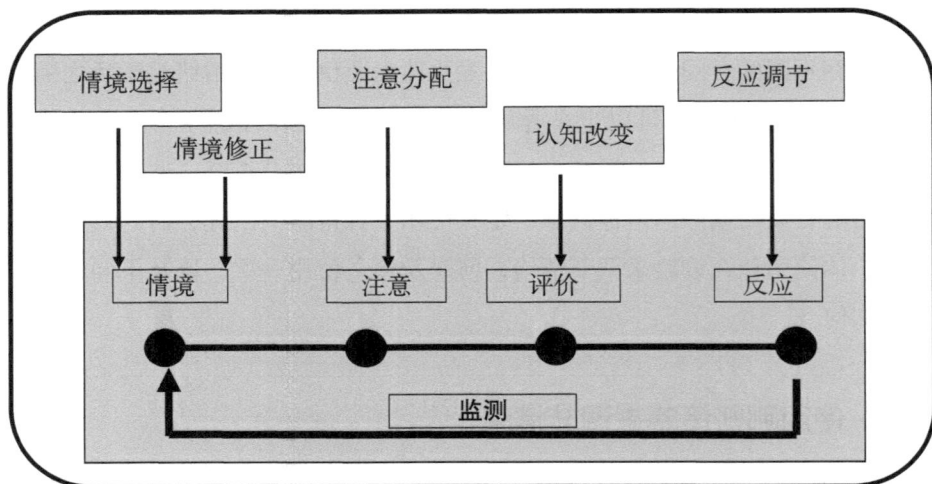

图 8-1　情绪调节模型和不同调节策略可应用的阶段

　　在另一系列情绪调节策略中，个体会有策略地分配注意力资源，以处理（或远离）触发情绪的情境或刺激。例如，他们可以使用转移注意力的策略，将部分或全部注意力从令人不快的情绪刺激上转移开（例如，一个蜘蛛恐怖症患者可能会将注意力从刚刚看到的蜘蛛上移开，转而想一些情绪中性的事物或喜欢的朋友和亲戚）。人们也可以追忆（例如，回忆悲伤的记忆，专注回忆刚刚收到的好消息）或专注于情绪体验（例如，密切关注正在体验的情绪的不同方面）。

表 8-1　情绪体验的不同阶段可以利用的情绪调节策略列表

策略类型	描述	示例
情境选择	避免一种情境（不愉快）或寻求一种情境（愉快）	• 出于对狗的恐惧而避开狗 • 寻求有趣朋友的陪伴
情境修正	改变一种情境的要素	• 建议在聚会上玩棋盘游戏 • 在紧张的气氛中讲笑话

（续表）

策略类型	描述	示例
注意力分配或部署	将注意力集中在某一情况的某一方面，或转移对某一情况或刺激的注意力	• 通过思考其他事情来分散自己的注意力 • 追忆悲伤的回忆 • 关注刚刚收到的好消息
认知重评	重新解释一种情境并赋予它另一种情绪意义	• 明白朋友的愤怒不是因为我们 • 接受令人失望的结果而不质疑自己
反应调整	调整激活的情绪反应	• 阻止自己发泄愤怒 • 通过向某人献上玫瑰来表达自己的爱

另一类调节情绪的方法是情境和情绪的策略性认知加工或认知重评。认知重评可以采取多种形式，但无论是哪种形式，都涉及以某种方式重新解释或重新评估情境的意义。当使用认知重评策略时，个体通过改变他们看待或解释情境或刺激的方式，或者通过探索另一种处理方式，为情境或刺激赋予不同的意义。认知重评策略的一个例子是接受一种情境及随之而来的情绪，如在丧亲之痛中。还有一个例子是，个体可以通过意识到他人的愤怒不是针对自己的这种认知重评的方式来调节情绪。

情绪调节策略的最后一类，即表达抑制，主要关注外部情绪反应或表达。该情绪调节策略作用于情绪反应的表达方式（行为、生理）。例如，深呼吸、摄入酒精或其他物质（烟草、食物）及不表达自己的愤怒等，这些都是调整个体外部情绪反应的情绪调节策略。

总之，认知和情绪系统能够影响人们的情绪，这种影响主要表现在情绪的强度、性质或持续时间，甚至是否发生上。现有研究已经确认了多种情绪调节策略（如分散注意力、注意力分配、认知重评、表达抑制）。这些策略既可以根据使用时机（在情绪事件之前、期间或之后）来区分，也可以根据其他特征，尤其是发生频率和有效性来区分。

8.2.2 何时使用情绪调节策略

许多实证研究试图确定我们是否比其他人更经常使用某些情绪调节策略，以及使用不同策略的决定因素。总的来说，结果表明，我们（或多或少成功地）调整了使用的策略类型以适应不同的情况，而不是一直坚持使用相同的策略。

决定个体何时及多久使用一种特定的情绪调节策略的因素有很多，包括情绪唤醒、情绪类型、调节可用的时间、实施特定情绪调节策略的难度、情绪目标，以及是否提前知道将面临某种情绪情境（Bonanno & Burton，2013；Dixon-Gordon et al.，2015；Doré et al.，2017；Levy-Gigi et al.，2016；Matsumoto et al.，2008；Milyavsky et al.，2019；Opitz et al.，2015；Roussi & Miller，2014；Scheibe et al.，2015；Sheppes，2014；Sheppes et al.，2014；Sheppes & Levin，2013；Suri et al.，2015，2018）。

下面，我们将举三个例子，说明情绪调节策略的应用如何随情绪唤醒、被试的目标和环境而变化。

8.2.2.1　情绪唤醒的作用

情绪唤醒（或情绪强度）是决定个体在特定情境下使用何种情绪调节策略的最重要因素之一。当情绪高度唤醒时（即当我们感受到强烈的情绪时），我们采取的策略与情绪唤醒程度较低时使用的策略不同。舍普斯（Sheppes）等人在 2011 年进行的一项研究说明了这一点。在两个实验中，舍普斯等人在一个四次实验的训练阶段向被试呈现一些消极的图片，并教会他们使用转移注意力策略（即思考一些中性的东西）或认知重评策略（即以降低图片负面意义的方式思考图片）来减弱情绪反应。被试随后观看了 30 张情绪性（低强度或高强度）图片。每张图片最初呈现 500 毫秒。在首次看完图片后，被试再看图片 5 秒钟，并用一个按钮表示他们是使用注意力分散还是认知重评作为情绪调节的策略。在第三个实验中，研究人员在事先告知被试每一次电击的强度后，给被试左臂实施了 20 次不同强度的电击。在每一次实验中，他们都要指出是使用转移注意力还是认知重评来减少对电击的负面情绪。

随着刺激强度的增加，被试对认知重评的使用频率显著减少（见图 8-2）。在低强度的情绪刺激（图片或电击）中，他们更常用认知重评策略，在高强度的情绪刺激中，他们则更常用转移注意力策略。在其他研究中也发现了情绪唤醒对策略选择的影响。有研究以金钱奖励的方式激励被试使用转移注意力策略或认知重评策略（Sheppes et al., 2014）。在该研究中，舍普斯等人在每张图片前指出其与每种策略相关的金额（例如，转移注意力 8.5 美元，认知重评 8.1 美元）。要求被试对一些图片更多地使用转移注意力策略，对其他图片进行认知重评。在给定的实验中，每种策略的对应金额之间的差异可能较小（8.1 美元和 8.5 美元），也可能较大（8.1 美元和 10.5 美元）。

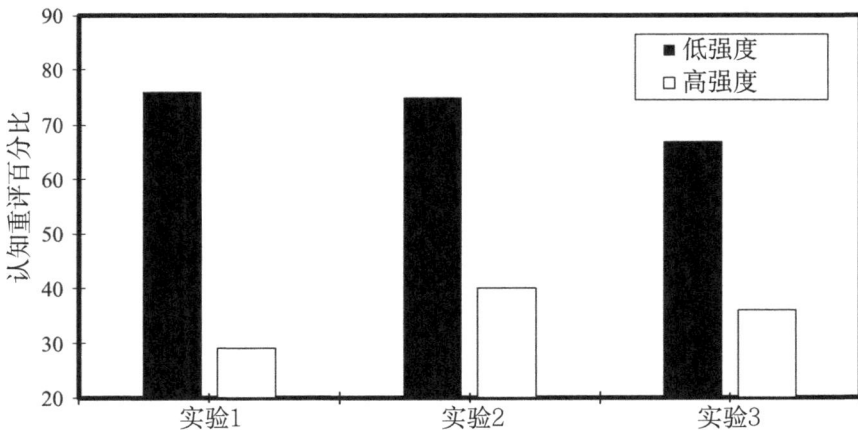

图 8-2　情绪强度和情绪调节策略

研究人员发现（见图 8-3），被试一贯倾向于对高情绪强度的图片使用转移注意力策略，对低情绪强度的图片使用认知重评策略，以及这些偏好会受到与每种策略相关的金钱激励（或利益）的调节，因此，当激励与现有偏好一致时（对低情绪强度的图片进行认知重评，对高情绪强度的图片采用转移注意力策略），它会强化偏好，当激励与现有偏好相反时，它会减弱（甚至逆转）偏好。

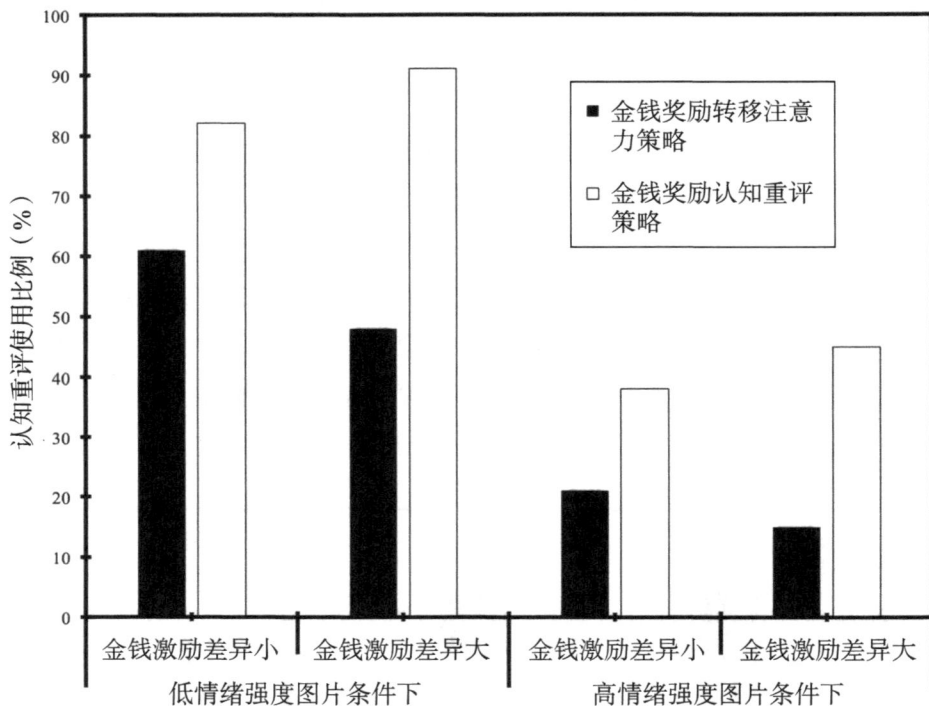

图 8-3　激励、情绪唤醒和策略使用

舍普斯等人还发现，当要求被试在两种策略（转移注意力或认知重评）中选择一种，以在短期或长期内使负面情绪最小化时，被试分别选择了转移注意力和认知重评策略。这表明，当情绪不那么强烈时，当这种策略在长期内可以带来更大好处时，以及当它会带来更有效的情绪脱离效果时（因为它能够更有效地捕捉注意力），个体可能会选择认知重评策略。

8.2.2.2　目标的作用

我们的情绪目标（如减弱或放大情绪）会影响我们对情绪调节策略的选择（Mauss&Tamir，2014；Millgram et al.，2019；Tamir，2016）。米尔格拉姆（Millgram）等人在 2019 年进行的一项研究阐明了这一点。被试首先观看 40 张图片（其中 20 张是快乐的，20 张是悲伤的），并对悲伤的图片导致悲伤的程度和快乐的图片引发快乐的程度进行评分（1 到 9 分）。然后，研究人员训练他们通过使用转移注意力和反刍（沉思）两种策略来增强或减弱情绪反应。在实验的下一关键阶段，被试观看与之前相同的一组 40 张图片，并且必须使用情绪调节策略来调节情绪反应。在每一张图片呈现之前，被试将看到一条减少或增加对即将到来的图片的情绪反应的指示，接着图片呈现 500 毫秒。最后，研究人员要求被试指出他们计划使用什么策略来实施指令，是转移注意力（思考图片以外的东西）还是反刍（关注图片并思考情绪反应的原因）。

被试根据自己的情绪目标调整了对情绪调节策略的选择（见图 8-4）。当要求减弱情绪时，他们会更多地使用转移注意力策略，当要求增强情绪时，他们会更多地使用反刍策略，这取决于图片是快乐的还是悲伤的。当然，通过让被试在实验策略实施阶段前后对图片的情绪反应进行评分，可以确定这些策略在相应的条件下是否达到了减弱或增强情绪反应的效果，这也是米尔格拉姆及其同事在实验中采用的检验情绪的方法。

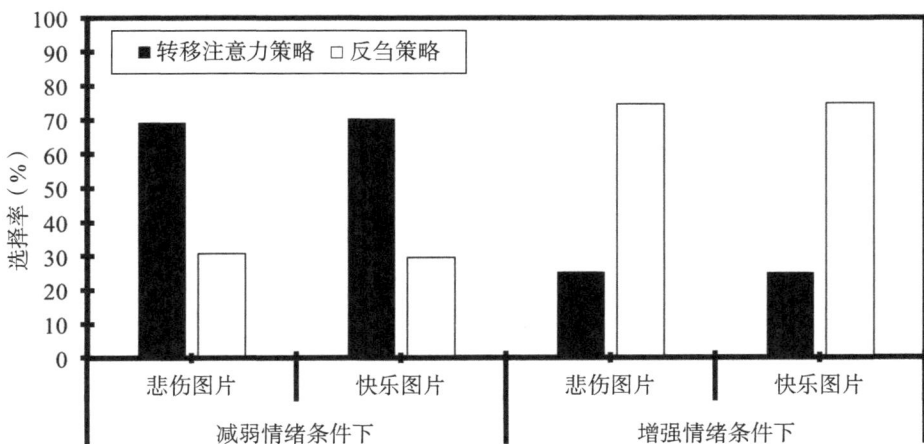

图 8-4　情绪目标和调节策略选择

8.2.2.3 环境的作用

为了检验环境在情绪调节中的作用，麦克雷（McRae）等人比较了人们在日常生活和艺术节（火人节）两种环境中对情绪调节的看法。他们要求2 558名参加艺术节的被试完成情绪调节问卷中的两个项目，一个是使用表达抑制策略（"当想控制情绪时，我通过不表达情绪来实现"），另一个是使用认知重评策略（"当想控制情绪时，我会改变我对环境的看法"）。被试要分别指出在节日（"火人节"）和日常生活（"在家"）的背景下，两个项目描述符合他们自身情况的程度（1到9分）。被试表示，他们在节日期间比在家中更少使用表达抑制策略，在节日期间比在家中更常使用认知重评策略（见图8-5）。

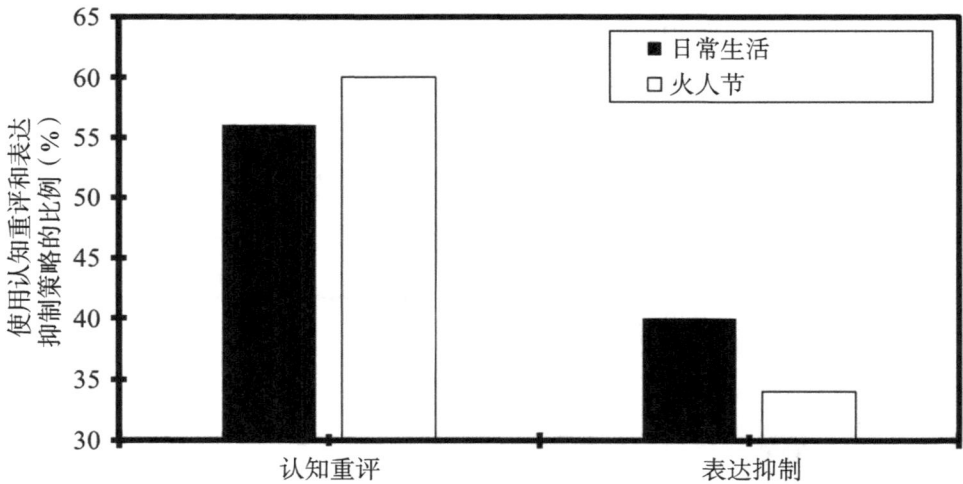

图 8-5　日常生活和调节策略

总之，我们使用每种情绪调节策略的频率并不是固定的。它会随许多参数的波动而发生变化，如情绪唤醒、我们的情绪调节目标（无论是有意识的还是无意识的）及环境。例如，高强度情绪会增加转移注意力策略的使用，而低情绪强度则会增加认知重评策略的使用。或者，再举一个例子，那些旨在减弱情绪的人更容易使用转移注意力策略，而那些试图放大情绪的人更可能诉诸反刍策略。最后，情绪调节策略更容易在某些环境中被使用（如实验室环境中的认知重评），而在其他环境中使用较少（如节日或艺术环境中的表达抑制）。

8.3　情绪调节的有效性

情绪调节的结果取决于我们使用的策略。哪种策略更有效并不是固定的，而是取决于应用在不同的情况中。情绪调节的结果不仅表现在情感和认知水平上，也体现在社会水平上，如表 8-2 所示（Gross，2002；see also the meta-analysis of Webb et al.，2012）。情绪体验层面的几个参数及情绪的其他表现（如生理）都会影响情绪调节策略的执行。事实上，不同的策略不仅不具备同等的有效性，而且它们的相对有效性也受到特定因素的调节，如情绪强度或我们对刺激的情绪效价的先验知识。

表 8-2　表达抑制和认知重评两种情绪调节策略的一些情感、认知和社交结果

结果	表达抑制	认知重评
情感	• 减弱积极情绪，但不是表现为消极情绪（Gross，1998） • 增加交感神经系统和杏仁核的活动（Gross & Levenson，1997） • 倾向于增加个体试图抑制的负面情绪（Goldin et al.，2008）	• 减弱消极情绪，增强积极情绪 • 对交感神经系统几乎没有影响（Shiota & Levenson，2009） • 杏仁核和腹侧纹状体的活动减少（Ochsner & Gross，2008）
认知	• 会降低记忆力（Richards & Gross，2006）	• 要么对记忆没有影响，要么改善记忆（Hayes et al.，2012）
社交	• 降低他人对抑制因素和积极关系的兴趣 • 提升伴侣的血压	• 没有负面的社会后果 • 增加与他人的亲密度和情绪的社会分享（Mauss et al.，2011）

8.3.1　策略的相对有效性

　　这一领域的一项开创性研究是格罗斯在 1998 年开展的，他的这项研究启发了许多的研究人员。在该项研究中，格罗斯让被试观看了三部电影，每部大约一分钟。第一部是中性的，第二部的主题是给烧伤患者进行治疗，第三部是对截肢手术的特写。在观看每部电影之前，被试都会对自己的几种情绪（包括厌恶和 15 个干扰项）进行评分，评分范围为 0（"无"）到 9（"我一生中的大多数"）。看完电影后，他们立即在同样的 16 个项目中报告了自己在观看电影过程中的感受。当他们在看电影时，摄像机也记录下了他们的面部表情。最后，研究人员收集了几种生理指标，包括手指血容量、手指温度、皮肤电导、全身运动和心跳间隔时间。

　　本研究包含三种条件，每个被试在一种条件下进行测试。对处在认知重评条件下的被试，研究人员要求他们对电影采取非情绪性和超然的态度，试图客观地思考电影的技术内容。对处在表达抑制条件下的被试，研究人员则要求他们不要表现出任何情绪，仅以一种外部观察者不会知道他们有何感觉的方式行事。最后，研究人员只是简单地指示对照组的被试观看电影。行为学和生理学数据均表明，这两种策略都减弱了消极情绪，认知重评比表达抑制更有效。如果被试使用认知重评策略，而不是表达抑制策略，那么他们在拍摄过程中报告的情绪（见图 8-6）增强较少（相对于拍摄前的情绪），在对照条件下的情绪增强最大。生理指标与此方向一致（例如，通过认知重评和转移注意力策略降低手指温度）。大量研究发现，不同的策略在改变情绪体验及其生理表现方面效果不一样。研究发现，认知重评比转移注意力更有效，特别是在多次连续实验中。相反，转移注意力有时在短暂或特定实验中更有效，但在后续的实验中效果较差（Bebko et al.，2011；Chang et al.，2015；Colombo et al.，2020；Dillon & LaBar，2005；Dörfel et al.，2014；Goldin et al.，2008；Gross，2001；Gross & Levenson，1997；Hermann et al.，2017；Jackson et al.，2003；Kalokerinos et al.，2015；Lohani & Isaacowitz，

2014；Ray et al.，2010；Shahane et al.，2019；Thiruchselvam et al.，2011）。

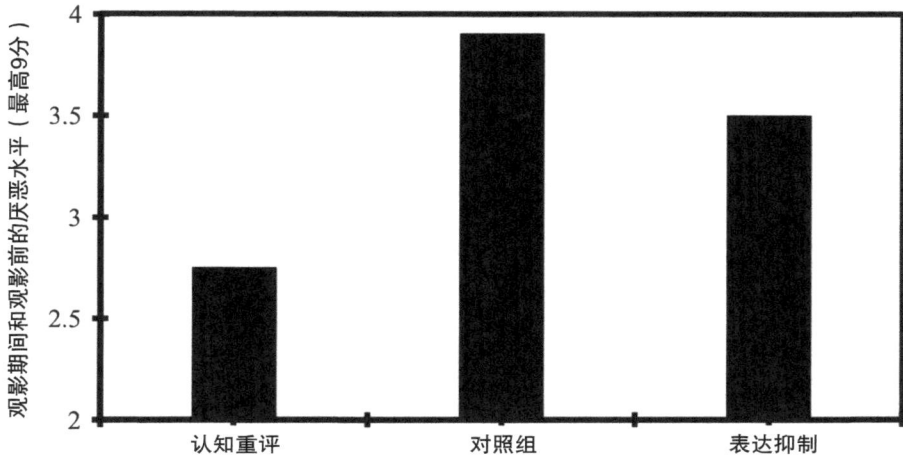

图 8-6 情绪调节策略的相对有效性

8.3.1.1 情绪唤醒在策略执行中的作用

与情绪调节策略的选择一样，情绪调节策略的执行也受各种参数的影响，如情绪唤醒（Shafir et al.，2015；Silvers et al.，2015）。例如，沙菲尔等人（Shafir et al.）在 2015 年向被试呈现了情绪性图片，这些图片的情绪强度或低或高。他们让被试在分散注意力和认知重评两者之间选择情绪调节策略。在观看每张图片之后，被试对感受到的负面情绪进行评分，范围是从 1 分到 9 分。

对于这两种类型的图片（见图 8-7），研究人员再现了之前关于情绪调节的研究结果（即与对照组相比，被试在使用转移注意力策略和认知重评策略时报告的情绪强度较弱）。对于高情绪强度的图片，虽然这两种策略都能减弱负面情绪（相对于对照条件），但转移注意力更有效。对于低情绪强度图片，转移注意力和认知重评在同等程度上减弱了负面情绪。

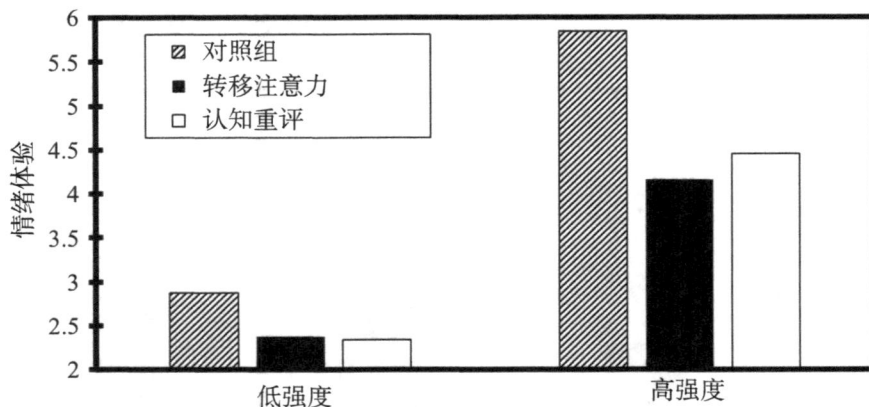

图 8-7　情绪强度和策略执行

8.3.1.2　策略可用性的作用

当我们激活一种策略或多种策略时，情绪调节是否更有效呢？有证据表明，不同情绪调节策略的可用性是决定情绪调节有效性的一个重要因素。在对这个问题的一项研究中，比格曼（Bigman）等人在 2017 年开展了一系列实验，在这些实验中，研究人员向被试呈现了负面情绪的图片，并指导他们使用情绪调节策略。这些策略包括认知重评（指导被试思考图片的积极方面）和表达抑制（指导被试避免表现出任何情绪）。在对照条件下，研究人员只是简单地指导被试看图片而无须改变反应。在其中一个实验中，就在每张图片呈现之前，被试都会看到在图片呈现时他们要使用的某种策略（"表达抑制""认知重评"及"观看"三者中的一种），之后，每张图片都会呈现六秒。在其他实验中，被试会看到两种策略（如"表达抑制"或"认知重评"），如果其中一种策略周围出现了一个方框，被试就必须应用该方框里的策略。所有被试在看到图片后，都要对观看图片时的情绪体验进行评分，评分标准为 1（"非常差"）到 9（"非常好"）。在另一个实验中，被试要么看到一个策略（他们必须使用），要么看到两个策略（他们必须选择其中一个来执行）。

当研究人员为被试呈现两种策略时，他们的情绪体验比只有一种策略可用时更消极（见图8-8）。呈现一种以上的策略显然会降低情绪调节策略的有效性。当被试在两种策略之间不能进行选择时及可以做出选择时，研究人员都观察到了这一点。一种可能的解释是，在两种（或更多）策略之间进行加工和选择会消耗大量的认知资源，导致实际执行所选策略时所需的资源减少，从而使情绪调节效果不佳。

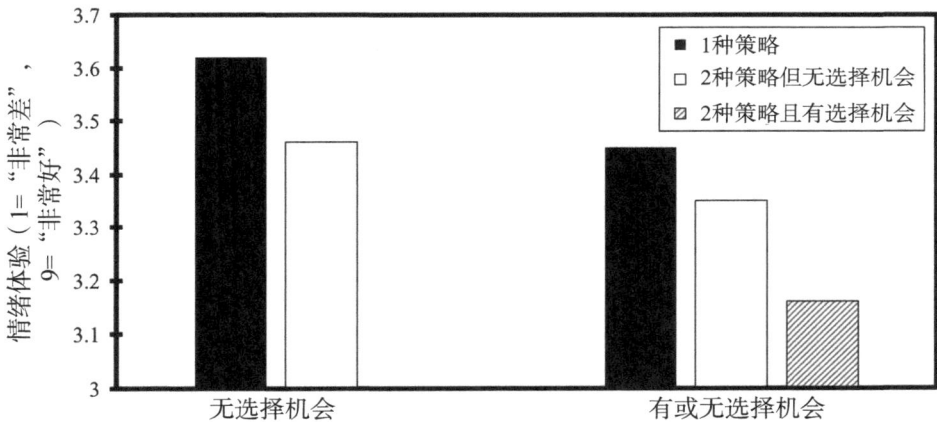

图 8-8　策略选择和情绪调节

8.3.1.3　策略实施时机的作用

迄今为止，关于不同情绪调节策略相对有效性的大多数实验都要求被试在情绪体验或刺激呈现之前实施策略。在现实生活中，虽然我们可以预测某些情绪体验，但往往会在没有准备的情况下体验到某种情绪，这意味着我们没有机会提前选择调节策略。那么，很多时候，当开始执行一种策略以调节情绪时，我们其实已经处于某种情绪体验中了。在这种情况下，一个有趣的问题是，在我们已经体验到一种情绪时开始调节，而不是执行在情绪体验开始之前激活的策略，是否会改变策略的有效性。

舍普斯和迈兰（Meiran）在 2007 年开发了一个程序，这个程序可以根据情绪体验期间（即从开始或之后）实施策略的时间，评估策略的相对有效性。他们向被试呈现了电视纪录片《真实的故事》中不同持续时间（97～402秒）的视频摘录，讲述了大屠杀幸存者被家人和社会抛弃后在精神疾病专科医院住院的故事。在观看电影片段之前，被试学会了执行转移注意力策略（在电影中思考一些中性的东西）或认知重评策略（采用科学家式的客观视角尝试以中立的态度观看电影）。在不同的实验条件下，被试在电影开始后短时间（37秒）或更长时间（190秒）开始执行策略；在对照条件下（同样的时间选择），指导被试继续观看电影，就像之前一样。考虑到电影的持续时间和策略执行之前的时间，研究人员让被试在短时间（60秒）或更长时间（212.5秒）内执行调节策略。换句话说，研究人员在情绪体验中改变了情绪调节的持续时间和开始时间。

结果表明，情绪调节的持续时间对情绪体验的影响不大。然而，调节策略启动的时间确实有影响，这在转移注意力和认知重评之间有所不同（见图8-9）。转移注意力降低了个体对悲伤和消极情绪（与对照组相比）的自我评定。不论是在电影开始后相对较短的时间，还是稍晚的时间开始采用这种策略都是如此。相比之下，认知重评如果开始得早，会改变情绪体验，而开始得晚，则不会改变情绪体验。舍普斯和迈兰提出，产生这种差异的原因可能是，转移注意力是通过非情绪内容占据工作记忆的，能够比认知重评更有效地促使情绪脱离。认知重评也是一种复杂的策略，涉及更多、更难实施的心理操作（如视角转换、语义重新解释），并且不一定会从工作记忆中删除情绪刺激的内容。如果在情绪体验的后期（即当情绪有足够的时间发生发展时）实施认知重评策略，会使被试对情绪的调节无效。因此，在情绪体验开始时进行认知重评，显然要比在接近结束时进行更有效（Kalokerinos et al.，2017；Richards & Gross，2000；Sheppes & Meiran，2008）。相比之下，无论什么时候开始，转移注意力的效果都是一样的。

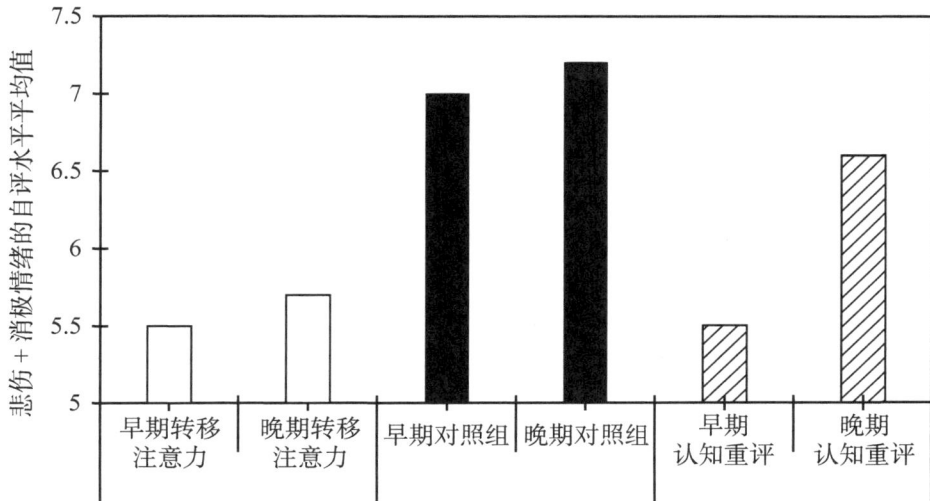

图 8-9　情绪调节的实施时间

情绪调节策略的执行不仅取决于影响每种策略使用频率的参数（如相对有效性、情绪刺激或体验的强度），或者何时启动策略，还会受到刺激情境情绪效价相关先验知识的影响。一段时间以来，研究人员已经发现，提前呈现刺激的情绪信息会影响刺激产生的情绪。例如，当被试期望一个具有消极情绪效价的刺激时，这种期望会放大其对刺激的关注，以及该刺激触发的消极情绪（Foti & Hajcak，2008；Gole et al.，2012；Lin et al.，2012；Lin，Jin，et al.，2015；Lin，Xiang，et al.，2015；MacNamara et al.，2009；Onoda et al.，2007）。另外，如果被试期待一个负面刺激，那么情绪调节本身是否会因此而产生变化。最近的研究表明答案是肯定的。

沙菲尔和舍普斯开展了两个实验，研究不同情绪调节策略（认知重评、转移注意力、控制）的有效性是否会因被试提前了解情绪刺激的情绪效价而产生变化。在他们的第一个实验中，被试要么看到两个描述即将看到的图片的词汇（如"车祸"），要么什么都看不到（没有关于图片内容的信息）。然后，在短暂的（400～800毫秒）间歇后，一个词汇出现一秒的时间，该词汇指出被试在图片呈现期间要执行什么调节策略（如转移注意力）。之后，图片呈现五秒钟（在此期间，被试在观看图片的同时执行词汇提示的调节策略）。最后，研究人员要求被试指出图片引发的负面情绪体验的强度（1～9分）。

在第一个实验中，沙菲尔和舍普斯复制了先前发现的一般性的结果（例如，与对照组相比，在转移注意力和认知重评条件下的负面体验更少），但在有或没有关于图片的预先信息的两种条件下，没有发现任何差异。换句话说，实施调节策略时，被试的情绪体验不会被关于其特征的预先信息所改变。

研究人员在第二个实验中发现了相反的结果。在第二个实验中，被试在得知必须使用的调节策略后，自己选择是否查看即将出现的图片信息。研究人员发现被试并不总是要求事先了解图片中会出现什么。当被指示分散注意力时，他们很少询问有关图片的信息（26%的实验），但当被指示使用认知重评策略时，他们经常会询问此类信息（70%的实验）。对照实验的比例为64%。因此，他们似乎更喜欢不事先了解自己要尝试和转移注意力的图片，大概是为了让自己更容易执行转移注意力的策略。也许他们知道，无论是否事先知道即将出现的图片会激活什么样的情绪，他们都可以轻松执行这一策略。相反，对于认知重评策略，被试更喜欢提前知道图片的内容。这是否使他们在图片出现之前就开始实施策略呢？数据没有告诉我们。研究人员还发现，在被试知道将在图片中看到什么时，实际上转移注意力策略不太有效，而这种现象并没有出现在认知重评策略中（见图8-10）。当分析情绪体验自评数据时，研究人员发现，在转移注意力策略条件下，消极情绪体验随着提前信息的增加而显著增加（与没有提前信息的情况相比），而在其他条件下则没有。

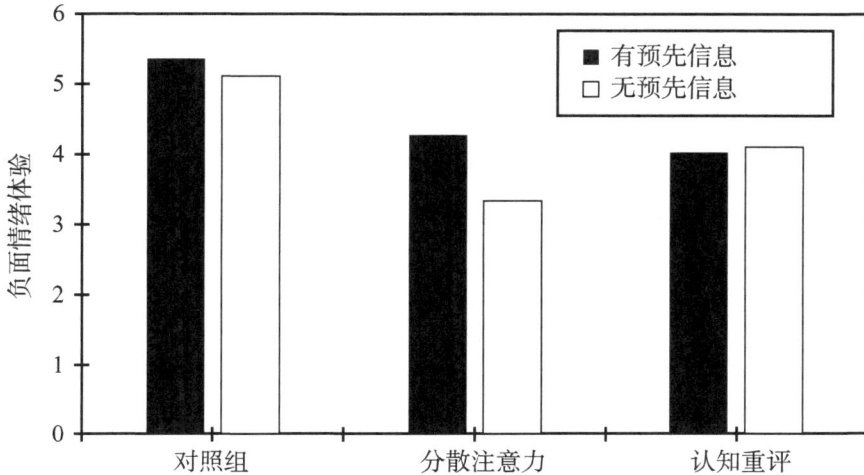

图 8-10　**预期信息和情绪调节**

　　虽然实验 1（被试无法选择是否会预先收到信息）和实验 2（他们确实能够选择是否会预先收到信息）结果之间的差异可能是由于观看图片次数和图片类型不同造成的，但这些结果表明，提前知道要处理的情绪信息可以调节转移注意力策略的执行效果。相反，认知重评策略的执行效果显然不受这些信息的影响。

　　总之，实证研究表明，不同的情绪调节策略的效果不同。有些策略能比其他策略成功地减弱（或增强）个体想要改变的情绪。这些策略在使用时的效果也受到各种因素的影响，包括情绪唤醒（例如，认知重评在调节不太强烈的情绪方面更有效，而无论情绪的强度如何，转移注意力都很有效），可用策略的数量（当可用策略较少时，调节策略的效果更好），以及提前了解对刺激或情景的情绪效价（这可能会降低转移注意力的效果，而对认知重评的影响较小）。

8.4　情绪调节和认知能力

正如我们所看到的，情绪调节改变了情绪体验，并且会影响认知能力。虽然很少有研究人员直接研究这种影响，但一些结果表明，情绪对认知的影响因被试是否在认知任务中调节情绪而不同。还有迹象表明，这些影响取决于调节策略的类型。有些研究发现，情绪调节会降低认知能力，而另一些研究则相反。

8.4.1　情绪调节会降低认知能力

一些研究发现，情绪调节会导致记忆力下降（Johns et al. 2008；Richards et al.，2003；& Gross，1999，2000，2006）。例如，理查兹和格罗斯在2000年进行了一系列实验，他们发现使用情绪调节策略会降低记忆力。在他们的第一个实验中，他们向被试放映了一段140秒的视频，视频中一名丈夫向妻子承认，他与另一位女性有染，那位女性怀孕了。被试在有情绪调节的实验条件或无情绪调节的对照条件下观看视频。在对照条件下，被试只是观看视频。在情绪调节条件下，研究人员指导被试使用表达抑制策略（即注意不要表现出视频触发的任何情绪，以便观察者无法从他们的表情中发现他们的情绪）。观看视频大约10分钟后，被试被要求执行一项未提前告知的再认任务。对任务中的24个问题，被试必须在五个选项中选择包含视频内容（听到或看到的内容）的一个。对照组和表达抑制组的正确回答率分别为73%和64%。分配给表达抑制的认知资源显然不可用于编码电影信息并将其存储在记忆中，从而导致个体回忆的成绩较差。

在第二个实验中，理查兹和格罗斯向被试呈现18张幻灯片，每张幻灯片呈现的都是一张男性的图片。研究人员告知被试每位男性的姓名和职业，以及他过去是否曾遭受伤害。一些幻灯片显示的是"相貌平平的男性"，研究人员会告诉被试这些人在过去某个时候曾受伤害（弱情绪条件）；其他图片则显示的是明显受重伤的男子（强情绪条件）。本研究共有三种实验条件，无论是在哪种实验条件下，研究人员都要求被试仔细观察每张幻灯片，仔细倾听相关信息。在表达抑制条件下，研究人员告知被试不要表现出由幻灯片引发的任何情绪。在认知重评条件下，研究人员加入附加的说明，告诉被试"以医学专业人员超然的态度"观看每张幻灯片。在被试观看幻灯片后，研究人员对被试进行了非言语和言语记忆测试。在非言语记忆测试中，被试会看到18组四张图片，并需要指出哪一张与他们之前看到的幻灯片最匹配。在言语记忆测试中，被试看到编码的18张幻灯片，并被要求回忆相关的言语信息（姓名、职业和受伤性质）。言语回忆测试的成绩仅显示了情绪强度的影响：被试对情绪更强烈的照片回忆的言语信息较少。然而，非言语回忆测试的成绩表明，策略对回忆成绩的不同影响取决于图片的情绪强度（见图8-11）。对于情绪强度较弱的幻灯片，认知重评条件下被试的回忆成绩比对照组的差，而表达抑制条件下的回忆成绩更差。对情绪强度较高的幻灯片，表达抑制对认知表现并没有影响，而认知重评提高了回忆成绩。换言之，情绪调节策略的使用有时会降低回忆效能（如在低强度情绪条件下）。其他时

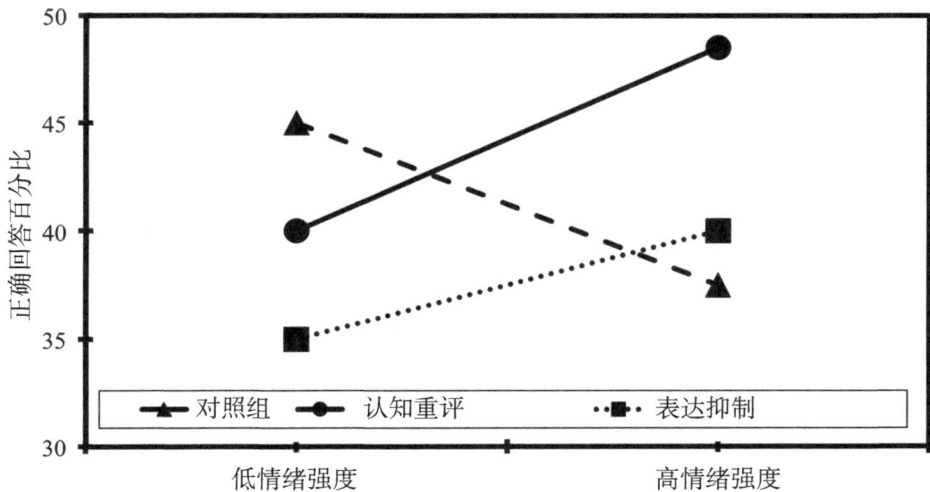

图8-11 情绪调节和回忆成绩

候，尤其是当被试使用认知重评策略时，情绪调节可以改善回忆表现（如在高强度情绪条件下）。

埃克（Erk）等人在2010年收集的数据表明，情绪调节可能不会保护长期回忆（见图8-12）。在他们的研究中，被试会看到负面或中性场景的图片，并在一年后进行再认测试。在编码时，研究人员或者要求被试感受由图片触发的情绪（对照条件下，无调节），或者让他们在观看图片时尝试采用置身事外的超然态度（情绪调节条件，认知重评策略）。研究人员在被试编码一年后对其回忆成绩进行比较，结果表明调节和对照条件之间的回忆成绩没有显著差异。

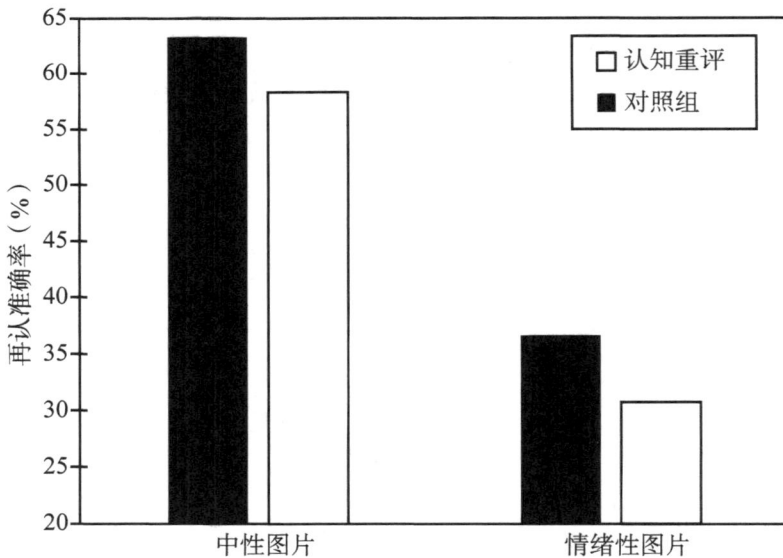

图8-12 认知重评和长期回忆表现

总之，情绪调节会导致认知能力下降，下降多少则可能因调节策略的不同而不同。乍一看，这种模式似乎令人惊讶。因为我们可能会认为，在认知任务中进行情绪调节会使我们使用较少的资源来处理情绪信息，而把更多的资源分配给任务本身。如果没有情绪调节，我们的资源则会在很大程度上被用于处理情绪信息，这对认知任务不利。但值得注意的是，现有研究表明情绪调节对认知能力有不良影响，表现为被试可能将其主要目的放在调节情绪上，而不是提高认知能力。另外，在上述研究中，被试往往是在未被提前告知的情况下参加了回忆测试，因此，在情绪调节任务期间回忆的形成具有偶然性。此外，在情绪调节条件下，被试对信息的精确加工可能更肤浅，以中和视频中的信息可能引发的情绪。不过也有报道称在意外测试（未提前告知测试）条件下发现被试的任务表现有所改善，而且当被试的目标是获得尽可能最佳的认知表现时，研究人员甚至发现这种任务表现的改善是系统性的。

8.4.2　情绪调节提高认知能力

各种研究发现，情绪调节可以提高认知能力（Bonanno et al.，2004；Dillon et al. 2007；Hayes et al.，2010；Richards et al.，2003；Richards & Gross，1999，2000，2006）。例如，海斯（Hayes）等人在 2010 年向被试呈现了 160 张图片，其中 40 张是中性情绪的，120 张是消极情绪的。在编码时，在 40 个对照实验中，研究人员要求被试观看图片，并让其任由感觉到的任何情绪"自然地展现"；在 40 次表达抑制实验中，研究人员要求被试不要把图片引发的任何情绪表现出来；在 40 个认知重评实验中，研究人员要求被试"把自己当作场景中的一个观察者，但要改变思维方式，让它与你或你所爱的人无关。"两周后，被试回到实验室，参加了一次意外（未提前告知）的记忆测试。实验中研究人员向被试呈现了原来的 160 张图片和 100 张新图片（60 张消极的和 40 张中性的），要求被试逐张指出图片是原来的（在编码时呈现）还是新的。被试在认知重评条件下的表现要比表达抑制或控制条件下的表现好得多（后两种条件下的表现没有差异）。

狄龙（Dillon）等人在 2007 年向被试呈现了 90 张图片（45 张中性的，45 张情绪消极的）。在呈现每张图片之前，研究人员会给被试提供一条线索，告诉他们要么简单地"看"，要么"增强""减少"或"抑制"他们对图片的情绪反应，该线索持续 1.5 秒。之后，图片出现 4 秒，接着是一个灰色屏幕，持续了 8 秒。最后，在每项实验中，研究人员都要求被试在 1 ～ 5 分的范围内对自己的情绪状态（"不快乐 - 快乐"）及情绪唤醒程度（"冷静 - 兴奋"）进行评分。被试看完所有的图片后，会继续参加一场未被提前告知的自由回忆测试。测试中，研究人员会给被试 15 分钟的时间，让他们尽可能准确、尽可能多地对图片进行书面描述。

对于消极情绪的图片，被试在情绪调节条件下（增强、减弱、抑制）的回忆率要高于对照条件下的回忆率。然而，对于中性图片，与对照组相比，情绪调节条件下的被试在降低情绪或抑制情绪反应时回忆起的图片较少，但在增强情绪时回忆起的图片较多（见图 8-13）。

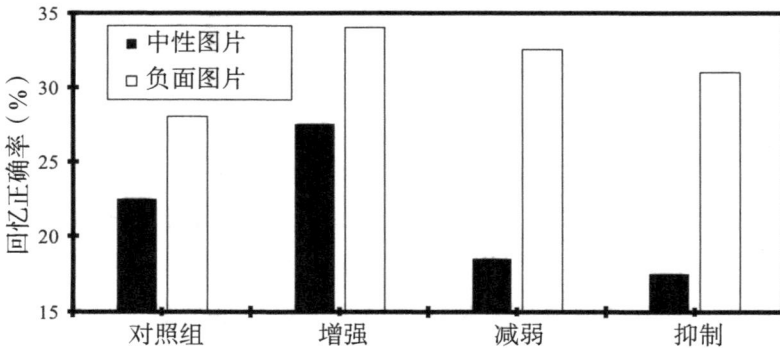

图 8-13　情绪调节和回忆

情绪调节策略对认知表现的影响还存在于情景记忆以外的领域，如执行功能、工作记忆与抑制（Ferrell et al., 2020；Mikels & Reuter-Lorenz, 2019；Taylor et al., 2018）、 决 策（Delgado et al., 2008；Heilman et al., 2010；Martin&Delgado, 2011）、 推 理（Lajoie et al., 2018；Mendonça & Sàágua, 2019）、判断（Clore & Huntsinger, 2007；Helion & Ochsner, 2018）和语言（Quiñones- Camacho et al., 2018；Roche & Arnold, 2018）。以决策领域的一个研究为例，海尔曼（Heilman）等人在 2010 年要求被试执行一项评估风险

规避的任务，即气球模拟风险任务（Balloon Analogue Risk Task，BART）。此任务主要用来评估承担或避免风险的倾向。被试可以通过在电脑屏幕上吹数字气球来赚钱。如果气球没有破裂，被试就可以获得可变数量的分数（或金钱）；如果气球破裂，被试就失去一定数量的分数或金钱。在执行这项任务之前，被试会观看一段引起厌恶或恐惧情绪的电影剪辑。研究人员将被试按照情绪调节的不同分为三组：对照组（无情绪调节策略）、认知重评组和表达抑制组。在厌恶和恐惧两种情况下，与对照组相比，认知重评降低了被试的风险厌恶，导致他们更多地吹大气球（见图 8-14）。表达抑制对风险厌恶没有影响。换言之，在看过一部引发负面情绪（恐惧或厌恶）的电影后，只有认知重评才能让被试承担更多的风险，从而使气球膨胀得更大（而不会爆裂）。

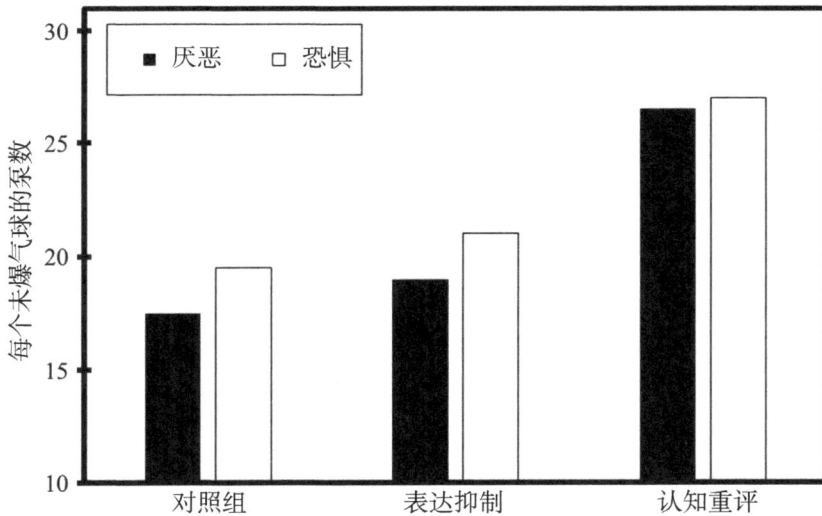

图 8-14 情绪调节和决策

8.4.3 结论

情绪调节会影响认知能力。在某些情况下，情绪调节往往会降低认知表现水平。此时，我们会重点关注调节过程本身，而不是认知任务，并且，在这种情况下，认知任务往往并不独立于情绪诱导过程。在其他情况下，至少可以通过一种有效的策略提高认知能力。认知能力的提升不仅取决于所选策略的有效性，而且取决于被试调节情绪及尽可能成功完成（其他）认知任务的意愿。请注意，虽然情绪调节的效果已在许多认知领域中被发现，但其发生的条件尚不完全清楚。虽然我们知道这些影响取决于情绪唤醒和策略类型，但我们仍然不知道情绪调节对认知的影响如何与其他变量相互作用（例如，被试执行任务时使用的认知策略，认知任务的难度，被试在认知领域的专业知识，情绪调节的类型等）。未来的研究将带我们去揭示，在不同的认知领域和不同的任务中，哪些变量决定了情绪调节如何改善认知表现。它还将阐明情绪调节改善认知表现的机制。这将告诉我们，在使用情绪调节策略后（或同时），被试是否像在非情绪性状态下一样，使用相同的机制（以相同的方式或不同的方式）或完全不同的机制来执行认知任务。

第 9 章

情绪调节：个体差异、衰老和精神障碍

对于个体差异、衰老和精神障碍如何影响情绪调节这一课题，许多研究人员进行了研究。正如研究这些变量如何调节情绪对各种认知功能的影响一样，这种类型的研究也在关注情绪对各种认知功能的影响在人格特质（如特质焦虑）和精神障碍（如抑郁障碍、恐怖症）方面的显著差异，以及随着年龄的增长而发生的变化。这些研究旨在确定在其他因素都相同的情况下，在不同年龄、具有不同人格特质（或其他特征）的个体中，或者在患有情绪障碍（与没有此类诊断的对照组相比）的个体中，情绪调节是否受相同因素的影响，是否使用相同的机制。这些领域的实证研究发现，不同性格、不同年龄、有无精神障碍的个体在情绪调节方面存在显著差异。研究还证实，虽然情绪调节在这些不同的群体中受到相同因素的调节，但这种调节的规模及其机制可能会有所不同。在本章中，我们将对这项工作进行概述。

在本章的第一部分中，我们先探讨情绪调节的个体差异。例如，我们将研究情绪调节如何根据个体的文化水平和他们掌握的内隐情绪理论而进行不同的安排部署。然后，我们看一下情绪调节是如何随着年龄的增长而变化的。最后，我们对精神障碍如何影响情绪调节进行了检验。在这里，我们将再次看到，这些领域的研究为个体调节情绪的机制提供了大量线索。

9.1 情绪调节和个体差异

在情绪调节策略的选择和执行上存在着个体差异（John & Eng, 2014）。有些人会对自己的情绪做出积极反应，并试图调节或改变情绪，另一些人则相对被动，任由情绪自然展开而不寻求改变。还有一些人会有其他各种反应，有时会试图改变自己的情绪，有时则顺其自然。情绪调节策略中的一些个体差异显然至少部分源于遗传倾向（McRae et al., 2017）。许多个体特征（如性别、文化、情感、认知风格、个性）与不同的情绪调节模式相关（McRae & Gross, 2020）。接下来我们将以文化差异和情绪内隐理论为例，对情绪调节中的这些个体差异进行说明。

9.1.1 文化差异与情绪调节

各种研究都发现了情绪调节的文化差异，例如，哈加（Haga）等人在2009年出具的报告说，在认知重评策略和表达抑制策略的使用方面存在显著的文化差异。他们要求193名挪威人、211名美国人和85名澳大利亚人完成一系列问卷调查，旨在确定这些被试是否在日常生活中使用这两种策略。在回答情绪调节问卷中的问题时，被试要从1分（"强烈不同意"）到7分（"强烈同意"）的范围内，指出自己使用这些策略的程度。研究人员还使用了其他问卷来评估这些被试的某些人格特征（如神经质和外向性，通过大五人格量表的相关部分）、积极和消极情感的倾向（感觉好或坏；PANAS），以及自我反思的倾向［自我反思和洞察力量表（Self-Reflection and Insight Scale, SRIS）；Grant et al., 2002］。

结果如图 9-1 所示，研究人员发现男性和女性在使用认知重评的倾向上没有差异（McRae et al., 2008，认知重评中男性和女性的不同大脑特征），而男性报告的表达抑制水平较高。在美国（Gross & John, 2003；John & Gross, 2004）、德国（Abler & Kessler, 2009）和意大利（Balzarotti et al., 2010）开展的一系列研究中也发现了这种与性别相关的表达抑制的差异。此外，哈加等人研究中的美国被试比澳大利亚被试或挪威被试更多地使用表达抑制，而澳大利亚被试比挪威被试更多地使用认知重评。最后，研究人员发现认知重评的使用与自我反思的倾向和各种积极效应呈正相关。相反，表达抑制与自我反省的倾向和各种积极效应呈负相关。两种策略都与各种负面效应呈负相关。重要的是，在对世界各国进行的一项大规模调研中，松本（Matsumoto）等人在 2008 年发现，与强调社会凝聚力文化的国家（如亚洲国家）的人相比，强调独立文化的国家（如美国和许多欧洲国家）的人较少使用表达抑制。

换言之，情绪调节策略的使用因性别、文化、情感、个性和自我反思等个人特征而异。

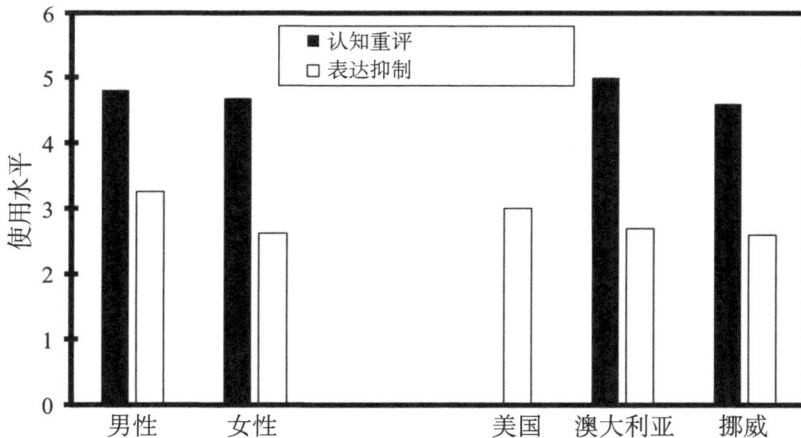

图 9-1 性别、文化和自我报告的情绪调节策略使用情况

9.1.2 信念和情绪调节

各种研究结果表明，个体对情绪的信念会影响其情绪调节。研究人员已经区分出不同的情绪信念或情绪内隐理论（De Castella et al., 2018；Manser et al., 2012；Tamir et al., 2007）。有些人认为，至少是含蓄地认为，情绪

是可以改变的：我们可以避免或诱导情绪，增强或减弱情绪，使情绪持续更长时间或持续时间变短。这些人拥有所谓的情绪增量理论。其他拥有所谓情绪实体理论的人认为，我们对情绪的控制相对较少，几乎没有或根本没有能力改变情绪的发生、展开、强度或效价。为了评估这些内隐情绪理论的存在及其对情绪体验维度的影响，塔米尔（Tamir）等人在 2007 年从德韦克（Dweck）及其同事的内隐智力理论量表（Dweck，1999）中汲取灵感，构建了一个内隐情绪理论量表。该量表基于以下四种陈述：

（1）"如果他们愿意，人们可以改变他们的情绪"；

（2）"每个人都可以学会控制自己的情绪"；

（3）"无论多么努力，人们都无法真正改变自己的情绪"；

（4）"人们几乎无法控制自己的情绪，这是事实"。

对每项陈述，被试在 1（"强烈不同意"）到 5（"强烈同意"）的范围内表示他们同意或不同意该陈述。根据被试对这些项目的反应，塔米尔等人认为被试的特征分为两类：持有情绪增量理论或持有情绪实体理论。将情绪视为固定的个体（实体理论）前两项得分较低，后两项得分较高，而将情绪视为可变的个体（增量理论）得分则相反。塔米尔等人发现，在 437 名学生的大样本中，两种内隐情绪理论与不同的情绪调节模式有系统的相关性。例如，与那些认为情绪具有可塑性的学生相比，那些认为情绪是固定的学生似乎在调节情绪方面没有那么有效，并且在日常生活中很少使用认知重评。他们报告称，在大学一年级，积极的情绪体验和社会支持较少。卡佩斯（Kappes）和希科夫斯基（Schikowski）也发现了类似的结果（2013；Ford et al.，与 2018 年青少年的研究结果类似）。他们在研究中发现，支持情绪实体理论的学生在观看负面电影《猎鹿人》（Deer Hunter）中的片段时，会感受到更多的负面情绪，回避剪辑中的情感序列，并且在有机会的情况下，不倾向于再看一遍来了解结尾。

为了研究内隐情绪理论对情绪调节的因果作用，尼兰（Kneeland）等人在 2016 年通过实验对被试关于情绪的观点进行了操纵。他们要求被试完成一系列问卷，包括情绪调节问卷（Emotion Regulation Questionnaire，ERQ），以评估他们对认知重评和表达抑制的使用情况。被试被分为两组进行测试。其中一组（可塑性情绪条件）阅读了一篇强调情绪可塑性的文章，包括"情绪不是一成不变的，它是可以改变的。每个人都有能力改变自己的情绪及表达情绪的方式"这样的句子。第二组（固定情绪条件）的被试阅读的文本则表明个体的情绪是固定的。例如，这篇文本包含"情绪是一成不变的，这意味着它无法改变"这样的句子。阅读这些段落后，所有被试都进行了特里尔社会压力测试（Kirschbaum et al.，1993）。在测试版本中，研究人员要求被试在 90 秒内准备某个主题（如"为什么你是一个好朋友"）的演讲，然后再花两分钟的时间进行演讲，并且该演讲会通过摄像机进行拍摄和记录。研究人员比较了被试在 ERQ 量表上涉及回答认知重评和表达抑制使用情况的问题。与固定情绪组的被试相比，可塑情绪组的被试在特里尔社会压力测试期间使用认知重评的次数更多（见图 9-2）。两组被试使用表达抑制的水平相等。激活情绪是可变的这一想法似乎导致被试改变了他们的情绪调节策略，更多地使用了认知重评。

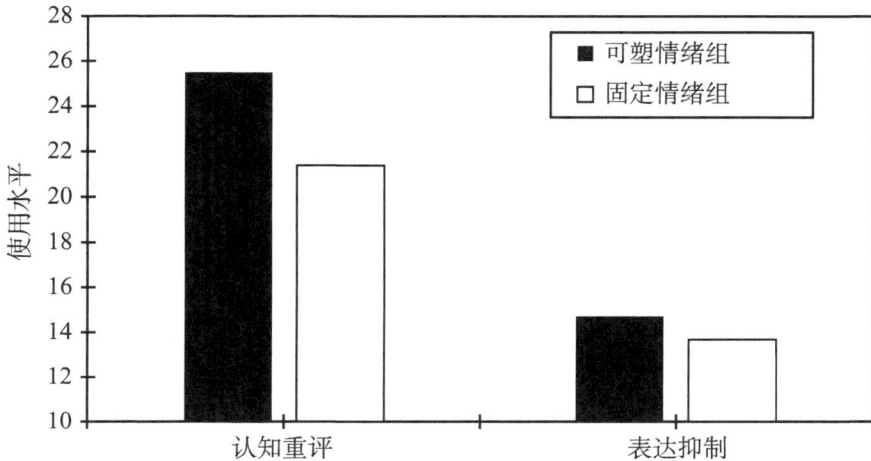

图 9-2　关于情绪和情绪调节的信念

简言之，我们的情绪调节策略各不相同，这取决于我们每个人对情绪是否更具可塑性或固定性的看法，以及环境是否会导致我们或多或少地关注哪一想法。因此，我们的情绪体验各有不同，由此产生的情绪也会以不同的方式影响我们的行为（认知，但也会影响社交和情感）。

9.2　情绪调节和衰老

许多研究发现，老年人的幸福感和情感满意度高于年轻人（除了在生命的最后阶段；Gerstorf et al.，2008，2010），同时抑郁发作的严重程度和频率也较低（Carstensen et al.，2011；Charles et al.，2001，2016；Grühn et al.，2010；Hasin et al.，2005；Mroczek，2001；Mroczek & Kolarz，1998；Mroczek & Spiro，2005；Schilling & Diehl，2014；Stawski et al.，2008；Stone et al.，2010）。理论上，这种幸福感的增加可能是随着年龄的增长，情绪敏感度降低造成的，并且对老年人而言，主要表现为对负面情绪的敏感度降低。根据衰老的大脑模型（Cacioppo et al.'s 2011；Gunning-Dixon et al.，2003），对负面情绪的敏感性较低可能是由于杏仁核功能下降所致，而杏仁核正是一种与情绪处理密切相关的大脑结构。研究人员认为，这种下降可能会使杏仁核对消极刺激的反应减弱，但对积极刺激的反应不会减弱。一些研究人员确实注意到，老年人会报告称较少体验到强烈的负面情绪（e.g.，Charles et al.，2001），或者对负面刺激或经历表现出减少的心理或生理反应（Gunning-Dixon et al.，2003；Iidaka et al.，2002；Levenson et al.，1991，1994；Tessitore et al.，2005；Vieillard et al.，2012）。然而，许多研究也发现，老年人至少和年轻人一样敏感，有时甚至更敏感，包括对负面刺激（Charles，2005；Charles & Carstensen，2008；Dolcos et al.，2014；Kensinger & Schacter，2008；Kliegel et al.，2007；Kunzmann & Richter，2009；Labouvie-Vief，2003；Levenson et al.，1994；Magai et al.，2006；

Mroczek & Almeida，2004；Murty et al.，2009；Phillips et al.，2002；Seider et al.，2011；Sliwinski et al.，2009）。例如，赛德（Seider）等人在 2011 年发现，老年人比年轻人对悲伤电影的反应更大（就自我报告的情绪和生理反应而言）。请注意，这并不代表老年人存在普遍的情绪过度反应，因为在赛德等人的研究中，老年人对厌恶也没有表现出更大的敏感性。换言之，在不同的情绪上，老年人的情绪反应可能与年轻人的一样强烈，也可能比年轻人更强烈，或者不比年轻人强烈。

一些研究人员认为，随着年龄的增长，个体的幸福感和情绪满意度可能会增加，因为随着年龄的增长，人们能够更好地调节（增强或减弱）情绪。他们认为，随着年龄的增长，个体的动机和优先级发生了变化，认知资源的可用性也发生了变化，从而提高了其调节情绪和根据情况调整情绪反应的能力。该方法载于卡斯滕森及其合作者的社会情绪选择理论（Carstensen，1992，2006；Carstensen et al.，1999；Carstensen & Turk- Charles，1994；Carstensen et al.，2000；Kessler & Staudinger，2009；Lawton，2001；Mather & Carstensen，2003，2005）、力量和脆弱性整合模型（strength and vulnerability integration，SAVI）（Charles & Piazza，2009）及情绪调节框架的选择、优化和补偿（Selection，Optimization，and Compensation with Emotion Regulation framework，SOC-ER；Opitz et al.，2012；Urry & Gross，2010）。根据这些观点，随着年龄的增长及越来越意识到剩余的时间有限，个体变得更加关注情绪目标，包括幸福。这使个体能够更好地管理消极情绪（减弱情绪）和积极情绪（增强情绪），并对情绪进行优先排序。例如，随着年龄的增长，追求高质量的人际关系可能会变得比职业晋升或体育成就更重要。这导致人们使用各种策略来管理和调节情绪（例如，避免不必要的冲突，优先与我们关心的人相处，避免引发焦虑的情况，发现或赋予生活事件或我们的生活更深刻的意义）。情绪调节的研究结果确实符合这些理论观点。这些研究结果表明，个体对情绪调节策略的选择和实施确实会随着年龄的增长而变化。随着年龄的增长，我们会更频繁、更有效地使用一些策略，而对于其他策略，使用的效率却越来越低。

9.2.1　衰老对情绪调节策略使用的影响

回想一下，情绪调节包括预防、减少、触发、维持或强化一种或多种情绪机制（或策略）。现有研究已经发现多种有效的情绪调节策略。大量研究表明，情绪调节策略的使用因被试的年龄而不同（Allen & Windsor，2019；Charles & Carstensen，2008；Hofer et al.，2015；Isaacowitz et al.，2006a，2006b，2008；Isaacowitz & Ossenfort，2017；John & Gross，2004；Livingstone & Isaacowitz，2019；Martins et al.，2018；Masumoto et al.，2016；McRae et al.，2012；Nolen- Hoeksema & Aldao，2011；Sands et al.，2018；Sands & Isaacowitz，2017；Scheibe et al.，2015；Schirda et al.，2016；Schmeichel et al.，2008；Urry & Gross，2010；Vieillard & Harm，2013）。在某些情况下，年轻人和老年人确实倾向于使用不同的策略，但在另一些情况下，他们更倾向于使用相同的策略。

例如，马丁斯（Martins）等人在2018年向年轻人和老年人呈现了一系列图片，这些图片会引发强烈的或微弱的积极或消极情绪。在积极情绪 / 高强度条件下，被试看到的是色情或剧烈动作的运动图片。在积极情绪 / 低强度条件下，他们看到一对夫妇手牵手或低冲击力的运动图片。在负面情绪 / 高强度条件下，他们看到飞机失事的场景，受伤的受害者或一个孩子从枪手身边跑开。在消极情绪 / 低强度条件下，他们看到了药物过量或住院儿童哭泣的画面。每次实验都从呈现一张图片开始，持续1.2秒。然后，被试必须选择一种情绪调节策略，如转移注意力或认知重评。在做出选择后，他们有1.5秒的时间准备将策略应用到同一张图片上，这张图片会再呈现10秒。

年轻人和老年人在策略偏好上存在差异，但仅限于触发强烈积极情绪的图片（见图9-3a）。对这些图片，老年人比年轻人更少使用转移注意力策略。对引发低强度积极情绪的图片，年轻人和老年人都表现出对认知重评这一策略的偏好，而不是转移注意力策略。对于负面情绪，年轻人和老年人的表现没有明显差异，都是在高强度负面情绪更倾向于转移注意力策略，低强度负面情绪更倾向于认知重评策略。换句话说，马丁斯等人发现，年轻人和老年人的策略偏好在某些情况下有所不同，但并非在所有情况下都不同。具体来说，他们在某些情况下策略偏好不同（高强度的积极情绪），而在其他情况下则相同（一般的消极情绪和低强度的积极情绪）。这些偏好可以通过老年人的积极偏差进行解释（即老年人更愿意处理积极图片，因此较少使用转移注意力策略）。其他机制也可能导致这种年龄相关的差异（例如，对高强度积极情绪使用认知重评策略的能力要求更高，而有限的加工资源可能会限制老年人使用该策略的能力）。正如研究人员讨论中提到的，尽管被试在观看图片 10 秒的同时实施了该策略，但在每次实验中，研究人员并没有要求他们在实施该策略前后评估自己的情绪状态。如果对年轻人和老年人进行这样的评估，则不能保证他们会做出相同的策略选择：在任务中策略的选择可能会有所不同，这不仅取决于被试是否实施了所选的策略，还取决于他们是否对结果进行了评估（Lemaire et al.，2004）。

马丁斯等人的研究结果仅部分复制了沙伊贝（Scheibe）等人的研究（见图 9-3b）。这两项研究使用了几乎相同的程序，只是沙伊贝等人向被试呈现了消极图片（低强度和高强度），并且被试在每张图片呈现后会对自己的情绪状态进行评分。在这两项研究中，被试倾向于选择转移注意力作为高强度消极图片的情绪调节策略。马丁斯等人发现，年轻人和老年人在对消极图片使用调节策略方面没有差异，无论其强度如何。但沙伊贝等人发现，老年人比年轻人更容易选择转移注意力策略，无论是低强度还是高强度的消极情绪图片。这两项研究在方法上的差异可能导致了结果上的差异。例如，马丁斯等人检验了同一被试（仅男性）的积极情绪和消极情绪，而沙伊贝等人的被试（男性和女性）则只处理消极情绪。另一个区别是，检验积极图片（其强度低于消极图片）会使马丁斯等人的被试看到的一组图片的强度总体上低于沙伊贝等人的被试看到的图片。这些方法上的差异可能影响了被试的策略选择（例如，在沙伊贝等人的研究中被试的注意分散率略高于马丁斯等人的研究），以及这种选择中与年龄相关的差异。

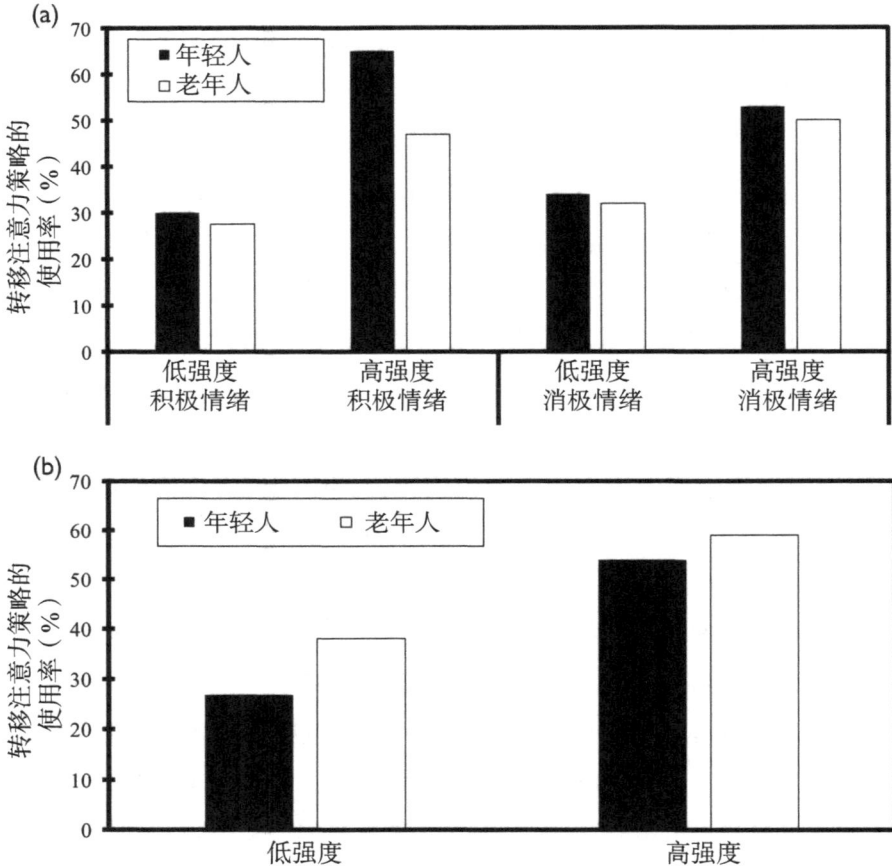

图9-3 衰老与情绪调节策略选择

在实验室外开展的各种研究中，研究人员也对情绪调节策略中与年龄相关的变化进行了调查（Blanchard- Fields et al.，2007；Lang & Carstensen，1994；Livingstone & Isaacowitz，2019，2021）。例如，利文斯通（Livingstone）和伊萨克韦兹（Isaacowitz）在2019年使用经验抽样法（Experience Sampling Method，ESM）对149名被试进行了研究。在该调查

方法中，研究人员提醒被试每天通过手机或平板电脑回答几次问题，持续至少十天。在这项研究中，研究人员提出的问题包括被试的感受如何，最近是否使用过情绪调节策略，如果使用过，具体使用了哪些策略，目的是什么，等等。通过这种方式，利文斯通和伊萨克韦兹对大量策略的实施情况进行了精确而详细的研究。在研究中，所有的策略都被归属于格罗斯及其同事提出的类别，包括情境选择和修改（例如，避免产生恐惧的情境，讲笑话）、注意分配（例如，转移注意力）、认知重评（例如，故意超脱）和反应调节（例如，表达抑制）。基于此，研究人员从年轻（20～39岁）、中年（40～59岁）和老年（60～79岁）被试中收集了大量观察样本。

研究结果发现了情绪调节策略的使用随年龄增长的变化情况（见图 9-4）。随着年龄的增长，一些策略越来越多地被使用（例如，认知重评、转移注意力），而另一些策略在中年时下降，然后在晚年再次增加（例如，情境选择），还有一些策略在整个生命周期中保持相对稳定（例如，表达抑制）。

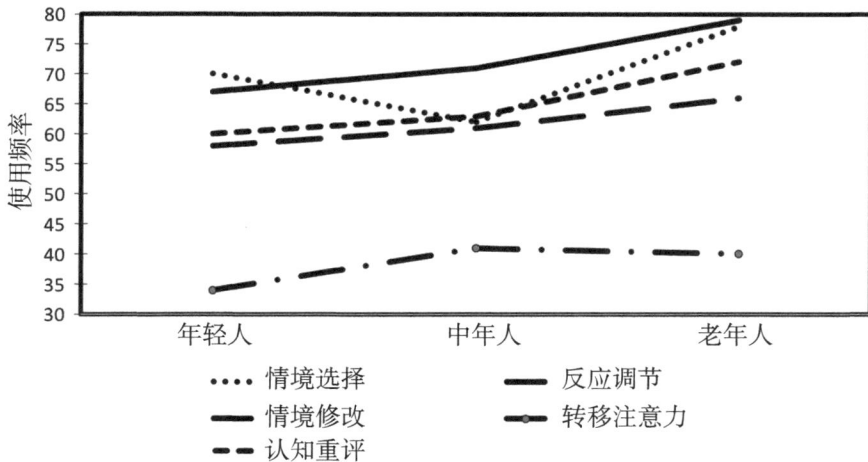

图 9-4 日常生活中情绪调节策略的使用

总之，实验室内外进行的大量研究发现，情绪调节策略的选择随着年龄的增长而发生变化（Birditt et al., 2005；Birditt & Fingerman, 2005；

Blanchard-Fields et al., 1997；Brummer et al., 2014；Charles et al., 2009；Coats & Blanchard-Fields, 2008；Livingstone & Isaacowitz, 2019；Riediger et al., 2009）。无论在日常生活还是在实验室中，情绪调节策略在使用中与年龄相关的差异可能取决于许多因素（例如，情绪类型、情绪唤醒、每种策略的认知成本、实施每种策略的难易程度，以及不同策略的相对有效性）。关于策略实施的研究表明，年轻人和老年人实施特定策略的难度不同，他们确实使用相同的策略，其有效性可能会随着年龄的增长而变化。

9.2.2　衰老对情绪调节策略实施的影响

选择某种策略是一回事，有效实施则是另一回事。即使年轻人和老年人使用相同的情绪调节策略，他们实施这些策略的有效性也可能不同。许多研究调查了情绪调节策略的执行如何随着年龄的增长而变化，以确定随着年龄的增长，特定策略的有效性是增加、减少还是保持不变（Doerwald et al., 2016；Isaacowitz & Blanchard-Fields, 2012；Kuzman et al., 2005；Larcom & Isaacowitz, 2009；Liang et al., 2017；Lohani & Isaacowitz, 2014；Noh et al., 2011；Opitz et al., 2012；Phillips et al., 2008；Riediger & Rauers, 2014；Shiota & Levenson, 2009；Smoski et al., 2014；Tucker et al., 2012；Vieillard et al., 2015；Winecoff et al., 2011；Writh et al., 2017；Zsoldos et al., 2019）。

在这些研究中，被试不是自己决定实施什么策略。相反，当年轻人和老年人观看一段引发情绪的视频时，研究人员会强加给被试一种或多种策略让其实施。对同一个人，既可能会指示其执行单一策略，也可能会针对不同情绪（或相同情绪）的不同视频连续执行不同策略。强加某种策略而不是要求被试自己选择策略的好处是，研究人员可以控制与策略选择相关的变量。这样，当把年轻人和老年人的情绪指标（自我报告的情绪、面部反应、生理反应，如皮肤电导、温度、皱眉肌活动、心脏活动模式等）与每种策略进行比较时，每组被试对同样刺激使用的分析策略相同。因此，控制策略选择的机制不会导致策略上的任何差异。这一点很重要，否则年轻人和老年人在策略执行与有效性上的差异，有可能是因为年轻人和老年人使用策略的频率和／或对不同刺激使用不同策略导致的。通过要求所有被试在观看同一部电影时执行相同的策略，研究人员可以确保任何与年龄相关的差异都是由策略执行的差异造成的。当然，总的来说，策略选择和执行都会导致情绪调节有效性的年龄差异。但要揭示策略实施如何随着年龄的增长而变化，控制选择偏差是很重要的。以这种方式收集的数据表明，随着年龄的增长，不同情绪调节策略的实施效果会发生不同的变化：一些策略变得不那么有效，一些策略变得更有效，还有一些策略的有效性保持不变。在下文中，我们将看到一些研究示例。

施塔（Shiota）和利文森（Levenson）在2009年比较了三种情绪调节策略的使用随年龄增长而发生的变化：表达抑制、通过认知重评和通过积极思维的认知重评。研究中被试观看了三分钟的电影剪辑，这些剪辑要么是中性的，要么是让人有较强情绪反应的（产生厌恶或悲伤情绪）。每名被试都分别在三种条件下接受测试：对照条件（要求他们像在家看电视或在电影院看电影一样看电影剪辑）、两种认知重评条件之一（超然或积极思维）和表达抑制条件。看完每部电影后，被试将电影引发各种情绪（如悲伤、厌恶、恐惧等）的程度在1（"完全没有体验到这种情绪"）到8（"有史以来最强烈的情绪体验"）的范围内进行评分。通过分析控制条件下和每种情绪调节条件下的自我评定情绪体验之间的差异（见图9-5），施塔和利文森发现，随着年龄的增长，每种策略的有效性都会发生不同的变化。具体而言，他们发现，通过积极思维进行的认知重评在老年被试中更有效，而通过认知重评和表达抑制则不太有效。换言之，当被试执行的策略的有效性随着年龄的增长而增强时（如通过积极思维进行积极的认知重评），情绪调节的有效性会随着年龄的增长而增强；当被试执行的策略的有效性下降时（如进行认知重评或表达抑制），情绪调节的有效性也会下降。

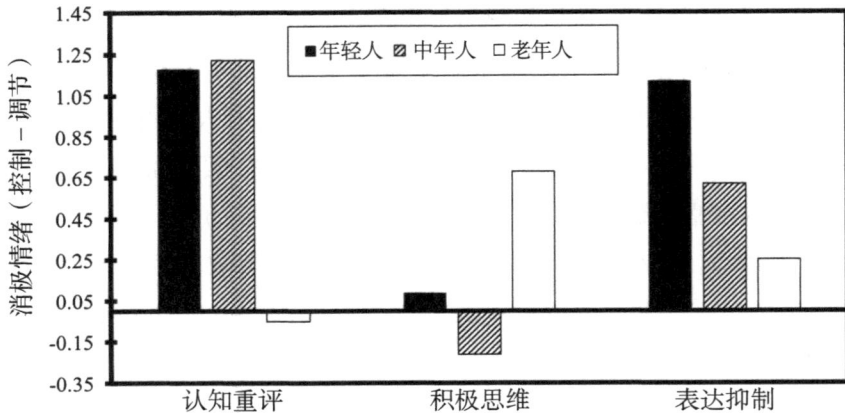

图 9-5　衰老和策略执行

　　洛哈尼（Lohani）和伊萨克韦兹在 2014 年给被试放映了时长为四五分钟的悲伤电影（例如，一个孩子目睹了父亲的死亡），并指导他们使用不同的情绪调节策略。研究人员比较了年轻人和老年人在每种策略下自我报告的情绪及生理反应。在对照条件下，研究人员要求被试就像他们在看电视一样观看电影；在注意分配条件下，则要求被试在观看电影时关注电影中情绪中立的方面；在积极思维认知重评条件下，如施塔和利文森的研究一样，研究人员要求被试努力思考电影的积极方面，以减轻负面情绪；最后，在表达抑制条件下，研究人员要求被试在观看电影时不要在脸上或行为上表现出任何情绪，这样任何看到他们的人都无法说出他们有什么感受。研究人员测量了被试观看电影前后的各种情绪状态，包括 0～100 分的自我报告的消极情绪、皱眉肌活动、皮肤电导，以及被试在观看电影剪辑时的目光注视点。

　　图 9-6a 显示了被试观看悲伤电影前后自我报告情绪的差异。这种差异越小，情绪诱导（电影）的效果越弱，情绪调节策略就越有效。对年轻被试，三种情绪调节策略在削弱观看电影后自我报告的消极情绪方面同样有效。而对老年被试，积极的认知重评策略后的负面情绪不如注意分配或表达抑制策略之后那么强烈（后两种没有区别）。

其他数据如目光注视（见图 9-6b）和皮肤电导（见图 9-6c）都支持这些结论，表明情绪调节策略不仅改变了主观情绪体验，还改变了行为（注视）和生理（皮肤电导）标记。例如，在要求两个年龄组的被试使用注意分配策

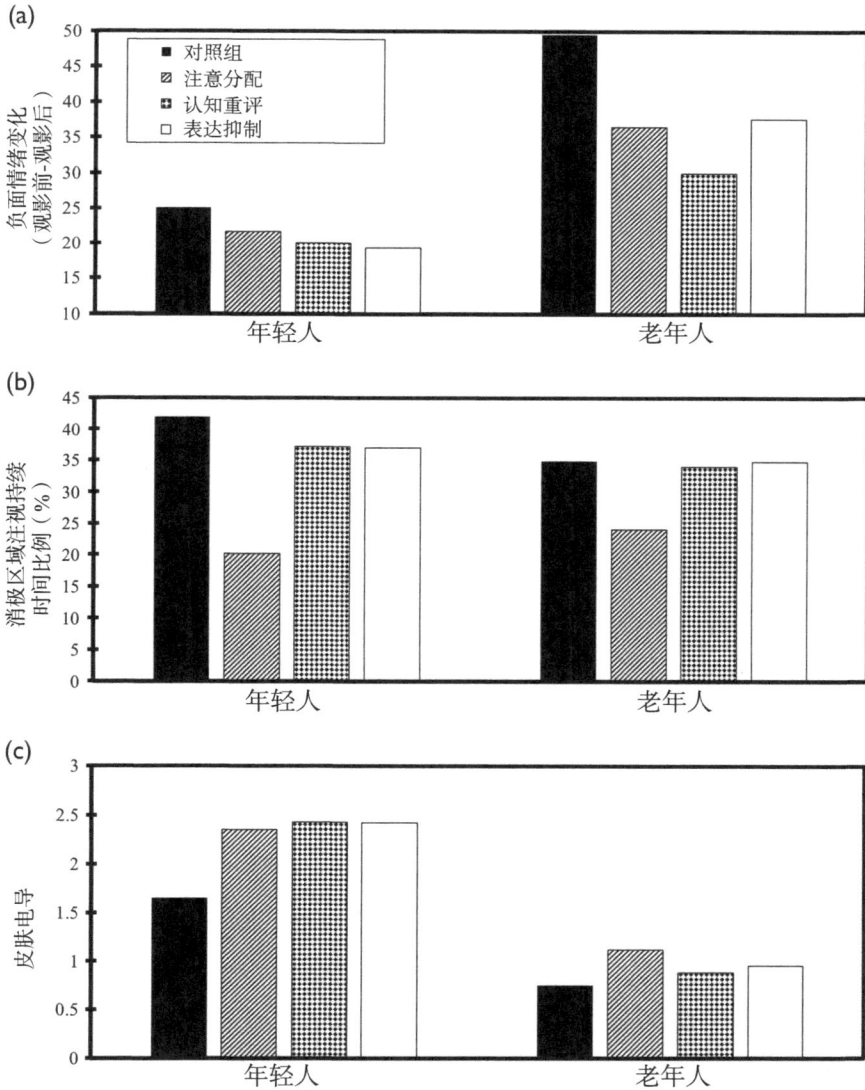

图 9-6 策略执行随年龄的变化

略时，他们较少关注包含情绪信息的图片区域，这表明被试遵循了策略指导。此外，在积极的认知重评和表达抑制这两种条件下，被试对视频中最消极区域的注视率相当，这意味着这些策略的目标不是情绪刺激的编码，而是后续的处理阶段。对老年被试，其在注意分配条件下的皮肤电导低于积极的认知重评和表达抑制条件下（在同等条件下）。对年轻的被试，三种情绪调节策略之间的皮肤电导没有差异。总的来说，这些数据表明，老年人在实施注意分配和积极的认知重评策略方面比年轻人更成功，而年轻人和老年人在表达抑制方面表现出同样的效果。在老年人中，积极的认知重评是最有效的策略，而对年轻人来说，所有这些策略似乎同样有效。正如马丁斯等人发现的那样，老年人较少使用转移注意力策略。这是有道理的，因为转移注意力策略对他们来说不如认知重评策略有效。

施塔和利文森、洛哈尼和伊萨克韦兹及其他许多研究人员的研究结果表明，随着年龄的增长，不同情绪调节策略的使用会发生不同的变化。这种变化还取决于调节的方向。奥皮茨（Opitz）等人在 2012 年开展的一项研究说明了这一观点，他们向年轻被试和老年被试呈现了持续 10 秒的图片，图片中或者包含强烈的负面情绪，或者具有中性情绪。四秒后，一条提示语告诉被试应该使用什么样的情绪调节策略。在其中一种条件下，提示语会提示被试应该使用认知重评策略来放大自己的情绪（例如，如果你看到一个女孩蜷缩在地板上，则想象她刚刚失去了母亲）。在另一种条件下，提示语则提示他们应该执行一种旨在削弱情绪的认知重评策略（例如，如果你看到一个女孩蜷缩在地板上，可以想象她睡着了）。在第三种对照条件下，研究人员要求被试只是单纯地观看图片，不必试图改变自己的感受。通过让被试在 1（"轻度强烈"）到 4（"非常强烈"）的范围内对他们感受到的情绪强度进行评分，研究人员记录了被试的主观体验，并使用 fMRI 记录其大脑活动。与对照组相比（见图 9-7a），当被要求增强情绪时，年轻人和老年人都报告了更强烈的情绪。然而，当被要求减弱情绪时，只有年轻人报告的情绪强度较低。换言之，年轻人和老年人在观看充满情绪的图片时，都能够增强情绪体验，但老年人在这种情况下很难减弱自己的情绪体验。那么，老年人是曾试着削弱他们的负面情绪但失败了，还是他们实际上根本没有尝试，这是一个问题。

左腹外侧前额叶皮质的大脑活动（见图9-7b）揭示了这个问题的答案。腹外侧前额叶皮质是情绪调节和认知控制的关键区域。无论是年轻被试还是老年被试，当研究人员指示他们增强或减弱情绪时，其腹外侧前额叶皮质活

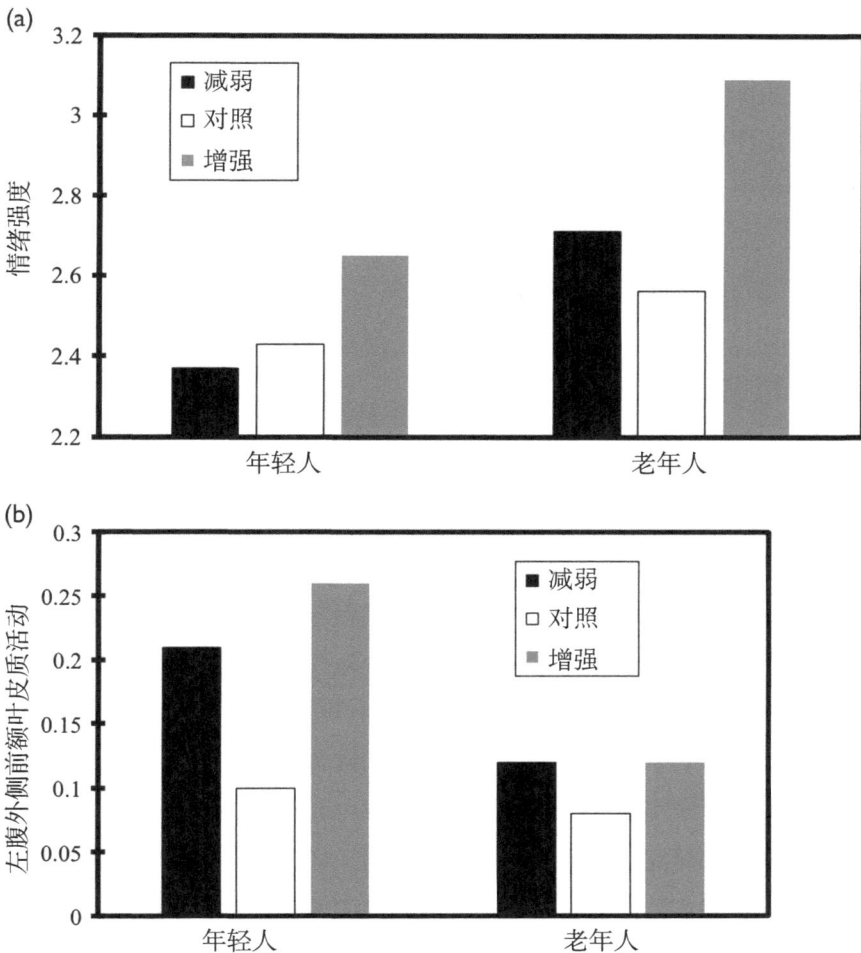

图 9-7　情绪调节和策略实施

动都比在对照条件下的更大。但是，老年人在对照和情绪调节两种条件下活动的差异要比年轻人在两种条件下的差异更小。值得注意的是，尽管幅度不同，但在两个年龄组中都发现了这种差异。虽然在增强条件下，老年被试的活动差异小于年轻被试的，但两组的积极情绪都变得更强烈。之前研究结果中两组之间的重要区别在于情绪减弱的情况，与年轻人不同，老年人的情绪没有减弱。这是否意味着他们没有尝试减弱自己的情绪？腹外侧皮质的大脑活动表明他们确实尝试做了。否则，他们在情绪调节下的腹外侧皮质的大脑活动水平将与对照组相同。这表明，当指导语要求这样做时，老年被试确实试图减轻负面情绪，但没有成功，或者至少没有成功到足以在主观情绪评估中与之前的评估产生差异。为什么？数据并没有说明这一点。所以这里面可能有多种解释。例如，减弱情绪的认知控制机制对老年人来说可能不如对年轻人有效。或者，老年人可能会使用不太有效的策略来减弱情绪，或者他们可能会实施同样的策略，但效果较差。

9.2.3　情绪调节与衰老：结论

衰老不会使我们感到情绪减弱，也不会降低情绪的强度或其出现的频率。关于幸福和衰老的实证研究表明，随着步入晚年（患有重疾的最后几年除外），个体的幸福感往往会增加。随着年龄的增长，幸福感的提高是因为个体的能力和愿望发生了改变，能够优先考虑并主动寻求积极情绪状态。与选择、优化和补偿的一般理论（Selection，Optimization，and Compensation，SOC；Balts & Balts，1990）及该理论的情绪调节版本（Urry & Gross，2010）相一致，成功的衰老包括设定与个人能力和资源相适应的目标，分配可用的时间和精力资源来实现这些目标，以及补偿可能阻碍目标实现的（认知）下降。情绪调节的研究揭示了成功衰老的机制。许多研究人员收集的数据支持以下假设：随着年龄的增长，情绪幸福感的增加部分源于情绪调节策略的选择和实施的变化（Morgan & Scheibe，2014；Nakagawa et al.，2017；Sakaki et al.，2019；Wrzus et al.，2012；Yeung et al.，2011）。

情绪调节策略种类繁多。这些策略的有效性差异很大，可以应用在不同的情境及情绪发展的不同阶段。在情绪发展的各个阶段，年轻人和老年人在选择与实施情绪调节策略方面既有相似之处，也有不同之处（Ossenfort & Isaacowitz，2020）。在最初的阶段，个体可能会有意进入一些会引发积极情绪的情境，或者避免过度不愉快的情境。一旦情绪被触发，个体就可能会试图离开（或留在）该情境，或者不把注意集中在刺激或情境的消极方面，而更多地集中在积极方面。在某些情况下，老年人比年轻人更容易使用转移注意力策略，在其他情况下则比年轻人较少用转移注意力策略，还有一些情况下老年人使用转移注意力策略的次数则和年轻人的同样多。一旦情绪被触发，个体就有可能试图抑制其表达（尤其是其行为表现）或增加其表达。老年人比年轻人更少使用表达抑制策略。个体通过回避情绪刺激，或者通过给予情绪刺激更积极或不太消极的解释，也可以改变对消极情绪刺激或情境的认知解释。虽然老年人在实施认知重评策略方面似乎不如年轻人有效（尽管积极认知重评使用更多，认知重评较少使用），但其确实经常使用这些策略。

不能轻易地说，情绪调节策略本身会随着年龄的增长而变好或恶化，因为情绪调节的变化方式既取决于所选择的策略类型，也取决于其实施方式。当被试确实有效地实施了一项策略时，与衰老相伴的是某些情绪调节策略得到改善（例如，积极认知重评），某些情绪调节策略稳定不变（例如，情境选择、表达抑制），以及某些情绪调节策略的效果减退（例如，通过分离进行认知重评）。

在情绪调节策略的选择和实施过程中，各种因素会随着年龄的增长而影响情绪调节策略的相关变化。例如，所需调节情绪的类型和强度（越强烈的情绪越难调节），实施每种策略的认知成本（转移注意力比认知重评在认知上要求更低），实施策略的难易程度（老年人执行表达抑制的能力较低），以及策略的相对有效性（转移注意力对调节强烈情绪更有效，而认知重评对调节不太强烈的情绪更有效）。随着年龄的增长，策略有效性下降的部分原因是某些关键机制（如执行控制机制）的效用下降。另外，随着年龄的增长，策略有效性的提高可能涉及认知成本降低（如注意重新分配或避免不愉快的情境）或认知成本增加（如认知重评）的过程。因此，当我们试图了解情绪调节如何随着年龄的增长而发生变化时，将所有因素考虑在内是非常重要的。

衰老过程中情绪调节的变化很可能对人类行为的各个方面产生广泛的影响，而不是仅对情绪行为本身。但到目前为止，情绪调节（的变化）对情绪体验的影响的研究明显多于其对行为其他方面的影响的研究，如对社会关系或认知的影响。尤其是情绪调节对认知的影响及这些影响如何随年龄变化的研究，这样的研究还太少。然而，随着年龄的增长，情绪对认知影响的改变可能会受情绪调节能力变化的影响，因此，情绪调节的改变在某些情况下完全有可能延缓或加剧衰老对认知的消极影响。少数研究表明，情绪调节对认知能力的影响在年轻人和老年人之间有所不同。

例如，沙伊贝和布兰查德·菲尔德（Blanchard Fields）在 2009 年研究了情绪调节如何影响年轻人和老年人的工作记忆表现。在他们的研究中，被试首先执行一项工作记忆更新任务，即 n-back 任务。在这项任务中，被试会看到数字在屏幕上一个接一个地出现，并且必须指出每个数字是否与两个数之前的数字相同。然后，他们观看了一部大约两分钟的令人作呕的电影（一个人讲述自己为了挣钱而吃马的直肠的经历）。影片结束后，两个实验组的被试立即接受了情绪调节指令（在执行下一个任务时减弱或保持情绪），而对照组的被试则没有收到情绪调节指令。然后，他们再次执行 n-back 任务。研究人员比较了不同组的被试在经历厌恶的同时，随着任务的练习，他们的表现得到改善的程度（见图 9-8）。

结果显示，年轻人和老年人的情况不同。当年轻被试必须调节情绪时，他们的情绪改善程度低于没有调节情绪时。因此，似乎使用情绪调节来减少或保持厌恶感的认知成本影响了年轻被试的表现。相比之下，老年被试在调节和控制条件下的表现是相同的。这表明，对老年人来说，情绪调节的认知

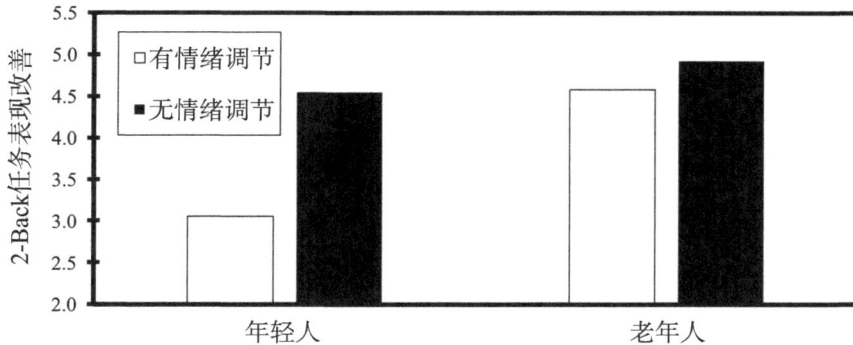

图 9-8　情绪调节和认知

注：在情绪调节和对照（无情绪调节）条件下，年轻人和老年人在 2-Back 工作记忆更新任务中的表现得到改善。情绪调节会干扰年轻人表现的改善，但不会对老年人产生影响。

成本（所需资源）低于年轻人。经过研究人员的评估发现，这种与年龄相关的情绪调节对工作记忆表现的影响的差异，显然不是由于主观情绪体验的差异造成的。更有可能的是，对老年人来说，情绪调节的成本效益更高，这意味着情绪调节对老年人认知表现的影响要小于对年轻人的影响。在对照条件下，年轻人和老年人的认知表现相当（或者老年人的表现更好）的任务中，情绪调节是否会对认知表现产生同样的影响，这有待确定。在对照（无情绪调节）条件下，年轻人在 n-back 任务上通常比老年人表现得更好。因此，如果年轻人必须先完成一项消耗注意资源的任务，如情绪调节，那么相对于老年人，他们将失去更多认知资源。未来的研究应该使用年轻人和老年人在通常情况下表现相当（如词汇任务、解决算术问题）的认知任务。

　　在什么情况下，情绪调节会在相同程度上或不同程度上降低年轻人和老年人的认知能力？目前，很少有研究来回答这些问题。情绪调节对认知表现的影响如何随年龄的增长而发生变化不仅取决于个体使用的情绪调节策略的类型，还取决于个体在不同任务和领域中使用的认知策略的类型，以及各种任务参数（认知领域、情境约束、刺激类型），未来的研究将一一解答这些问题。

9.3 情绪调节和精神障碍

情绪障碍通常表现为长期的负面影响，但有时也表现为强烈、失控的积极情绪。例如，双相情感障碍患者在抑郁和极度易怒或喜悦的精神状态之间摇摆不定。患有抑郁障碍的人会经历长时间的极度悲伤。一些研究人员提出，这些疾病的特点可能是难以修复或调节相应的情绪。例如，抑郁障碍可能涉及难以摆脱消极的精神状态；或者，由于没有对（在成功或意外事件之后的）积极状态进行调节，甚至放大了这种积极状态，双相情感障碍个体可能进入躁狂阶段。与这种类型的困难一致，被诊断患有焦虑障碍的人报告说他们在调节情绪方面更困难（Aldao & Nolen-Hoeksema, 2012a, 2012b; Ehring & Quack, 2010; McLaughlin et al., 2007; Mennin et al., 2005, 2009; Tull & Roemer, 2007, p. 3; Turk et al., 2005; Weiss et al., 2012）。此外，阿尔道（Aldao）和诺伦·霍克西马（Nolen Hoeksema）表明，情绪调节策略的不当使用（例如，频繁使用否认、脱离、表达抑制和反刍）预示着更高水平的心理病理症状（例如，抑郁、焦虑、酗酒）。更多地使用认知重评与较轻的创伤后应激障碍和更积极的情感有关（Boden & Thompson, 2015; Weiss et al., 2012），而以与情境和环境相适应的方式使用情绪调节策略（例如，认知重评、接受）的能力通常与（近乎）没有情绪障碍有关。在这一部分中，我们以一些研究为例展开了讨论，这些研究表明，对照组和患有某些情绪障碍的个体在情绪调节策略的使用与实施方面存在重大差异。

9.3.1 精神障碍和情绪调节策略的使用

一些心理异常个体与正常个体似乎在情绪调节策略的使用上没有任何差异，而有些心理异常个体则与正常个体在这方面存在重大差异（see the meta-analyses and reviews of Aldao et al., 2010; Aldao & Nolen- Hoeksema, 2010, 2012a; Campbell-Sills et al. 2014; Compare et al., 2014; Joormann &

Siemer，2014；Kober，2014）。例如，范考特（Fancourt）和阿里（Ali）在2019 年没有发现抑郁障碍患者和对照组被试在情绪调节策略的使用上存在显著差异。他们要求 11 248 名抑郁障碍患者和相同数量的对照组被试（所有人都从事艺术活动）完成艺术创作活动情绪调节策略量表。被试在该问卷上对其使用特定情绪调节策略的情况进行了 1 ～ 5 分的评分：回避策略（如转移注意力、抑制）、接近策略（如解决问题、认知重评）和自我发展策略（如提高自尊、增强能动性）。在两组被试间观察到的差异非常小：平均而言，患有抑郁障碍被试报告很少使用接近策略和自我发展策略（见图 9-9）。

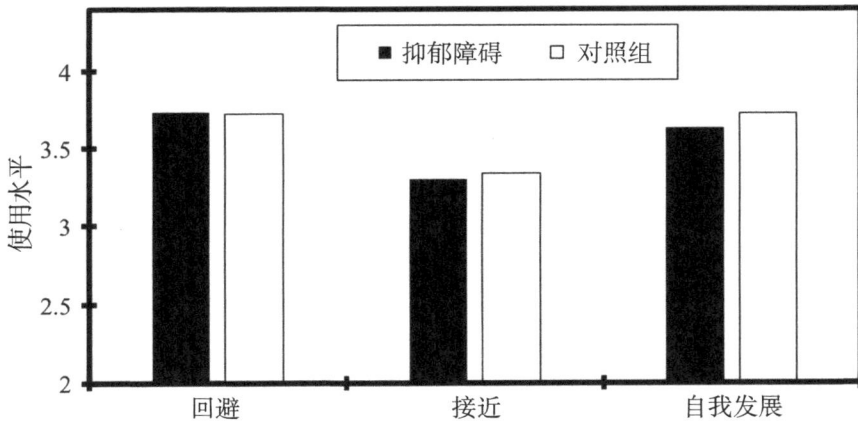

图 9-9 抑郁障碍与情绪调节策略的使用

一些心理异常是通过情绪调节策略选择分布的差异来区分的：更频繁地使用低效策略，反之亦然（Amstadter，2008；Baker et al.，2004；Ball et al.，2013；Campbell-Sills et al. 2014；Carl et al.，2013；D'Avanzato et al.，2013；Dodd et al.，2019；Everaert & Joormann，2019；Kober，2014；Levitt et al.，2004）。例如，狄·阿凡扎托（D'Avanzato）等人在 2013 年对被诊断患有抑郁障碍或社交焦虑障碍的被试和对照组被试在不同策略的使用频率上进行了比较。他们使用格罗斯和约翰（John）的情绪调节问卷探讨了抑制和认知重评的使用，并使用反刍反应量表（Nolen Hoeksema & Morrow，1991）探讨了反刍思维策略（不断重新处理负面情绪内容）的使用。患有抑郁障碍的被试比惊恐发作的被试或对照组被试更多地报告使用反刍和抑制策略，而较少使用认知重评（见图 9-10）。患有社交焦虑症的被试比抑郁障碍被试更多地使用认知重评，但比对照组被试要少，反刍思维的使用多于对照组被试，但少于抑郁障碍被试。社交焦虑障碍患者比抑郁障碍患者和对照组被试更容易使用抑制手段（see Saleem et al.，2019，一项针对医学生的研究得出的类似结果）。

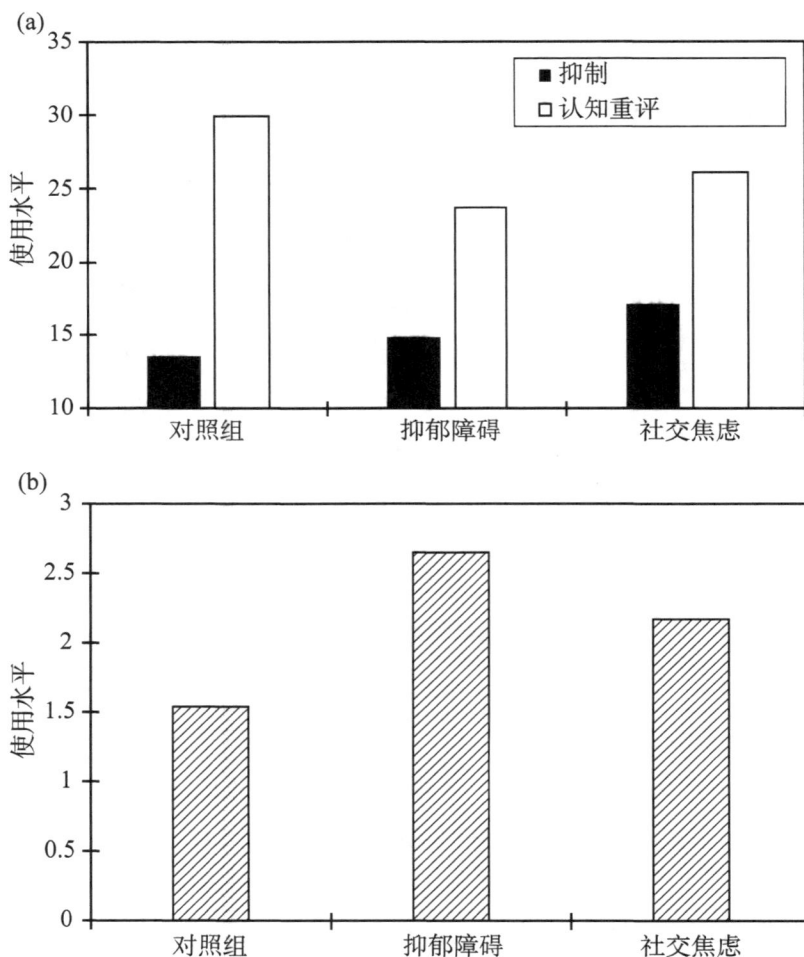

图 9-10   策略、抑郁和社交焦虑

还有一个例子是鲍尔（Ball）及其合作者的研究，他们将被诊断为患有焦虑障碍（惊恐发作或广泛性焦虑障碍）的被试与对照组被试进行了比较。研究人员使用格罗斯和约翰的情绪调节问卷针对被试抑制和认知重评策略的使用情况进行评估。三组被试报告称，在日常生活中他们更常使用认知重评策略，较少使用抑制策略。患有焦虑障碍的被试比对照组被试更常使用抑制策略。被诊断为广泛性焦虑障碍的被试使用认知重评策略的次数要少于对照组被试或被诊断为惊恐发作的被试（见图 9-11）。

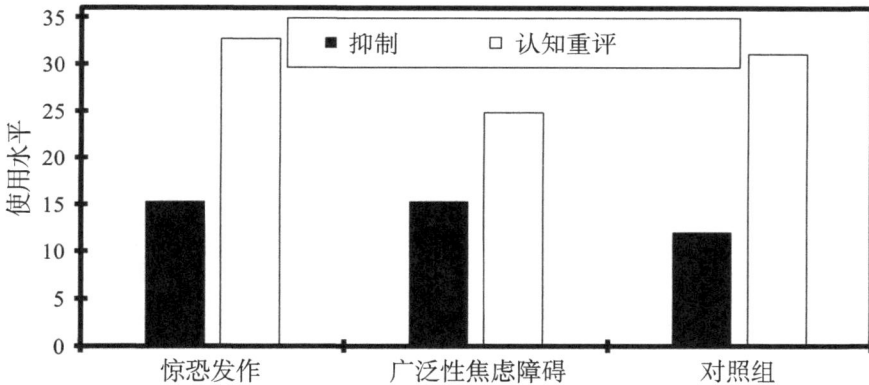

图 9-11　焦虑障碍和对照组被试的情绪调节策略

最后一个例子涉及双相情感障碍。双相情感障碍的特征是在相对强烈的抑郁和躁狂状态之间波动。约翰逊等人在 2008 年对两个临床组（分别被诊断为双相情感障碍或重性抑郁障碍的被试）和一个对照组进行了比较。被试填写了两份问卷，即反刍反应量表（Nolen Hoeksema & Morrow，1991）和积极影响反应问卷（Feldman et al.，2008）。被试填写的这两份问卷可以使研究人员能够对消极和积极情绪内容的反刍分别进行评估。与对照组被试相比，双相情感障碍和抑郁障碍患者对积极和消极情绪内容的反刍更多。此外，与双相情感障碍被试相比，抑郁障碍患者对消极内容的反刍次数较少（两者对积极内容的反刍次数几乎相同）。许多研究人员在双相情感障碍被试中已多次观察到这种较高水平的反刍（Alloy et al.，2009；Feldman et al.，2008；Green et al.，2011；Gruber et al.，2011，2012；Johnson et al. 2008；Thomas et al.，2007；见图 9-12 ）。

总之，研究表明，不同的精神障碍，如抑郁障碍、社交焦虑障碍或广泛性焦虑障碍和双相情感障碍，与其所使用的情绪调节策略的分布有关。因此，为了理解精神障碍个体在情绪调节方面的困难，确定他们在日常生活中使用的策略及比例非常重要。各种研究表明，改变情绪调节策略有助于减轻某些精神障碍患者的症状。

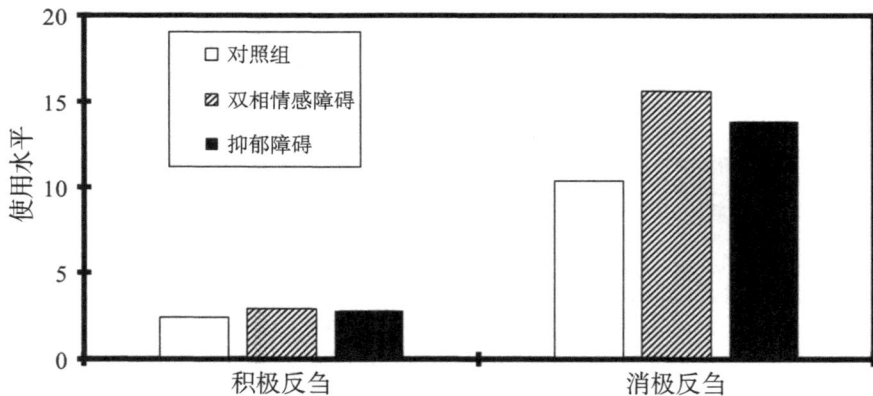

图 9-12　双相情感障碍、抑郁障碍和反刍思维

9.3.2　精神障碍与情绪调节策略的执行

除了上文讨论的策略选择差异，研究人员还发现患有不同精神障碍的个体执行策略的效率较低，这些策略包括他们自发使用的策略。例如，齐尔曼（Joorman）等人在 2007 年比较了抑郁障碍患者、先前患有抑郁障碍但病情缓解的被试和对照组被试对两种策略的实施情况。两个非抑郁组的被试观看了电影《死亡诗社》（*Dead Poets's Society*）中一段 10 分钟的片段，该片段放映的是一名学生自杀，而处于消极情绪中的抑郁组被试则观看了一段同样长度的中性电影片段。观看电影后，被试要么执行转移注意力任务（他们看到 40 个词，并从每个词中选出一些字母组成两个较短的词），要么执行自传体记忆任务（描述高中期间经历的让他们感到高兴的积极事件）。被试还填写了一份问卷，该问卷对他们在转移注意力或自传体记忆任务前后的情绪状态进行了调查。结果表明，各组被试的消极情绪状态呈现如下：（1）对照组被试在转移注意力任务和自传体回忆任务后都有所下降，（2）先前抑郁的被试在转移注意力任务后有所下降，但在自传体回忆任务后保持不变，（3）抑郁组被试在转移注意力任务后降低，但在积极的自传体回忆后增加。换言之，转移注意力导致三组被试的消极情绪都有所下降（尽管抑郁组被试的负面情绪下降程度较低）。相反，积极的自传体回忆在三组被试中作用不同：对照组被试的消极情绪减少，抑郁缓解的被试的消极情绪没有改变，抑郁组被试的消极情绪增加了（见图 9-13）。

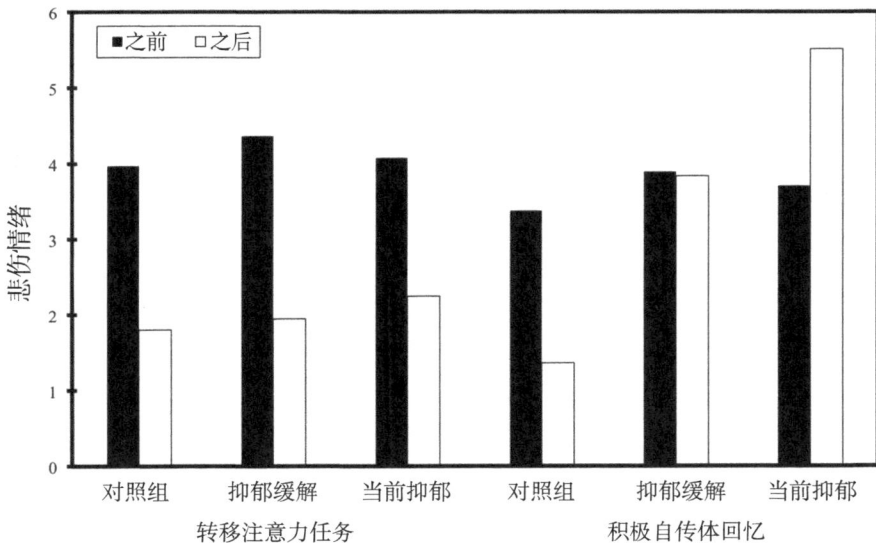

图 9-13　策略执行和抑郁

还有一个例子来自埃林（Ehring）等人在 2010 年做的研究，他们调查了经历过一次或多次抑郁发作并已恢复的被试及对照组（从未抑郁过）被试的策略执行情况。被分为两个调节组的被试观看一段会引发悲伤情绪的电影剪辑。研究人员要求其中一组在观看电影剪辑时使用表达抑制策略（即不要表现出他们的感受），要求另一组被试使用认知重评（即采取尽可能中立的态度，想象自己是专注于电影技术方面的导演）。实验中研究人员在不同的时间点对被试的悲伤情绪水平进行评估，即观看电影前、观看电影后及观看电影后两分钟（见图 9-14）。结果表明，两种调节策略的有效性在两组被试之间存在差异。对照组和先前抑郁的被试在观看电影时使用表达抑制策略比使用认知重评策略，其情绪变得更加消极。因此，认知重评似乎比表达抑制更能有效地中和电影引发的消极情绪。此外，在对照组被试中，观看电影两分钟后，两个策略组的消极情绪都有所下降。但在抑郁缓解的被试中，抑制并没有像认知重评那样有效地抑制消极情绪，这些被试的消极情绪水平在观看电影后两分钟仍然与刚结束观看电影时一样高。

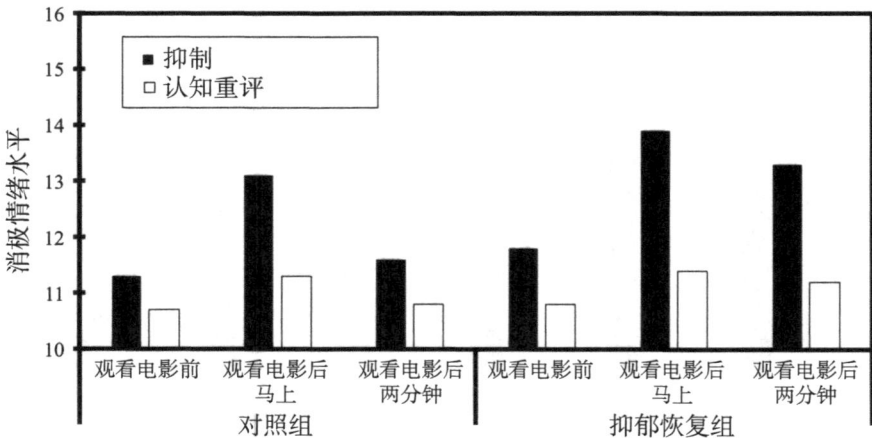

图 9-14 情绪调节策略和抑郁

最后一个例子是坎贝尔 - 西尔斯（Campbell-Sills）等人在 2006 年的研究，他们向被诊断患有各种情绪障碍（如焦虑障碍、恐怖症、抑郁障碍、强迫症）的被试放映了电影《猎鹿人》中四五分钟的剪辑，众所周知，这部电影会引发焦虑和恐惧等负面情绪。在观看电影之前，研究人员把被试分为抑制组和接受组两组。在抑制组中，研究人员鼓励他们中和及控制对电影的情绪反应，而在接受组中，研究人员鼓励他们充分体验自己的情绪，并避免试图控制情绪。被试在影片开始前、影片结束时及影片结束后两分钟对自己的消极情绪进行评分（使用 PANAS）。研究人员对各种生理指标（呼吸量和呼吸速度、心率和皮肤电导）进行测量。结果表明，电影剪辑确实在两组被试中诱导了消极情绪（见图 9-15）。本研究还证实，在电影结束时和结束两分钟后，两组人的主观和生理特征都有所不同。在主观方面，与那些被告知接受情绪的被试相比，被告知使用情绪抑制策略的被试在电影结束时报告的消极情绪更少，但两分钟后他们报告的消极情绪更多。在生理学方面，抑制组被试的心率在观看电影期间略有增加，之后有所下降，而接受组被试则表现出相反的模式。

电影结束后，使用情绪抑制策略的被试的呼吸继续受限，皮肤电导仍然较高。换言之，与那些接受自己情绪的被试相比，使用情绪抑制策略的被试在电影结束后更难回到基线。

总之，通过要求被试使用预先确定的调节策略获得的策略实施数据表明，被诊断患有不同精神障碍的个体对各种策略的实施并不像对照组被试那样有效。这意味着，除了在特定环境下自发使用最有效的策略存在困难，策略执行较差也会导致精神障碍个体的情绪调节效果较差。目前，尚未有研究确定在精神障碍个体中执行不同情绪调节策略的困难是否可以解释相关策略使用频率的差异。例如，执行认知重评的困难可能是导致某些患有精神障碍的人群较少使用认知重评的原因之一。这些困难还可能导致个体选择不太适合环境的策略。通过调查这类问题，未来的研究将进一步加深我们在精神障碍对情绪调节的影响上的理解。

(a)

(b)

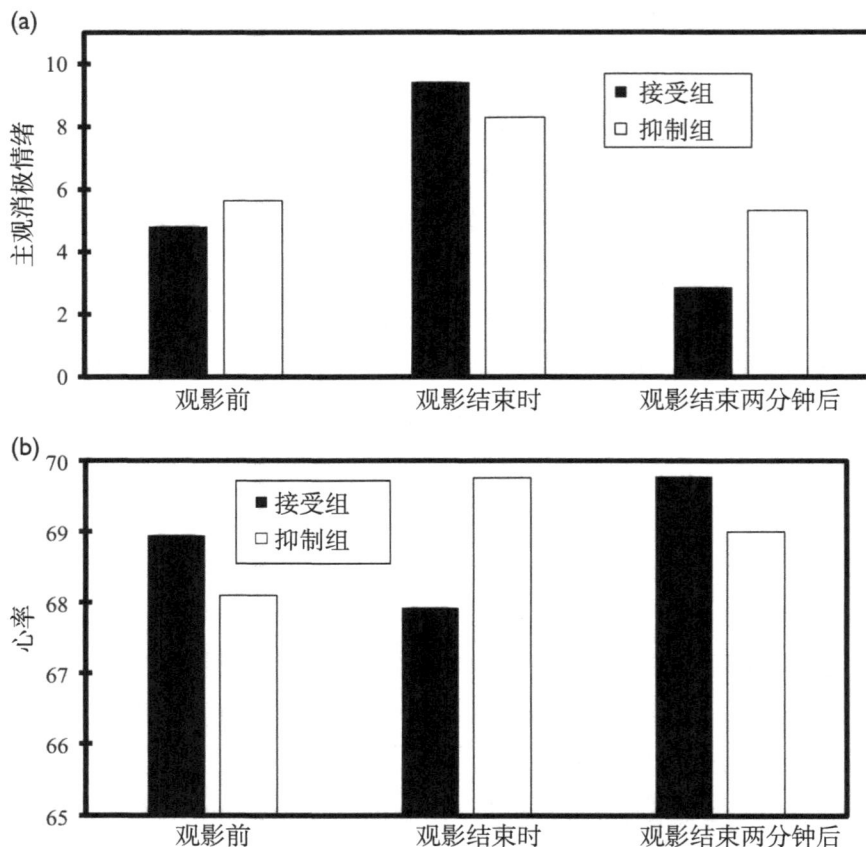

图 9-15   情绪调节和情绪障碍

注：（a）主观消极情绪（PANAS）和（b）心率，患有情绪障碍的被试接受或抑制观看电影的情绪时引发的消极情绪。在观影结束后的几分钟内，接受组被试的消极情绪下降幅度大于抑制组被试的。接受组被试的心率在观看电影过程中下降，之后上升，而抑制组被试则表现出相反的模式。

9.4   结论

　　研究情绪调节的心理学家试图了解个体何时及如何调节情绪，如增强情绪、减弱情绪、中和情绪或维持情绪。换句话说，在实践层面，他们试图确定触发这些调节情绪的因素，在理论层面，他们试图揭示导致这些情绪调节因素的机制。实证研究确定了一些关键变量。了解情绪调节的条件和机制不仅可以提高对有效调节情绪的必要条件和充分条件的理解，同时可以让我们明了其机制。这些研究还表明，情绪调节存在个体差异，并随着年龄的增长而变化，且在不同的精神障碍个体中也有所不同。由于精神障碍和人格特征不同，个体在选择和实施策略时存在不同的认知能力与认知偏差，进而影响其情绪调节能力。来自个体差异和精神障碍研究的经验性论据支持这样一个假设，即具有同等认知能力和情感敏感性的两个人或同一个人在不同时刻，在情绪调节上可能存在很大的不同，从而在情绪体验上也存在很大差异。有关衰老的数据表明了情绪调节机制的变化是如何导致情绪幸福感和情绪—认知与衰老的关系发生变化的。

情绪调节受个体特征的显著影响，如性别、文化、情感和个性。正如我们看到的，由于不同的文化和情绪理论，个体以不同的方式调节自己的情绪。例如，与女性相比，男性较少使用表达抑制，对自己和情绪生活反思较少的个体较少使用表达抑制，与北美和欧洲大部分地区提倡独立的文化成员相比，强调群体凝聚力的文化成员（如亚洲）更常使用表达抑制（Haga et al.，2009；Matsumoto et al.，2008）。与那些认为情绪是固定的人相比，那些明确认为个体有能力改变情绪的人更有可能使用认知重评（Kneeland et al.，2016；Tamir et al.，2007）。

情绪调节也会随着年龄的增长而变化。例如，在一项研究中，对于会引发强烈积极情绪的图片，与年轻人相比，老年人较少使用转移注意力策略，而两个年龄组被试在调节消极情绪和较低强度的积极情绪时却采用了相同的机制，并以类似的方式校准他们的策略选择（Martins et al.，2018）。此外，随着年龄的增长，我们有效实施积极认知重评的能力趋于提高，而表达抑制和通过超然进行认知重评的能力则相反（Lohani & Isaacowitz，2014；Shiota & Levenson，2009）。

最后，患有不同精神障碍的个体在自发使用和执行情绪调节策略时采用的情绪调节机制类型存在差异。例如，我们发现，与对照组被试或社交焦虑障碍患者相比，被诊断为抑郁障碍和双相情感障碍的被试更倾向于使用反刍思维和抑制策略，而较少使用认知重评策略。我们发现，社交焦虑障碍患者比抑郁障碍患者更多地使用认知重评策略，但比对照组被试使用得少；使用反刍思维比对照组被试多，但比抑郁障碍患者少（Ball et al.，2013；D'Avanzato et al.，2013）。研究结果还表明，当使用情绪调节策略时，抑郁个体在消除消极情绪状态方面的效果较差（Ehring et al.，2010；Joormann et al.，2007）。这一结果可见于主观经验和客观生理指标两个层面（Campbell-Sills et al.，2006）。

因此，关于情绪调节、情绪调节的个体差异及情绪调节随年龄增长和精神障碍而变化的研究，趋于一些一般性结论。即个体的情绪调节取决于一些一般性因素，如情绪效价和强度、个体的目标、情境或背景的类型及个体实施各种调节策略的、并不总是稳定的能力。

未来的研究将进一步说明影响情绪调节的因素及相关机制。在应用层面上，我们对情绪调节的基础知识的进一步了解必将有助于帮助各个年龄段和各种个性特征的个体更好地管理情绪及其对各种心理维度（社会、认知、情感）的影响。不仅如此，对于该类知识的掌握还将帮助临床医生根据情境和情绪调节策略的有效性，选择适当的情绪调节策略进行临床指导，以使患者从中受益。

第 10 章

情绪与认知：结论和展望

研究情绪在认知中的作用有两个目的。第一，确定情绪是否影响认知能力，如果是，就需要确定在什么条件下产生影响。第二，了解造成这些影响的机制。研究情绪在认知中的作用有很多原因。无论是研究大脑心理机制的心理学家，还是临床医生和其他从业者，都对此很有兴趣。在基础研究层面，这些研究加深了我们对认知表现决定因素的理解，并使我们能够检验认知活动的理论模型。同时，这些研究为理论假设提供了趋同的实证证实或证伪，并提出了认知功能的新假设。在实践层面，研究结果有助于引导教育行动，改善学校教育。这些研究成果可以让我们更准确地判断老年人的认知能力，并为不同人群开发认知优化程序，还可以在诊断和治疗方面为临床心理学家提供支持。

在理解认知和情绪时，我们不应该将两者视为由完全不同的、封闭性的、无交互作用的两个系统实现的心理功能。恰恰相反。虽然这两种功能可能受到不同因素的影响，并基于各自特定的加工过程，但它们有着密切的交互作用。这一点在本书所述的许多关于情绪—认知关系的研究中已得到充分证明。

这一领域的研究基于我们关于认知（例如，思维的机制是什么？）和情绪（例如，情绪的原因和功能是什么？）的现有知识。了解特定领域影响认知表现的非情绪因素及潜在机制，可以使我们更好地理解情绪是如何影响认知表现的。我们当然想知道情绪会改善还是降低认知能力。但除此之外，我们还想知道，在个体完成给定认知任务所需的整个心理操作链中，情绪对哪种（些）机制有影响。我们还想了解情绪对这些机制产生影响的具体过程。

同样重要的是，这些领域的研究人员从未忽视情绪的主要已知功能。例如，由目标（期望状态）和当前状态之间的差异感知引起的情绪，调节着接近目标状态的努力强度。例如，消极情绪会导致个体更加努力，而积极情绪可能使个体减少努力（Carver & Scheier，1990，1998）。情绪也为行动做好准备，和 / 或吸引个体参与其中（Frijda，1986，2007，2010；Frijda et al.，2014；Ridderinkhof，2017）。最后，情绪使个体能够快速、持续地了解其在特定情况下行为的成败。换句话说，情绪代表了过去积累的信息，用于指导和规范个体当前或未来的行为（Baumeister et al.，2007；DeWall et al.，2016）。

心理学家研究情绪在认知中的作用，研究情绪对认知表现产生影响或没有影响的条件及影响机制时，会面临诸多问题，举例如下。

- 某些认知领域是否比其他领域更容易受情绪的影响？
- 情绪对更复杂的认知任务有更大的影响吗？
- 情绪对认知的影响是普遍性的（即在所有认知领域都有影响）还是特定性的（即仅在单个领域，甚至单个任务中有影响），还是两者都有？
- 导致情绪对认知产生影响的认知和情绪机制其普遍性或具体性如何？例如，情绪对注意的影响机制是否与对记忆的影响机制相同？在记忆领域，情绪对陈述性记忆的影响机制是否与对程序性记忆的影响机制存在差异？
- 在什么样的任务上，情绪将产生最强的正面或负面影响？
- 情绪对认知的影响是否具有普遍性（即存在于每个人身上，而与文化无关），还是会与不同的特征（如文化、个体、病理）相互作用？
- 什么方法论取向能够让我们更好地理解情绪在认知中的作用？

最后一章调查了我们了解和不了解的情绪在认知中的作用，总结了这些问题的已有答案。我们先看方法论问题，然后回顾关于情绪对认知能力影响的公认知识。最后，我们将对未来的研究，特别是对特定领域中情绪—认知关系的研究、情绪对认知影响的脑基础及潜在机制的研究进行展望。

10.1　如何研究情绪对认知的影响

在情绪和认知领域，就像在其他领域一样，心理学家总在寻求最合适的方法。这些方法使我们收集的数据可靠（即在不同研究中可重复）、有效（即可以测量到应该测量的内容），以及具有敏感性（即能成功揭示自然环境中实际存在的差异）。在这种情况下，心理学家通过操纵刺激物的情绪效价或通过诱导被试的情绪状态来检验情绪对认知的影响。被试可能会被要求执行一些任务，测试注意、记忆力、判断、推理或决策，这些任务包含消极、积极或中性的情绪性信息。然后，研究人员比较了他们在处理情绪性信息和中性信息时的表现。在一些情况下，研究人员可能会要求被试在感受积极、消极或中性情绪（通过电影、图片、故事、音乐或回忆个人过去的情绪事件引起）后执行认知任务，之后通过比较被试在相同任务、相同项目、不同情绪状态下的表现来研究情绪的影响。在这两种情况下，除了刺激的情绪效价或被试的情绪对认知功能的各种指标（如反应时间）产生的直接影响，心理学家还研究了这些影响是否与其他因素相互作用。例如，他们可能会检验自由回忆任务表现和再认任务表现之间的关系，在随情绪状态而变化时是否在具体词汇和抽象词汇之间存在差异。如此，我们可以研究执行认知任务的心理过程链中情绪效应的作用水平。

研究中使用两种不同类型的方法（即操纵刺激物的情绪效价和诱导被试的情绪状态）可能会导致一个问题，即从方法角度看，这两种方法在情绪对认知的影响上，是否具有可比性。例如，我们是否可以假设，具有给定情绪效价的刺激诱导出的情绪状态与情绪诱导程序诱导出的情况状态相一致？换句话说，具有消极情绪效价的刺激是否会让被试处于消极情绪中？被试处理中性信息时，在诱导情绪条件下，是否会像处理具有与诱导情绪相同情绪效价的情绪性刺激一样？或者，情绪对认知能力的影响在这两种情况下是否存在不同机制？在实证层面，研究表明，这两种方法的效果有时相似，有时不同。然而，相同或不同的机制，或者相同机制的不同运行方式，也可能产生相同的效果。同样，类似的机制也可能会产生不同的效果。

让我们来看两个例子：一个是效果相似，另一个是效果不同。我们在关于注意的第 2 章可以看到，无论是刺激的情绪效价还是被操纵的被试情绪，情绪对 Stroop 效应的影响可能非常相似。例如，在一项任务中，与一个中性词汇相比，当词汇是一个情绪性词汇时，被试需要花费更长时间来指认该词汇的颜色（Dresler et al., 2009；Quan et al., 2020）。在另一项任务中，被试必须指认屏幕上显示的数字的数量，同时抑制数字的名称，哈特等人发现，当被试看到数字之前是情绪性图片而不是中性图片时，计数和数字识别的 Stroop 效应会更强。

虽然在这两个例子中，情绪增加了情绪刺激和情绪诱导后的干扰效应，但不清楚这两种情况下的效应是否来自相同的机制。由于情绪性内容比中性内容更能吸引被试的注意，所以情绪性刺激增加了反应时间。因此，被试需要更多时间来抑制这种加工，并专注于对颜色进行命名（或数数字）。换句话说，在这些研究中，额外的反应时间可能是由于情绪性刺激（与任务无关的情绪性意义的加工）及其抑制导致的加工持续时间的增加。但目前尚不清楚的是，在被试情绪被操纵的情况下，是否存在同样的加工过程延长，并且只有这些加工过程被延长。哈特等人在任务刺激之前呈现的情绪性图片所触发的情绪可能干扰了所有过程（例如，对刺激的相关维度进行编码、反应执行），而不仅仅干扰激活和抑制无关情绪刺激的机制。未来关于情绪影响认知表现机制的研究无疑将确定这些可能性中到底哪一个正确。

在一些情况下，情绪对同一认知活动的影响不同，取决于是通过操纵刺激物的情绪效价还是通过操纵被试的情绪来研究情绪。在这里，我们再次面临这样一个问题：这些不同的影响是由相同机制还是不同机制造成的。举一个例子说明，阿马穆什等人进行了三个实验，旨在研究情绪在数字估计中的作用（估计一组中的大致项目数）（Hamamouche，2017；see also Baker et al.，2013；Doi & Shinohara，2016；Infante & Trick，2020；Young & Cordes，2013，情绪和数字估计的聚合数据）。在第一个实验中，他们向被试展示了情绪性物品（蜘蛛）或中性物品（花朵）的集合。与中性刺激相比，被试对情绪刺激的估计与其真实数字相差更远。具体来说，他们往往低估了情绪项目的数量，但没有低估中性项目的数量。在第二个实验中，研究人员在一项任务中复制了这种现象，被试必须指出两组中哪一组包含更多数量的项目。两组中的项目要么都是情绪性的（蜘蛛），要么都是中性的（花朵、叶子或树枝）。无论任务是直接估计项目的数量还是比较两组项目的大小，被试估计情绪性项目数量的表现往往不如对中性项目的估计。在第三个也是最后一个实验中，阿马穆什等人向被试呈现了图片（情绪性或中性），呈现时间为500 毫秒，然后呈现两组点集。在这种情况下，与看到中性图片（花朵）相比，被试在看到威胁性图片（蜘蛛）后能够更好地指出哪个集合包含更多的点。

因此，通过改变目标刺激物的情绪效价观察到的情绪消极影响效应不同于通过情绪诱导发现的促进效应。阿马穆什等人提出，这两种效应可能是由同一组注意机制在两种情况下的不同作用造成的。在其中一个案例中，他们认为刺激物的情绪效价可能会操纵被试的注意机制和注意资源，阻止其被分配到认知任务中，并导致被试低估消极情绪项目的数量。然而，通过操纵被试的情绪状态，情绪可能会增加他们对目标数字估计任务的关注，这可能是为了减少图片引发的消极情绪。换言之，根据这一假设，刺激的情绪效价会分散个体对目标任务的注意，而他们的情绪状态会使其将注意更多地集中在目标任务上。在这两种情况下，注意定向和聚焦机制的功能不同，导致不同的情绪效应。

总之，刺激的情绪效价和被试的情绪状态可以对认知表现产生相同（或不同）的影响，并通过相同（或不同）的机制产生影响。因此，对探求情绪在认知中作用的心理学家来说，确认刺激的情绪效价引发的情绪及被试的情绪状态对认知表现的影响是否相同，以及产生影响的机制是否相同非常重要。这些区分对于理解偶然情绪（即被试的情绪状态）和整体情绪（即关于刺激的情绪效价）如何影响认知表现非常重要。每一类情绪都可能单独或与另一类情绪结合产生影响（在单一实验设计中，研究人员使用情绪诱导及中性和情绪性刺激的任务条件）。

同样，正如我们看到的，情绪在认知中的作用是通过分析具有特定特征被试的认知表现来进行研究的，这些特征包括不同的人格特征、年龄或精神障碍情况。例如，心理学家试图确定，抑郁障碍对认知的影响是否与实验诱导的悲伤对认知的影响相同，以及潜在机制是否相同。在实践层面上，问题在于精神障碍个体与对照组被试之间的差异，是否与对照组被试在情绪状态与中性状态下的差异相似。在理论层面上的问题是，这些差异和相似性是由相同还是不同的机制造成的。

所有方法（情绪诱导和情绪效价操纵的实验方法，个体差异和精神障碍研究）的研究结果都有助于加深我们对情绪何时及如何影响认知表现的理解。

10.2   情绪何时及如何影响认知

总的来说，实验证据表明，情绪可以在多个层面以不同的方式影响认知。

● 情绪可以改善或降低我们的认知能力，在某些情况下这种改善或降低会更加显著（例如，当任务更困难时）。

● 情绪可以引导我们将注意集中在环境的关键方面，从而促进感官和认知编码。情绪还可以引导我们将注意转移到环境、刺激或任务的不相关方面，从而破坏成功完成任务所需机制的运作。

- 情绪可以增强或破坏某些完成任务必需的认知机制的运作。
- 情绪有时有助于个体做好准备，快速有效地做出反应，使个体的行为快速适应环境变化。相反，它有时也会阻碍个体在不断变化的环境中快速有效地采取行动并做出反应的能力。

在对具体功能的影响上，情绪影响本书讨论的所有主要功能，如注意、记忆、判断、推理和决策。在每一种情况下，无论情绪是积极的还是消极的，无论个体的情绪唤醒程度是高是低，情绪都可以通过相同或不同的机制改善或降低个体的认知表现。

例如，情绪影响所有主要的注意功能（选择、定向、专注、准备、分配和灵活性）。情绪改变了个体的注意方向，改变了个体关注的内容及其关注信息的方式，相应地也改变了个体忽视的信息。在许多情况下，这种影响源于这样一个事实，即情绪性信息无论是否与手头的任务有关，都会消耗个体大部分的加工资源。具体而言，情绪会放大 Stroop 效应（也就是说，与中性词汇相比，被试指出情绪性词汇的颜色需要更长时间），并会降低被试在视觉搜索任务中的表现。在视觉搜索任务中，被试必须说出两组项目是否包含相同的项目。此外，情绪可以加快检测出现在短暂呈现的情绪性图片所在区域中的目标。情绪也会影响注意瞬脱（即被试在中性图片之后的情绪性目标图片上犯错更少，在情绪性图片之后的中性目标图片上犯错更多）。这些影响的产生是由于刺激的情绪效价不仅影响分配给刺激本身（或被刺激捕获）的注意，还影响个体对其周围（在时间和空间上）环境的注意。特定时刻的情绪状态也会影响个体对中性刺激的注意。这些注意偏差在某些个体中被放大（例如，高度焦虑的个体和广泛性焦虑障碍患者会更快、更有效地注意到消极情绪的刺激；患有恐怖症的个体比没有恐怖症的个体能更快地检测到威胁相关类型的刺激）。这些情绪对注意偏差的影响也可能随着年龄的增长而变化（也就是说，与积极信息相比，年轻被试能更快地发现情绪上的消极信息，而老年被试则相反）。

情绪也影响记忆，对工作记忆和长时记忆中信息的编码、存储和检索都会产生影响。这种影响体现在情景记忆和自传体记忆中，包括回忆和再认任务，以及有意学习和无意学习的条件下。同样，情绪有时会改善记忆表现，有时会引起记忆下滑。例如，我们回忆情绪性材料（孤立的词汇、文本、场景、电影）比回忆中性材料效果更好。但在压力下，个体的记忆力会下降。在情绪驱动人们利用更深层次的加工机制的情况下，情绪会提高记忆力。但是，如果情绪捕获了一些可用的信息加工资源，阻止记忆机制利用这些资源，那么记忆力就会下降。此外，情绪可以对记忆产生选择性影响，如情绪记忆权衡（或隧道）效应。在这些现象中，我们能更好地记住场景中的核心情绪性信息，而对次要的非情绪性信息则记得不太好。此外，如记忆中的情绪一致性效应所示，当人们的情绪状态与刺激的情绪效价相匹配时，他们的记忆表现会更好（例如，悲伤的人能够更好地记住消极情绪性信息）。最后，情绪驱动的记忆偏差会随着年龄的增长而变化（例如，老年人对情绪积极的信息要比对情绪消极的信息记得更好，年轻人则相反）。这种偏差受某些精神障碍（例如，恐怖症患者比对照组被试更能记住威胁性信息）及一些个人特征的调节。

最后，情绪影响我们的判断、决策和推理。情绪会放大我们的估计偏差（导致我们高估或低估某些事件的概率）。情绪有时帮助我们做出最佳决策，但有时，情绪也会让我们做出糟糕的决策（甚至导致我们做出与自身利益背道而驰或偏离目标的决策）。情绪有时会干扰我们的推理（导致我们推理困难，并犯下基本的推理错误），有时则会提高我们的推理能力（例如，当我们负责推理的情绪性内容与我们过去的情绪体验一致时）。同样，当情绪将注意引导到刺激和任务的相关维度时，情绪也会提高我们的表现，引导我们利用最有效的处理机制（例如，对需要推理的情况建立更精确和准确的心理模型，并试图对正确的可能性进行证伪推理；对事件进行编码，以便更精确和准确地估计其概率；改进与不同潜在选项相关的成本/收益计算）。在这些领域，当情绪引导人们更多、更有效地利用一般认知机制（如注意、认知控制、工作记忆中相关信息的积极维护、将不同的信息或推断相互关联）时，情绪也会促进记忆表现。

在所有认知领域和任务中，多种因素会调节情绪的积极或消极影响。值得注意的是，这些因素包括情绪本身的特征（如它们的效价、强度和类型）、刺激物的特征（如具体词与抽象词）、情境和背景的特征（如时间压力与准确性），以及任务本身的特征（例如，检查提出三段论的有效性还是通过演绎推理得出结论）和参与者的特征（例如，患有精神障碍疾病的个体与对照组被试；年轻人与老年人；性格内向者与性格外向者）。

总之，情绪会影响个体在所有认知领域的表现。情绪对认知的影响可能是消极的，也可能是积极的。当情绪捕获一部分注意资源并使其在执行任务时无法使用时，它的影响是消极的。相反，当情绪有助于关注任务的相关维度并改善关键机制时，它的作用是积极的。这些作用受到各种因素（如任务特征、参与者、刺激和情境）的调节。这些因素要么改变执行给定任务所涉及机制的运作模式（情绪条件下改善或破坏任务的执行），要么改变所分配的机制类型（例如，在情绪条件下，使用不同的过程对情境的心理表征进行构建）。

10.3　情绪对特定领域的影响

在本书中，我们看到情绪会影响一般的认知功能，如注意和记忆。虽然近几十年来，研究人员对情绪在认知中作用的了解取得了长足的进步，但仍有许多重要的研究需要在多个层面上展开。未来的研究将继续探索情绪对这些认知功能的影响，并试图回答有关情绪在认知中作用的一般性问题（例如，情绪调节策略能在多大程度上避免消极情绪对认知表现的消极影响）及针对每个领域的特异性问题（例如，消极情绪对基于熟悉度的认知机制的影响是否与对基于回忆的认知机制的影响一样大？恐惧是否会像悲伤一样影响推理）。对这些实践性问题的回答将有助于我们推进情绪影响认知的相关机制的理论认识。

除了这些一般的认知功能，情绪还会影响特定领域的认知，如运动以及更具一般性的情绪—行为和情绪—感觉运动耦合（Avanzino et al.，2018；Coll et al.，2019；Dael et al.，2013；Esteves et al.，2016；Kang et al.，2019；Kang & Gross，2015；Kim et al.，2018；Mohr et al.，2018；Park et al.，2019；Vernazza-Martin et al.，2015，2017）、数 字 认 知（Baker et al.，2013；Doi & Shinohara，2016；Fabre & Lemaire，2019；Hamamouche et al.，2017；Infante & Trick，2020；Young & Cordes，2013）和语言（Citron et al.，2014；Cornelia et al.，2019；Grandjean，2021；Hart et al.，2019；Obermeier et al.，2013；Pons et al.，2014；Royet et al.，2000；Silva et al.，2012；Yi et al.，2015；Zhang et al.，2014，2017，2018；Ziegler et al.，2018）。情绪对特定领域认知表现影响的研究表明，这些影响通过两种机制发生作用，即一般性认知机制（如注意机制）和特异性机制（如数字估计任务中内部数字表征的激活）。

让我们以时间感知为例，说明情绪如何影响特定领域的认知。许多研究表明，情绪可以改变我们对时间的感知。在这些研究中，研究人员通过要求被试复制情绪刺激呈现的持续时间或评估情绪诱导后中性刺激（如单音）的持续时间来测试被试的时间感知（Bar-Haim et al.，2010；Cocenas-Silva et al.，2019；Droit-Volet et al.，2004；Droit-Volet，2013；Droit- Volet et al.，2010，2011，2013；Droit-Volet，El-Azhari et al.，2020；Droit-Volet，Gil et al.，2020；Droit-Volet & Gil，2016；Effron et al.，2006；Fayolle et al.，2015；Gil et al.，2007；Gil & Droit-Volet，2011，2012；Martinelli et al.，2021；Monier & Droit-Volet，2018；Noulhiane et al.，2007；Smith et al.，2011；Tipples，2008）。

德鲁瓦·沃莱特（Droit-Volet）等人在 2010 年的研究阐述了如何操纵刺激的特征来研究情绪在时间估计中的作用。研究人员让被试听一小段音乐（中性、快乐或悲伤），并估计其持续时间。对每一个音乐片段，被试都必须说明其呈现时间是接近短的还是长的"锚定时间"。在一种情况下（较短持续时间范围），短锚定时间和长锚定时间分别为 0.5 秒和 1.7 秒，而在另一种情况下（较长持续时间范围），短锚定时间和长锚定时间分别为 2.0 秒和 6.8 秒。在实验开始时，被试接受了区分短锚定时间和长锚定时间的培训。在每个持续时间范围条件下，播放音乐的持续时间在短锚定时间和长锚定时间之间。例如，当锚定时间分别为 0.5 秒和 1.7 秒时，被试会听到持续时间分别为 0.5 秒、0.7 秒、0.9 秒、1.1 秒、1.3 秒、1.5 秒和 1.7 秒的音乐片段。根据反应分布，德鲁瓦·沃莱特等人计算了二等分点。这就是"主观平等点"：被试认为等于长锚定时间或短锚定时间的某个持续时间。例如，在短持续时间范围条件下，1.1 的等分点意味着，平均而言，被试认为 1.1 秒的音乐片段最接近短锚定时间和长锚定时间。研究人员分析发现，快乐音乐和悲伤音乐的等分点高于中性无调性正弦波。因此，带有情绪的音乐的持续时间被低估了（其主观持续时间比实际持续时间长），对于较长的音乐片段，这种影响更大。此外，在短持续时间范围内，快乐音乐和悲伤音乐的持续时间低估存在显著差异，但在长持续时间范围内则无显著差异。换句话说，在较短的持续时间内，悲伤的音乐似乎比快乐的音乐要短，但在较长的持续时间内，悲伤的音乐和快乐的音乐同样短（见图 10-1）。

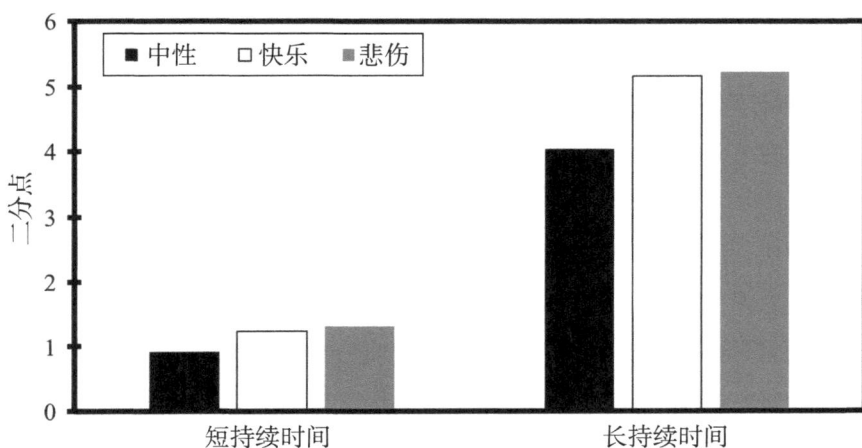

图 10-1　情绪和持续时间估计

当要求被试对非音乐情绪性刺激的呈现时间进行评分时，研究人员也观察到了这种时间估计偏差。例如，蒂普尔斯向被试呈现了表达愤怒、恐惧、快乐或中性表情的面孔（Tipples，2008）。这些面部表情呈现 400 毫秒、600 毫秒、800 毫秒、1 000 毫秒、1 200 毫秒、1 400 毫秒或 1 600 毫秒。在一项类似于德鲁瓦·沃莱特等人在 2010 年使用的时间平分任务中，研究人员请被试回答每张面孔出现的时间是短还是长。在执行任务之前，被试经历了八次实验训练阶段：在每次训练实验中，电脑屏幕上会出现一个粉红色的椭圆形，持续时间分两种情况，一种持续时间较短（400 毫秒），另一种持续时间较长（1 600 毫秒）。被试需要指出其呈现时间是短还是长。研究人员还使用情绪、活动和社交（Emotionality，Activity，and Sociability，EAS）气质调查表（Buss & Plomin，1984）评估了被试的消极情绪（感受消极情绪的倾向）。结果表明，被试高估了恐惧和愤怒表情的呈现时间。这种高估还与被试体验负面情绪的倾向相关（持续时间高估和负面情绪之间的相关性，与恐惧和愤怒的相关系数分别为 0.34 和 0.32）。

德鲁瓦·沃莱特和合作者们发现，在较长持续时间的情绪情境和直接的持续时间估计任务中，感知的持续时间也存在类似的扭曲。被试听到的情绪性声音（如受虐待妇女的哭声）的强度可以是低、中或高，持续时间从 1 秒到 12 秒、10 秒到 120 秒、1 分钟到 8 分钟不等。他们的任务是在每次实验中估计声音序列的持续时间。在实验中，他们会被告知即将听到的声音序列的持续时间范围。估计持续时间和实际持续时间之间的差异表明，被试倾向于高估它们：主观持续时间和客观持续时间之间的差异随着情绪唤醒程度的增加而增加，但主观持续时间对情绪唤醒的依赖性仅表现在持续时间较短的刺激中（见图 10-2）。

法约尔（Fayolle）等人在 2015 年的研究中也通过改变被试的情绪状态来研究情绪在持续时间估计中的作用。法约尔等人首先在电脑屏幕上给被试呈现了一个中性刺激（蓝色圆圈），持续时间从 0.2 秒到 8 秒不等。他们使用与德鲁瓦·沃莱特等人相同的方法和时间等分任务，要求被试指出每个圆圈

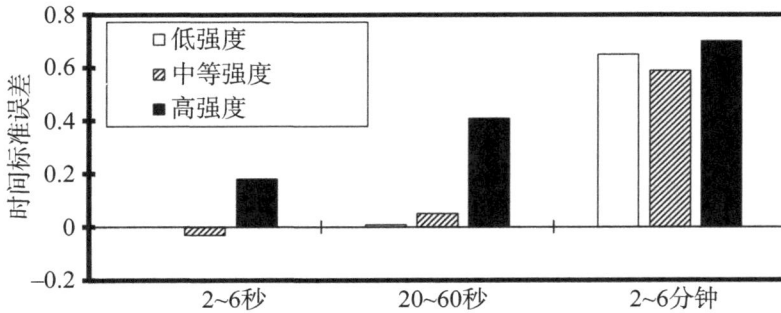

图 10-2 情绪和主观持续时间估计

注："时间标准误差"是估计持续时间和实际持续时间之间的差值除以实际持续时间（正差值表示高估）。在较短的持续时间范围内，被试高估了情绪最强烈的声音的持续时间（在最长的持续时间范围内，未发现情绪的影响）。

的呈现持续时间是接近短锚定持续时间还是长锚定持续时间。他们将被试分为四组，每组测试的持续时间范围不同。四组的锚定持续时间分别为 0.2 秒和 0.8 秒、0.4 秒和 1.6 秒、1.2 秒和 4.8 秒，以及 2.0 秒和 8.0 秒。每组看到圆圈的持续时间在短锚持续时间和长锚持续时间之间变化。有趣的是，法约尔等人比较了情绪条件和对照条件下的二等分点。在情绪条件下，被试在圆圈开始前 200 毫秒看到一个 1 秒的信号，并被告知实验中是否会对其手指进行电击（电击强度为每个被试都能承受）。在电击实验中，电击在圆圈开始后 50 毫秒开始，到圆圈消失前 50 毫秒结束。在对照条件下，被试被告知不会有电击。法约尔等人通过测量被试的皮肤电活动并让他们给出主观评分，证实了相对于无电击实验，被试在电击实验中有更高水平的负面情绪。他们对二等分点的分析表明，被试高估了电击实验的主观持续时间，但没有高估无电击实验的主观持续时间（见图 10-3）。电击条件下的二等分点低于无电击条件下的二等分点（表明感知到的持续时间更长），这一差异随着圆圈客观持续时间的增长而增加。换句话说，与电击相关的负面情绪导致被试对呈现在屏幕上的圆圈体验到比客观持续时间更长的主观持续时间，并且主观持续时间随着客观持续时间的增长而增长。这一结果符合我们的直觉，即在消极情绪状态下经历非情绪事件会让我们感觉事件持续时间更长。

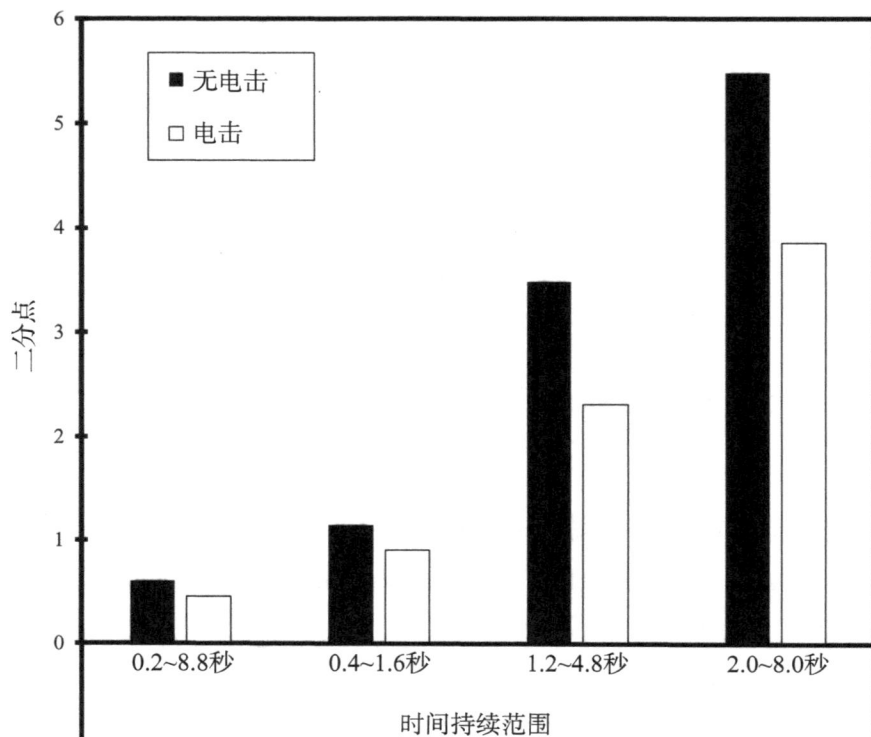

图 10-3 **消极情绪和时间感知**

注意，这种持续时间的歪曲也存在于某些个体差异中，并受其调节。

例如，姆塞特菲（Msetfi）等人在 2012 年对轻中度抑郁被试（根据贝克抑郁量表评估）或未抑郁的被试进行了测试。在每次实验中，被试都会在计算机屏幕中央看到两个几何图形（一个红色的圆圈和一个蓝色的正方形），每个图形都伴随着相同持续时间的声音。持续时间可能很短（实验 1b 小于 300 毫秒），也可能比较长（实验 1a 大于 1000 毫秒）。两幅图以不同的持续时间依次呈现。持续时间的差异可能很小（例如，实验 1a 中为 25 毫秒，或实验 1b 中为 2 毫秒），也可能较大（例如，实验 1a 中为 300 毫秒，或实验 1b 中为 9 毫秒）。研究人员对每个被试能够区分的两个持续时间之间的差异进行了分析。对很短的持续时间（实验 1b；见图 10-4），两组被试对不同持续时间的区分同样好。但对更长的持续时间（实验 1a），两个持续时间之间的差异更大时，轻中度抑郁的被试才能对它们进行区分。中度抑郁被试感知到的持续时间延长的结果与吉尔（Gil）和德鲁瓦·沃莱特的研究结果一致。在吉尔和德鲁瓦·沃莱特等人的研究中，他们对轻度抑郁、中度抑郁或无抑郁的被试进行了测试。他们发现，被试的抑郁水平（根据贝克抑郁量表的得分）与二等分点（r=0.25）或被试认为持续时间长的刺激项目的比例（r=-0.23）之间存在显著相关性。

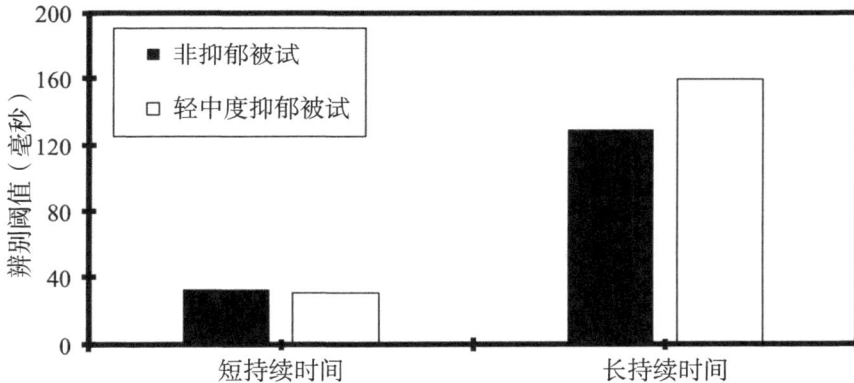

图 10-4　抑郁和感知到的持续时间

　　除了确定时间感知是否随情绪变化，这些研究还可以用来检验某些理论假设。根据现有的时间感知理论（Gibbon et al., 1984；Zakay & Block, 1996），个体会使用内部时钟感知时间的流逝。该内部时钟基于一个向计数器（或累加器）发送脉冲（或时间单位）的起搏器。这些理论还表明，如果个体把注意集中在实耗时间上，那么其对持续时间的估计应该更准确，而如果个体把注意集中在非时间信息上，那么其对持续时间的估计准确性就会降低，因为注意的转移会使脉冲到累加器的传输短路，这会导致个体低估持续时间。相反，如果个体把注意集中在时间的流逝上，就会导致个体向累加器发送更多的脉冲，导致个体高估持续时间。这些都很可能发生在情绪性情况下。在情绪状态下，用于估计持续时间的内部时钟会加速，会给我们一种时间正在流逝的印象。请注意，除了情绪状态下这些特定的时间处理机制被破坏，一般认知机制（如注意和工作记忆）似乎也有变化，如倾向于高估或低估持续时间的患者也有工作记忆受损。

　　总之，关于情绪在时间感知中作用的研究表明，情绪不仅会影响注意和记忆等一般认知功能，还会影响时间、数字、语言、空间和感觉运动协调等特定功能。未来对这些认知领域的研究将更详细地揭示情绪影响认知表现的条件，将确定在这些领域执行任务所需的认知机制中，哪些受情绪影响，哪些对情绪不敏感，并在此基础上揭示情绪对认知表现的影响机制（一般性机制和特异性机制）。

10.4　情绪对认知影响的神经基础

　　大脑的哪些区域参与了认知的情绪效应，这是一个有趣的问题，并且对阐明这些效应的机制很重要。今天，不同神经成像技术（脑电图或 EEG、脑磁图或 MEG、功能磁共振成像或 fMRI）的时间和空间分辨率使我们能够实时确定这些大脑基础活动及其活动的动态。这种精确性有助于回答一般性问题（例如，情绪处理是否是无意识的？积极情绪和消极情绪依赖于相同的处理机制还是不同的处理机制？不同特质或年龄的个体之间情绪对认知的影响差异是否与大脑基础和/或动力学的差异有关）。它还可以帮助我们解决一些更具特异性的问题（例如，当我们学习中性和情绪性词汇时，当我们在情绪状态下或在没有情绪的情况下做出决定时，或者当我们对中性或情绪性内容进行推理时，是否有相同的大脑网络参与？情绪调节是否通过减少某些大脑网络的激活并放大其他大脑网络的激活来改变情绪对认知的影响？在认知任务中，基于熟悉度的机制和基于回忆的机制激活的大脑网络在情绪状态下是否会发生变化）。

许多研究人员已经试图通过测量大脑活动来了解情绪对认知的影响（Dolcos et al.，2011，2015；Dolcos & Denkova，2014，2015，for reviews）。总的来说，这些研究表明，情绪对认知的影响涉及不同功能的大脑网络之间复杂的相互作用，这些大脑网络负责情绪处理、感知、记忆、推理和认知控制等众多心理机制。当被试在情绪状态下执行任务和／或处理情绪性刺激时，对每一种认知功能，研究人员都试图揭示其大脑基础、相互作用及时间过程（reviews of，Dolcos et al.，2020，情绪与注意；Dolcos et al.，2017，情绪与记忆；Phelps et al.，2014，情绪与决策；Dore & Ochsner，2015，情绪调节；Mather，2016，情绪与衰老）。

为了说明神经成像数据如何帮助我们提高对情绪影响认知机制的理解，我们看一下记忆增强效应。情绪性刺激比中性刺激更容易被记忆的效应一直是许多行为研究的焦点。神经成像研究试图确定这种效应的大脑基础（Crowley et al.，2019；Dolcos et al.，2017）。在编码或回忆过程中收集的数据表明，有两个主要的大脑网络在这些过程中被征用（见图 10-5）。第一个网络包括杏仁核和部分内侧颞叶（海马和海马旁区域）。在编码、存储和回忆过程中，这些大脑区域似乎被直接的、自下而上（或上行）的记忆机制激活。第二个网络包括前额叶和顶叶，似乎是由执行控制、注意、工作记忆和语义处理的间接的、自上而下（或下行）的机制激活。换句话说，神经成像数据支持这样一种假设，即情绪性信息的记忆优势基于特异性记忆机制和一般性认知机制（如执行控制）这两种机制。

此外，研究表明，被正确回忆的积极情绪信息的编码与额叶和颞叶区域的激活（Kensinger & Schacter，2008），以及海马体和前额叶皮质更强的功能耦合有关。另外，消极信息的编码伴随着额叶和顶叶区域的激活（Botzung et al.，2010），以及海马和杏仁核的功能耦合（Ritchey et al.，2011）。在心理层面上，这表明积极情绪信息和消极情绪信息的编码与回忆依赖于不同的机制。

具有足够高空间分辨率的神经成像技术（如功能磁共振成像）是绘制与

情绪—认知关系有关大脑网络的非常有价值的工具。同时，具有良好时间分辨率的技术（如 EEG）则在理解这些联系的机制的时间进程，以及解决行为测量无法解决的问题方面非常有用。

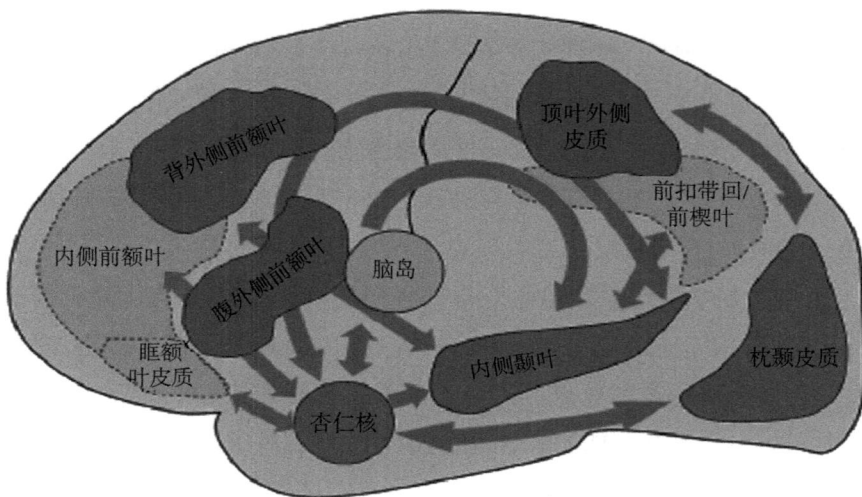

图 10-5　情绪信息记忆过程中激活的两个大脑网络的示意图

注：第一个包括内侧颞叶（海马和海马旁区域）和杏仁核。第二个区域包括前额叶皮质（内侧、背外侧和腹外侧）及顶叶皮质。

在情绪对认知影响的神经基础研究中，我们以情绪对认知的无意识影响的可能性，或者情绪在认知任务执行链条早期对认知机制产生影响的机制为例，看一下佩尼亚（Pegna）等人在 2011 年的研究。在该研究中，佩尼亚等人向被试呈现了两条长度相等或不等的竖条。在每一次实验中，他们都要求被试指出两个竖条的长度是否相同。佩尼亚等人比较了两种情况：阈下启动条件和阈上启动条件。在阈下启动条件下，首先研究人员会在两条竖线之间呈现一张恐惧或中性面孔，持续 16 毫秒。接着呈现一张面具图案（由混乱的面部特征组成），持续 284 毫秒。最后，在 300 毫秒的空白间隔后，被试需要指出这两条线的长度是相同还是不同。在阈上启动条件下，除了恐惧或中立面孔显示 166 毫秒，之后是 134 毫秒的面具图案，其他事件的顺序是相同的。因此，在这两种情况下，竖条总共出现了 300 毫秒。但在阈上启动条件下，情绪面孔是能够被意识感知到的，而在另一种条件下，其感知是潜意识的。任务的准确性非常高（≥ 94%），并没有因启动的不同而有所不同。但电生理数据表明，情绪对长度判断产生了无意识的影响，并且情绪的影响在阈下和阈上呈现的早期就出现了。在两种启动条件下，事件相关电位（ERP）显示恐惧条件下被试的右后部头皮负电位大于中性条件下的右后部头皮负电位（N170；T6 电极示例见图 10-6）。虽然图中显示，在阈上状态下，中性和恐惧条件之间的负电位差异更大，但实际上，这两种条件之间的差异并不显著。这类结果尤其令人感兴趣，因为它表明无意识情绪很早就开始了（刺激呈现后不到 200 毫秒），并且可以在潜意识和阈上进行，甚至出现在不需要情绪加工的任务中（即判断两条线的长度与面部表情加工无关）。

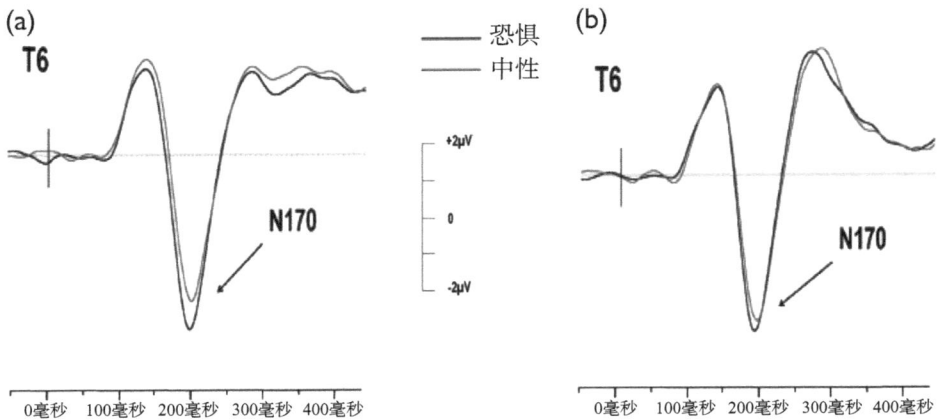

图 10-6　情绪和判断

注：在线段长度判断任务中，在阈下和阈上呈现时，中性或恐惧的面部表情诱导的电位。

总之，神经成像数据对理解情绪对认知的影响非常有帮助。确定这些影响的大脑基础及其活动的时间过程，有助于我们确定情绪对认知能力产生消极或积极影响的机制。即使对专注行为表现数据的心理学家来说，将情绪对认知影响的大脑和行为特征结合起来，也将加深我们对情绪—认知关系的理解，包含这种关系的机制、随着年龄的演变及其在精神障碍中的影响作用等。

10.5　探索情绪—认知关系背后的机制

与任何科学事业追求的目标类型相同，研究情绪—认知关系的心理学家的理论目标是揭示和理解情绪对认知影响的机制。这要求我们加深对已发现机制的理解，并发现其他仍然未知的机制。对已知机制的研究旨在明确其特征（例如，这些机制活动的时间过程、在大脑中如何运行、如何被不同因素调节）。对未知机制的探索涉及识别新的现象，不过，新现象可能并不太适合用已知的机制加以解释。但是这些新现象同样可以用特定领域以往研究中最有成效的概念方法进行研究。

目前可用的一个有趣的研究取向是策略取向。这一取向包括两个维度：一个是概念层面，另一个是方法层面。在概念层面，在情绪状态下，被试可以使用不同的策略（即策略的数量和类型）；按不同的比例使用可用的策略（例如，比其他策略更频繁地使用给定的策略）；或多或少有效地执行不同的策略；和／或选择策略，以不同方式解决问题（例如，减少对每个项目使用最佳策略的次数，根据项目的不同特点选择策略）。在方法层面，为了评估各种策略在情绪对认知影响中的作用，我们需要记录这些不同的策略维度（即策略类别、分布、执行和选择），并采用恰当的方法确定被试在每种情况下需要使用的策略。

在确定被试执行任务时所用策略方面，可使用直接法和间接法。直接法包括直接观察被试在每个问题上使用的策略（如使用视频记录、直接行为观察、收集口头报告）。在某些领域，这很容易做到。例如，在算术中，被试可以用手指数数，得到问题的答案，如 4+3（用手指逐个数数，4+1+1+1），或口头数数。这样便提供了计数策略的直接行为证据，该策略首先使用两个运算对象中的较大值初始化内部心理计数器，然后在内部心理计数上递增 1 若干次，递增的次数如第二个运算对象所示。

对于其他领域和任务，这较难做到，因为没有可用的外部行为指标。在这种情况下，研究人员必须采用间接法来确定被试使用的策略。通过间接法，研究人员可以从项目和 / 或情境特征的差异中发现被试行为表现的变化（或其他指标，如眼动、大脑活动等），从而推断出其使用策略。例如，在算术中，当询问被试一个等式是真是假时，如 $3 \times 4=13$ 和 $3 \times 4=17$，个体在等式之间的表现差异可以表明其在这两种情况下使用不同的策略。如果这种表现差异会伴随诱导电位的差异，和 / 或受到问题大小等其他因素的调节（例如，较大的数字比较小的数字产生更大的影响），那么这就为上述推断（将表现差异的原因归于个体使用策略的差异）提供了实证性证据。

在这里，我们将看两个例子，以说明如何使用策略取向来理解情绪在认知中的作用：一个是积极情绪的影响，另一个是消极情绪的影响。许多研究人员调查了以往任务成功和失败带来的影响（Geraci et al., 2016；Geraci & Miller, 2013；Lemaire, 2021；Lemaire et al., 2019；Lemaire & Brun, 2018；Smith et al., 2006）。在先前成功任务的影响下，当目标任务在成功任务后立即执行时，目标任务的表现会更好。这种成功会产生一种暂时的积极情绪，使后续任务更容易完成。相反，先前失败任务的影响是，当目标任务在失败任务后执行时，其表现会下降。同样，失败产生的消极情绪会破坏被试的表现。问题是这些先前成功和失败的任务是如何产生影响的。

在与几个合作者进行的一系列研究中，我们检验了策略假设。根据这一假设，被试在成功后的表现会有所提高，是因为这会引导他们选择更好的策略，并更有效地执行策略，而在失败后则相反。我们的研究结果证实了这一假设。在研究中，我们要求被试估算两个两位数的乘积（如 47×83），而不计算其精确乘积。为了完成这项任务，年轻被试和老年被试必须从两种可用策略中选择最好的一种，即向下舍入策略和向上舍入策略。向下舍入策略包括将两个运算对象向下舍入到最近的十位数（在上例中，计算

$40 \times 80 = 3200$），而向上舍入策略包括将两个运算对象向上舍入到最近的十位数（如计算 $50 \times 90 = 4500$）。在这项目标任务之前，被试执行了另一项任务，即已知的容易完成或难以完成的任务。在任务中，被试非常短暂地（1 500毫秒）看到了两个点阵列。他们的任务是指出两个阵列中哪个包含的点更多。这对阵列的构造要么容易辨别，要么非常难辨别（利用其个体和整体大小与分布的差异，有助于或干扰准确的比较）。这类研究中（先前任务成功或失败的影响研究）所用的大多数配对非常容易（难以）区分。第一个研究中的被试获得了压倒性的成功（超过 90% 的正确回答），第二个研究中的被试大多失败（超过 80% 的项目）。在每个研究的对照条件下，比较任务介于两者之间（即成功率约为 50%）。如图 10-7 所示，在先前成功的情况下，老年被试更常选择最佳策略（对年轻被试没有影响），而在先前失败的情况下，年轻被试和老年被试都不太可能选择最佳策略。换句话说，先前的成功和失败改变了被试执行目标计算性评估任务的方式。这些发现表明，情绪（这里由成功或失败间接触发）改变了被试执行认知任务所依赖的心理机制。

简言之，如果未来的研究能采用策略取向，将可以更系统地检验情绪会影响使用策略的种类、分布、执行和选择这一假设。并且，这一假设可以在许多其他任务和各种认知领域中得到验证。只要有可能，该假设可以通过被试在每个实验条件下对项目使用的策略来直接检验。这些研究将提供所需的各种数据，从潜在机制的角度解释情绪对认知的影响，并确认这些影响是如何被不同群体的不同因素调节的。这一观点既可以被专注于分析情绪对认知表现影响的心理学家所采用，也可以被对情绪和大脑活动的影响感兴趣的心理学家和神经科学家所采用。

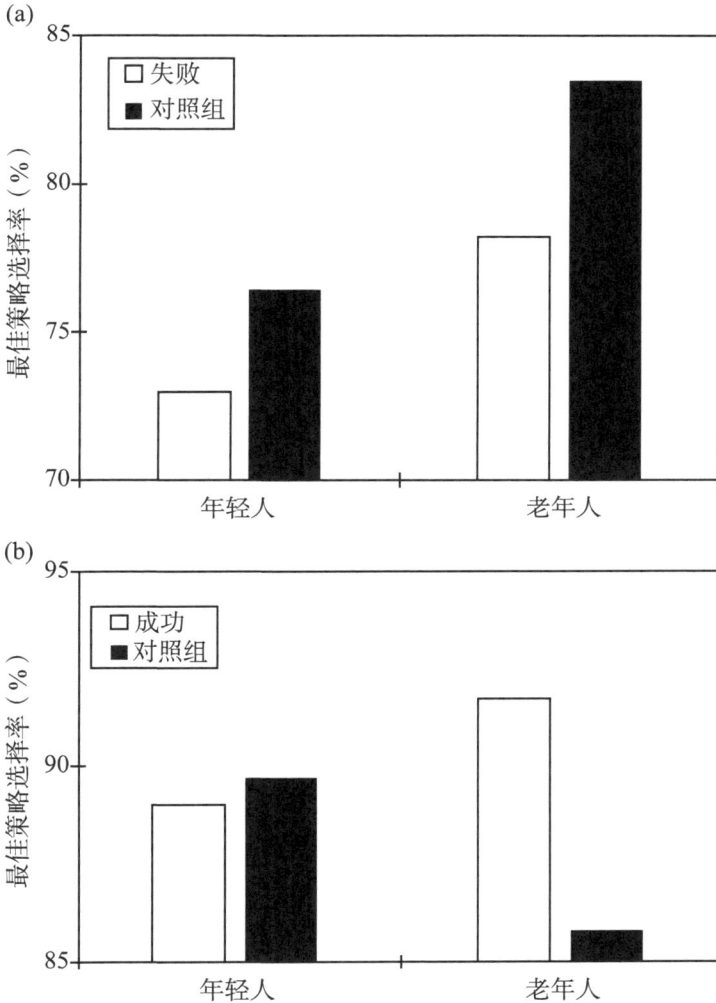

图 10-7 情绪和策略选择

注：年轻人和老年人在（a）先前任务失败（<20% 准确度）或（b）先前任务成功（>90% 准确度）后，与对照条件（先前任务约50%准确度）相比，对计算性评估任务中问题的最佳策略选择率。与对照组相比，在失败条件下，年轻人和老年人都不太可能选择最佳策略。在成功的情况下，老年被试更常选择最佳策略，而没有发现对年轻被试会产生这种影响。